Synthetic Zircon: Immobilization of Radionuclide and Evaluation of Its Stability

人工合成锆石固化核素与稳定性评价

段涛　丁艺　等著

科学出版社
北京

内容简介

本书反映了国家自然科学基金委员会面上项目“锆石晶格固核（Pu，NP）机理与稳定性研究”（42172050）及西南科技大学新能源与核环境材料研究团队多年来在人工合成矿物固化放射性核素领域的主要研究成果。本书分为放射性废物概述、锆石作为锕系核素固化基材的判据、人工合成锆石固化体的方法（微波烧结、熔盐法、溶胶-凝胶法等）、人工合成锆石固化核素（三价、四价模拟锕系核素）行为与机理、人工合成锆石的稳定性评价（化学稳定性、辐照稳定性、数值模拟）等五部分。研究结果对促进我国人工合成矿物（陶瓷）固化高放废物的科学研究与工程实践具有重要的理论和实际意义。

本书注重基础理论与实验探索并行，章节安排合理、层次分明，写作深入浅出、逻辑性强。可作为从事放射性废物管理、人工合成矿物（陶瓷）固化、环境放射化学等方面的专业技术人员、管理人员的参考书，也可作为高等学校教师和研究生的专业教材。

图书在版编目(CIP)数据

人工合成锆石固化核素与稳定性评价 / 段涛等著. —北京:科学出版社, 2021.3

ISBN 978-7-03-066800-4

Ⅰ.①人… Ⅱ.①段… Ⅲ.①人工合成-锆石-应用-放射性废物处理-研究 Ⅳ.①TL941

中国版本图书馆 CIP 数据核字（2020）第 220964 号

责任编辑：刘 琳 黄 桥 / 责任校对：彭 映
责任印制：罗 科 / 封面设计：墨创文化

科学出版社 出版
北京东黄城根北街16号
邮政编码：100717
http://www.sciencep.com

成都锦瑞印刷有限责任公司印刷
科学出版社发行 各地新华书店经销

*

2021年3月第 一 版 开本：787×1092 1/16
2021年3月第一次印刷 印张：13 1/4
字数：320 000

定价：128.00 元

（如有印装质量问题，我社负责调换）

前　言

核武器研制、核电发展、核燃料循环、核技术应用等环节不可避免地会产生放射性废物。根据放射性活度水平，放射性废物可以分为豁免废物、低放废物、中放废物、高放废物。当前，我国正在积极稳妥地发展核电。国务院办公厅印发的《能源发展战略行动计划(2014—2020年)》明确指出，今后我国能源发展将重点实施绿色低碳等战略，到2020年，非化石能源占一次能源消费比重达到15%；核电装机容量达到5800万kW，在建容量达到3000万kW以上。然而，核电站在运行中会产生含高、中、低放废物。按1个百万千瓦的反应堆每年产生25 t乏燃料计算，届时每年将产生约1450t乏燃料。例如，压水堆乏燃料成分(以质量分数计)中，^{238}U占0.9%、^{235}U占0.9%、^{239}Pu约1%；次模拟锕系核素^{237}Np、^{241}Am、^{247}Cm约0.1%；裂变产物^{90}Sr、^{137}Cs、^{99}Tc、^{147}Pm 等贵金属约3%。

放射性废物具有放射性、放射毒性和化学毒性，对人类生态环境构成潜在的危害。科学、安全、有效地处理处置好放射性废物是促进我国核电、核工业发展乃至核武器研制的重大现实课题。在放射性废物处理处置时要重点关注三类核素：一是中等寿命的裂变产物，尤其是^{90}Sr(半衰期28.8a)和^{137}Cs(半衰期30.2a)，可辐射β射线和γ射线，是高放废物在300a之内的主要发热源；二是长寿命裂变产物，如^{129}I、^{99}Tc、模拟锕系核素(U、Th、Np、Pu、Am、Cm)及衰变子体(^{237}Np—2.14×10^6 a、^{243}Am—7.4×10^3 a、^{247}Cm—1.67×10^7 a)，对高放废物的长期放射毒性贡献较大；三是长寿命阴离子放射性核素，如I^-、IO_3^- (^{129}I—1.57×10^7 a)、Se^{2-}、SeO_3^{2-}、SeO_4^{2-} (^{79}Se—3.27×10^5 a)、TcO_4^- (^{99}Tc—2.13×10^5 a)，这类核素迁移速率快，一旦进入环境、生物圈易造成重大危害。

《中华人民共和国放射性污染防治法》规定，“低、中水平放射性废物在国家规定的区域实行近地表处置”；《中华人民共和国核安全法》规定：“低、中水平放射性废物在国家规定的符合核安全要求的场所实行近地表或者中等深度处置”。高放废物虽仅占核废料总体积的1%，但是占废物放射性总活度的99%，发热量大、毒性大、半衰期长，必须把它们与人类生存环境长期、可靠地安全隔离。高放废物处置是将高放废物同人类生活圈隔离起来，不使其以对人类有危害的量进入人类生物圈，不给现代人、后代人和环境造成危害，并使其对人类和非人类生物种与环境的影响可合理达到尽可能低。

目前，高放废物处理处置国际上通行的有两种策略：一是嬗变处理，将半衰期长、毒性大的放射性核素分离后，用高通量反应堆将其转变为短半衰期或稳定核素；二是深地质处置，将乏燃料或承载锕系的高放废物烧结成玻璃或人工矿物(陶瓷)后直接放入地质处置库。2006年2月，国防科工委、科技部、国家环保总局联合发布《高放废物地质处置研究开发规划指南》，明确提出在众多处置方案中，高放废物地质处置是开发时间最长，也是目前最有希望投入应用的处置方案，并制定了发展目标，包括3个阶段：试验室研究开发和处置库选址阶段(2006－2020年)、地下试验阶段(2021－2040年)、原型处置库验证与处置库建设阶段(2041－2050 年)。高放废物深地质处置是一个庞大的系统工程，包括工程屏障(高放废物固化体、包装容器、缓冲回填材料、处置库工程构筑物等)、天然屏障(主岩和外围的土层)等体系。几十年来，各国已经研究了各种各样的高放废物固化体，总体上可分为玻璃固化体、玻璃陶瓷固化体、陶瓷固化体。

早在 1953 年，美国 Hatch 从能长期赋存铀的矿物中得到启示，首次提出矿物岩石固化放射性核素，并使人造放射性核素能像天然核素一样安全而长期稳定地回归大自然。但直到 1979 年，澳大利亚国立大学地质学家 Ringwood 等在 *Nature* 上发表了“Immobilization of high level nuclear reactor wastes in SYNROC”文章后才引起科学家足够的重视。他们以“回归自然”的理念，创造性提出人造岩石固化法(synthetic rock，SYNROC)，依据矿物学上的类质同象替代，用人造岩石晶格固化放射性废物。在随后的 30 多年里，人们对赋存天然放射性元素的天然铀矿或铀钍矿进行类比，研制出大量的人造岩石，包括 70 多种人工矿物(陶瓷单相)及其组合，并对它们在水-热-力耦合下的化学耐久性开展了深入研究。

西南科技大学新能源与核环境材料研究团队依托核废物与环境安全省部共建协同创新中心、核废物与环境安全国防重点学科实验室等国家级研究平台，在国家自然科学基金等项目的支持下，重点开展了矿物固化体的遴选、矿物快速合成方法、锆石与石榴子石等矿物固化模拟核素(三价、四价、混合价态等)、矿物固化体结构、化学稳定性、矿物固化体辐照稳定性与计算模拟等方面的研究工作，取得了一些阶段性进展。本书是对本团队近 5 年来关于人工合成锆石固化核素等方面研究的系统总结。

全书分 14 章。第 1 章介绍放射性废物的来源、特性、分类、基本原则与处理策略、人造岩石固化高放废物的提出；第 2 章介绍人工合成锆石作为模拟锕系核素固化基材的依据、合成方法、机理与稳定性；第 3 章介绍微波烧结人工合成锆石固化体；第 4 章介绍熔盐法合成人工合成锆石固化体；第 5 章介绍溶胶-凝胶法合成人工合成锆石固化体；第 6 章介绍水热辅助溶胶-凝胶法合成人工合成锆石三价模拟锕系核素固化体及其化学稳定性；第 7 章介绍水热辅助溶胶-凝胶法合成人工合成锆石多核素固化体及其化学稳定性；第 8 章介绍人工合成锆石对三价模拟锕系核素的固化行为及其化学稳定性；第 9 章介绍锆石基四价模拟锕系核素固化体的物相演变及其化学稳定性；第 10 章介绍人工合成锆石对混合价态(三、四价)模拟锕系核素固化行为；第 11 章介绍锆石基固化体的抗 α 射线辐照稳定性；第 12 章介绍人工合成锆石 Pu 固化体结构及稳定性影响；第 13 章介绍第一性原理研究人工合成锆石中不同电荷缺陷的结构与能量；第 14 章为结论与展望。

前言、第 1 章、第 14 章由段涛撰写，第 2 章由刘波撰写，第 3 章、第 5 章由涂鸿撰写，第 4 章由刘建、罗世淋撰写，第 6 章、第 7 章由丁艺撰写，第 8 章、第 9 章由丁艺、李姝阳撰写，第 10 章、第 11 章由丁艺撰写，第 12 章由边亮撰写，第 13 章由杨晓勇撰写。全书由段涛、丁艺负责统稿。

本书的研究工作得到了国家自然科学基金面上项目“锆石晶格固核(Pu, Np)机理与稳定性研究”(项目批准号 41272050)等项目支持。本书在出版过程中得到了核废物与环境安全省部共建协同创新中心、环境友好能源材料国家重点实验室的资助；编写、出版过程中得到了科学出版社编辑同志的大力支持。在此，我们一并表示最诚挚的感谢。

由于作者学识与研究水平有限，疏漏和错误在所难免，敬请读者指正。

段　涛

2020 年 1 月 28 日

目　　录

第 1 章　放射性废物的概述

放射性废物(radioactive waste)又称核废物(nuclear waste)，是指含有放射性核素或者被放射性核素污染，其放射性浓度或者比活度大于国家确定的清洁解控(clearance)水平，预期不再使用的废弃物。放射性浓度或比活度小于或等于国家规定的限值废物，按非放射性废物进行管理，称为豁免废物(exemption waste)，可以实行清洁解控，一般采用焚烧或浅地面掩埋处置，或者进行有限值或无限值的再利用、再循环。

近年来，低碳经济概念的提出，使各国开始重新思考经济增长与生态建设间的平衡关系。核电在全球范围内迅速抬头，目前世界上已有超过 30 个核电国家，并且世界核电规模在逐年扩大。前言中提到，我国国务院办公厅印发的《能源发展战略行动计划(2014—2020 年)》也明确指出，今后我国的能源发展将重点实施绿色低碳等策略，大力发展核电。核电站在运行中会产生大量的高、中、低放废物。特别是在核电站使用之后的乏燃料经过后处理形成的高放废物，主要为 U、Np、Pu、Cm、Am 以及 Sr、Cs 等裂变产物。

在放射性废物的处理处置中，前言提到要重点关注三类核素：中等寿命的裂变产物、长寿命裂变产物和长寿命阴离子放射性核素。相比于短寿命中低放废物采取近地表处置，高放废物的处理处置更为严格。在高放废物的处理处置中需要特别关注其中两种类型的裂变产物[1,2]。高放废物的放射性比活度大于 3.7×10^{9} Bq/L。^{237}Np、^{239}Pu 等模拟锕系核素半衰期均超过 10 万年。这些放射性核素一旦进入生物圈，危害极大且难以消除。高放废物要达到无害化需要数千年、上万年甚至更长的时间。如何安全处理处置高放废物成为自日本福岛核事故后世界关注的热点和难点，是关系我国生态文明建设、公众安全和核工业可持续发展的重大战略问题。

本章对放射性废物的来源、特征、分类，放射性废物处理处置的基本原则、理念，高放废物处理策略与方法，人造岩石(陶瓷)固化等进行概述。

1.1　放射性废物的来源

1.1.1　天然放射性物质

天然放射性物质[3](naturally occurring radioactive materials，NORM)是指自然界产生的放射性物质。自然界本身是放射性废物的一大来源，天然放射性物质主要指天然放射性矿物[4]［(如常见的含铀放射性矿物——沥青铀矿(Uraninite)、硅酸铀矿(Coffinites)、硅酸钍矿(Thorite)、菱铀矿(Rutherfordine)、深黄铀矿(Becquerelite)、硅铀矿(Soddyite)、硅钙铀矿(Uranophane)、铀钙石(Liebigite)、钙铀云母(Autunite)、硅铜铀矿(Cuprosklodowskite)，见图 1-1）］与海洋[5]中存在大量的放射性铀等物质。巨大的原始放射性物质的矿床分布在地表和地壳下面，火山喷发、矿水喷泉、侵蚀和沙迁移等自然过程都能将部分放射性物质带进人类居住环境。地球上海洋中天然放射量约为 10000 EBq①：海水中有超过 40 亿 t 的铀资源，比陆地铀储量高近千倍。铀在海水中以络合离子形式存在，存在的形态主要有$[UO_2(CO_3)_3]^{4-}$、$[UO_2(OH_3)]^-$、$[UO_2(CO_3)_2]^{2-}$等，不过在海水中 U^{4+}的浓度只有 3 ppb［ppb 即 μg/L（微克/升）］，远低于 Na^+、K^+、Mg^{2+}、Ca^{2+}等其他金属离子，如表 1-1 所示。

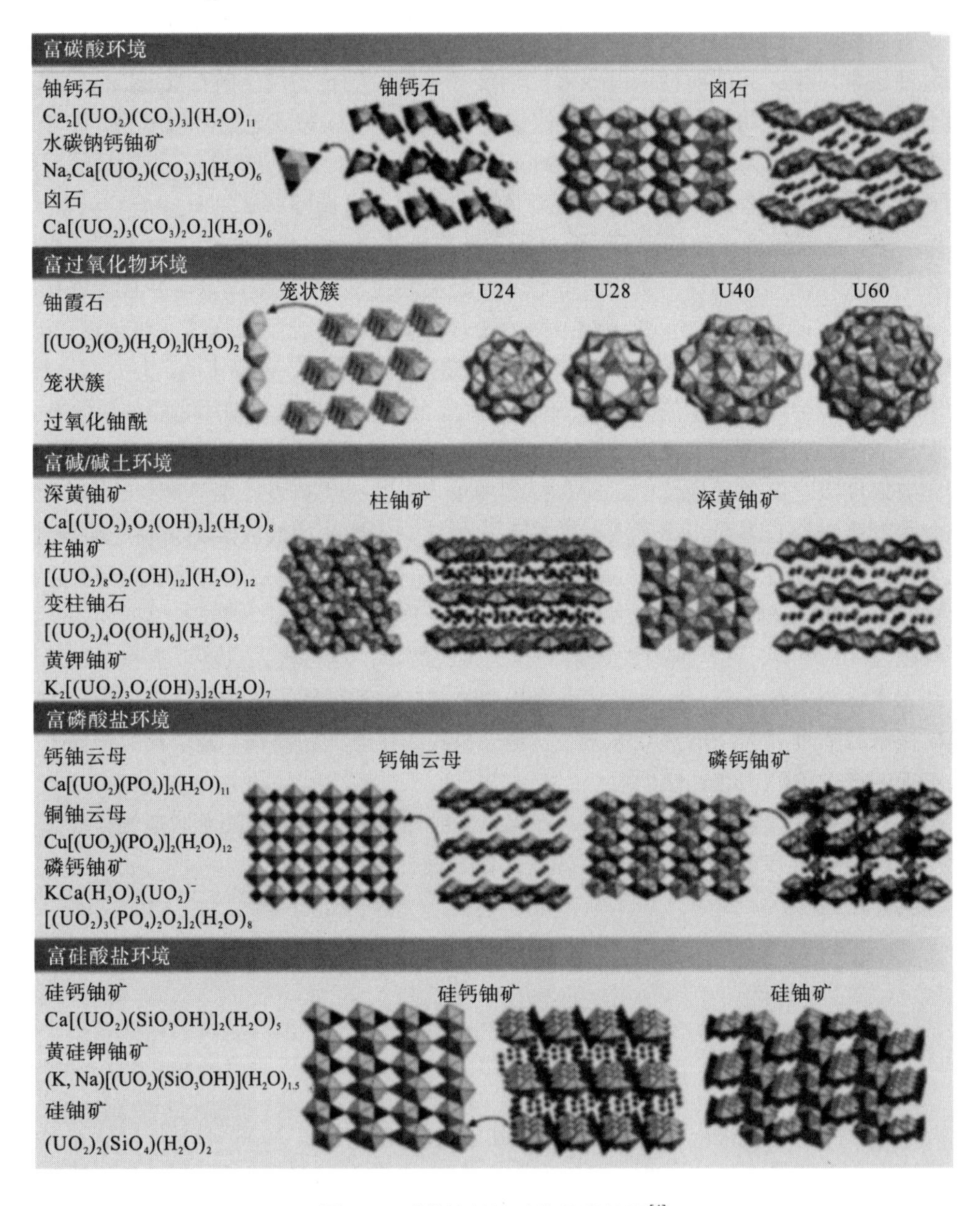

图 1-1　天然放射性矿物的结构图[4]

① E, exa-, 10^{18}, Bq 为放射性活度单位。

表 1-1　海水中主要元素的浓度[5]

元素	海水中的浓度	
	/ppm	/(mol/L)
Cl	19400	0.546
Na	10800	0.468
Mg	1290	53×10^{-3}
Ca	413	10.3×10^{-3}
K	400	10.2×10^{-3}
Li	0.18	26×10^{-6}
Ni	0.005	8×10^{-9}
Fe	0.0034	0.5×10^{-9}
U	0.0033	14×10^{-9}
V	0.00183	36×10^{-9}
Cu	0.001	3×10^{-9}
S	0.0009	28×10^{-3}
Pb	0.00003	0.01×10^{-9}
TIC	0.00029	24.2×10^{-3}
DIP	0.00071	2.3×10^{-6}

注：TIC 指总无机碳；DIP 指溶解无机磷；ppm 即 mg/L(毫克/升)。

过去 20 年来，非核工业产生的放射性废物已经引起越来越多人的关注。包括原材料生产在内的工业活动中产生大量的含有天然放射性核素的废物，如含有 K、Th 和 ^{40}K 的废物。这些生产活动包括煤炭的燃烧、碳酸盐矿处理、碳酸盐化肥生产、钢铁生产、陶瓷工业、水泥生产、煤焦油加工及石油和天然气开采等，其产品或废物中放射性物质的浓度有时比矿石中放射性物质的浓度还高得多。一些天然建筑材料中也含有较多的天然放射性核素。例如，一座功率为 1000 MWe(MWe 即兆瓦电力，是核电中的功率单位)的燃煤火电厂，在每年燃烧约 3.5×10^6 t 煤时，除了排放大量 CO_2、SO_2、NO_x 以及含有各种重金属的灰分之外，还含有天然铀 5 t 左右，尽管大部分铀随飞灰被过滤器捕集，仍有可观量的铀被几千吨飞灰夹带而排入大气[6]。因此，从某种意义上说，同等功率的火力发电辐照照射比核电高 50 倍[7]。

20 世纪 90 年代初期，美国石油协会(American Petroleum Institute，API)调查了美国石油和天然气生产过程所产生的残渣和泥浆 NORM 废物。结果表明，在操作设备、水池和处理场中 NORM 废物达 10^7 桶左右(每桶 50gal)。据不完全统计，美国每年新产生 1.4×10^5 桶 NORM 废物。

此外，世界上还有一些地区的泉水、沉积岩、火山灰也会产生天然辐射。例如，在伊朗拉姆萨尔市附近的里海地区富含 ^{226}Ra 的泉水喷出并沉积沉降物的尾渣；这些尾渣的放射性水平会对居民造成高剂量辐照照射，可能达到适用于放射性废物处置的国际照射限值(现为 1mSv/a，mSv/a 即剂量当量每年，亦即每年遭受的辐射量，用来估算放射性物体对人体的影响)的 100 倍以上。

由于 NORM 废物的产生量很大，且所含核素寿命长、生物毒性较高，近年来人们对 NORM 废物越来越关注。但是，目前对于多高放射性浓度的 NORM 废物对人类健康有害和如何管理 NORM 废物，国际上尚无共识。

1.1.2 核工业产生放射性废物

放射性废物产生于核工业生产的各个环节以及其他使用放射性物质的各种活动，即来自核燃料循环和非核燃料循环工业体系或部门。

核燃料循环前段包括铀矿勘探、采冶以及为生产出适合于核电厂使用的核燃料元件制造；反应堆运行过程包括核燃料在堆中辐照、乏燃料的卸出及其就地临时储存；核燃料循环后段包括乏燃料运输、后处理、核废物处理与处置等，其中乏燃料后处理所获得的 Pu 和 U 被制成核燃料元件(混合 U、Pu 氧化物燃料，简称为 MOX 燃料)而进行再循环。回收燃料可以在热中子堆(热堆)中循环，也可以在快中子堆(快堆)中循环，统称核燃料闭式循环。

核燃料循环各个环节都会产生放射性废物。核燃料循环系统所产生的废物包括铀或钍的采矿、水冶、精制、富集、燃料元件制造、反应堆运行、乏燃料后处理、有关设施退役和有关研究开发活动所产生的放射性废物。图 1-2 和图 1-3 分别给出了核燃料循环过程示意图以及核燃料循环各工艺环节产生放射性废物示意图。

由于核燃料循环系统涵盖的范围很大，不同环节产生的废物的特性有很大的差别。例如，从废物体积角度来说，铀矿冶废物约占核燃料循环废物体积的 90%；从放射性角度来说，乏燃料后处理产生的高放废液约占核燃料循环废物放射性的 99%。核燃料循环过程以反应堆运行为界，分为前段和后段。核燃料循环前段的运作对象是天然铀或浓缩铀，废物中放射性核素主要是铀及其子体，通常属于低放废物。核燃料循环后段的主要活动是乏燃料后处理及伴随的废物处理与处置，废物中含有裂变产物和模拟锕系核素，可能是高放废物或 α 废物，但大部分是低、中放废物。核电厂运行废物主要是低、中放废物，很少有高放废物产生。

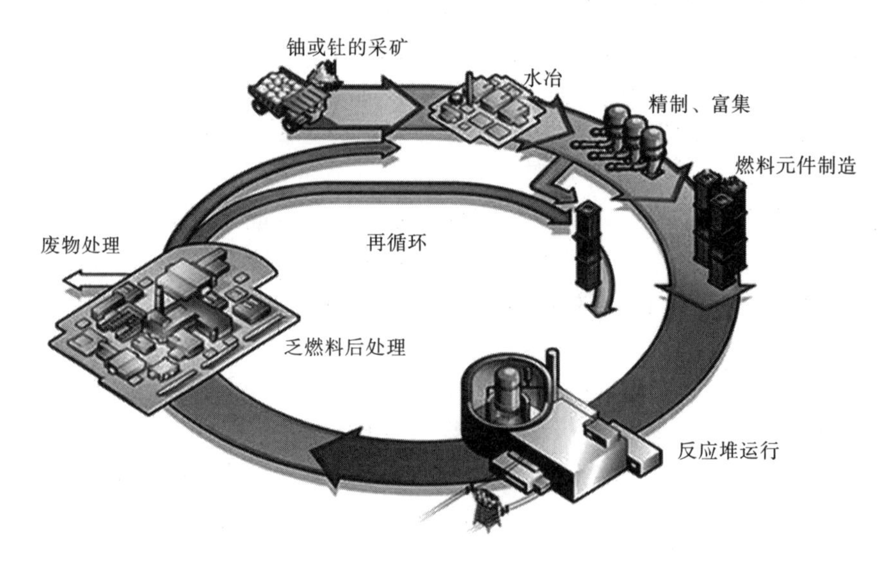

图 1-2 核燃料循环过程示意图

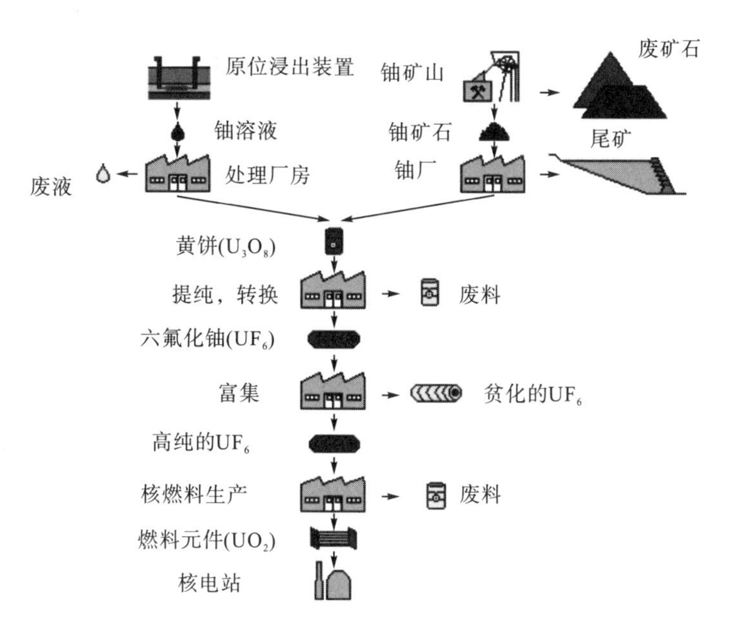

图 1-3　核燃料循环各工艺环节产生放射性废物示意图

1. 核燃料循环前段：铀矿开采与水冶

核燃料循环前段，铀矿冶产生的废物量最大，集体剂量贡献最大，前者占整个核工业放射性废物量的 98%，后者占整个核燃料循环体系的 80%以上。其含有天然放射性核素，并含有较多非放有害物。铀矿冶废物中重要的废物是尾矿、废渣和废石。铀矿冶废物中最重要的核素是镭和氡。

一座 1000 MWe 的核电厂每年需要 160～180 t 天然铀，若铀矿平均开采品位按 0.2%计，则每年将产生约 10000 m^3 开采废石和 30000～50000 m^3 水冶尾矿[8]。铀矿水冶过程中产生大量的固体废物和低放废液的化学成分和辐射特征见表 1-2。在水冶过程中，尾矿中残留了原矿 6%左右的铀(其放射性占水冶废物放射性的近 70%)，使尾矿成为有害低放废物和化学有害物质(含酸、碱)。尾砂和矿泥量相当于处理的矿石量，其放射性比活度较普通岩石、普通砂、土壤高数倍至数十倍(表 1-3)。低放废液量因所采用的工艺流程不同而异，一般为处理矿石量的 1～5 倍。尾矿浆中往往伴有化学毒物，如硝酸、氨水、有机试剂等。值得注意的是，磷矿石中一般铀含量较高，经处理后残渣中的铀含量更高，使之成为一种数量庞大的低放废物。

不少国家不把铀矿冶废物划入低、中放废物中，美国将其划为单独一类。加拿大、南非、澳大利亚等铀矿资源多、开采早的国家的铀矿冶废物历史遗留问题多。我国铀矿冶从 20 世纪 50 年代全民找铀开始，铀矿冶事业发展迅速，铀矿冶设施数量大、分布广。我国重视铀矿冶厂环境治理，2010 年前关停的铀矿冶设施中完成退役治理的有 29 个，历史遗留地址铀矿冶设施中完成退役治理的有 127 个。现在全国没有退役和还在使用中的水冶厂、地浸场、矿山、工区及尾矿(渣)库约有 200 处，全国尾矿库有 20 多座。

表 1-2 铀尾矿、尾矿液的平均化学成分和辐射特征[1]

成分	含量或比活度(浓度)	成分	含量或比活度(浓度)
铀尾矿：		尾矿液：	
U_3O_8(质量分数)	0.011%	Pb	7×10^{-3} g/L
U(天然)	6.3×10^{-11} Ci/g	Mn	0.5 g/L
^{226}Ra	4.5×10^{-10} Ci/g	Hg	7×10^{-5} g/L
^{230}Th	4.3×10^{-10} Ci/g	Mo	0.1 g/L
尾矿液：		Se	0.02 g/L
Al	—	Na	0.2 g/L
pH	2	硫酸盐	30 g/L
NH_4^+	0.5 g/L	V	1×10^{-4} g/L
As	2×10^{-4} g/L	Zn	0.08 g/L
Ca	0.5 g/L	溶解固体总量	35.0 g/L
碳酸盐	—	U(天然)	5×10^{-9} Ci/L
Cd	0.5 g/L	^{226}Ra	4×10^{-10} Ci/L
氯化物	0.3 g/L	^{230}Th	1.5×10^{-7} Ci/L
Cu	0.05 g/L	^{210}Pb	4×10^{-10} Ci/L
氟化物	5×10^{-3} g/L	^{210}Po	4×10^{-10} Ci/L
Fe	1.0 g/L	^{210}Bi	4×10^{-10} Ci/L

注：1 Ci=3.7×10^{10} Bq，—表示未知或未检测。

表 1-3 我国部分铀废矿石、铀尾矿与普通岩石、普通砂、土壤的比活度比较[9]

种类	U 含量/(10^{-3} g/kg)	^{226}Ra 比活度/(Bq/kg)	总 α 比活度/(Bq/kg)
铀废矿石	5～210	214～5402	4199～25900
铀尾矿	20～104	8510～70300	40695～74000
普通岩石	1.2～6.6	26～480	—
普通砂	9～30	7391406	2626
土壤	0.1～4.5	184～278	1291～2168

2. 核燃料循环前段：铀转化、铀浓缩和铀燃料元件制造

图 1-4 是铀转化、铀浓缩转化工艺流程示意图。在核燃料循环前段的铀转化、铀浓缩阶段，^{235}U 含量由 0.7%增至 3%～5%。这些工艺流程过程中会产生氟化渣、木炭渣、石灰渣、设备的废零部件、废管道、废机油、废旧钢铁、劳保用品等低放固体废物和低放废液。它们含有 ^{235}U、^{238}U 等核素及硝酸、氟化物等有害化学物质。

铀燃料元件制造也会产生少量的低放废物：含铀气载流出物(烟囱排出放射性气溶胶)、液态流出物［ADU(重铀酸铵)化工转化过程产生的工艺废液以及含铀废气洗涤废液、设备地面清洗废液、分析废液、磨削废液和洗衣废液等综合废液］和各种固体废弃物(工作服、口罩、手套、鞋帽与塑料、橡胶制品等可燃固体废物，含铀碱渣、废旧过滤器、废旧金属材料与保温材料等不可燃固体废物)。

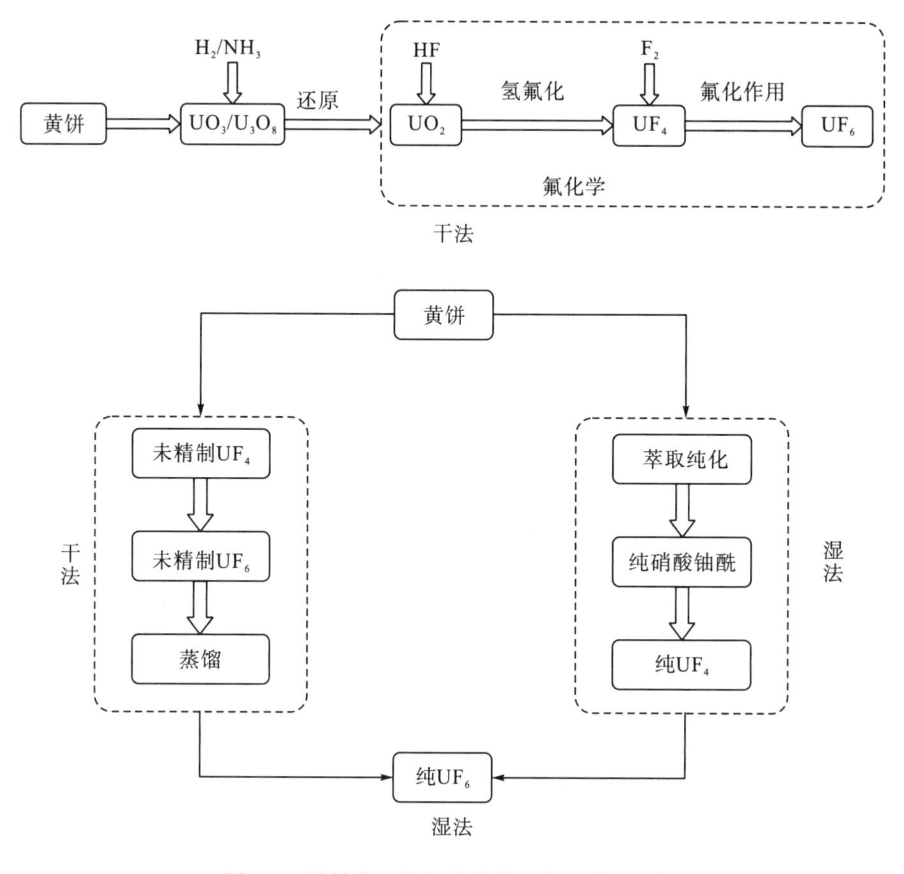

图 1-4　铀转化、铀浓缩转化工艺流程示意图

3. 反应堆运行产生乏燃料与放射性废物

反应堆[9]运行中产生的大量的裂变产物，始终被严密地封闭在核燃料包壳内，在正常情况下不会进入环境。核反应堆运行时产生的放射性废液主要来自循环冷却水，放射性固体废物主要来自冷却净化系统、废液净化系统的离子交换废树脂、废过滤器芯、废液蒸发残渣、活化的堆内构件(包壳材料、控制棒等)、废仪表探头和零件等，其中堆内构件等为高放废物(含 ^{60}Co、^{63}Ni 等)。

反应堆种类较多，按用途可分为产钚堆、研究堆等；按采用的冷却剂、慢化剂和堆体结构类型可分为压水堆、沸水堆、石墨堆、气冷堆、重水堆、快中子堆等。目前最常用的反应堆是压水堆和沸水堆。不同类型反应堆产生放射性废物的种类、活度也不尽相同。

我国核电发展迎来“第二春”，预计到 2050 年，核电装机规模将达到 3.35 亿 kW，届时乏燃料累积数量将达 100 万 t。乏燃料的大量累积，给人类的生存环境构成严重威胁，严重制约核电的健康可持续发展。

4. 核燃料循环后段产生放射性废物

核燃料循环后段包括乏燃料后处理、放射性废物处理、整备和最终处置。这些过程均会产生放射性废物。乏燃料后处理过程产生废物的放射性占核燃料循环总废物放射性总量的 95%。图 1-5 为核燃料元件经过反应堆运行后产生的放射性核素图[4,10]。

反应堆乏燃料中含有 U 约 95%、Pu 和次锕系元素约 1%，以及裂变产物约 4%，具有很高的放射性活度，并产生大量衰变热。表 1-4 为典型反应堆乏燃料元件中的主要裂变产物量[11]。随着核电站燃料燃耗的加深，卸出乏燃料的放射性活度更高，衰变热更多。

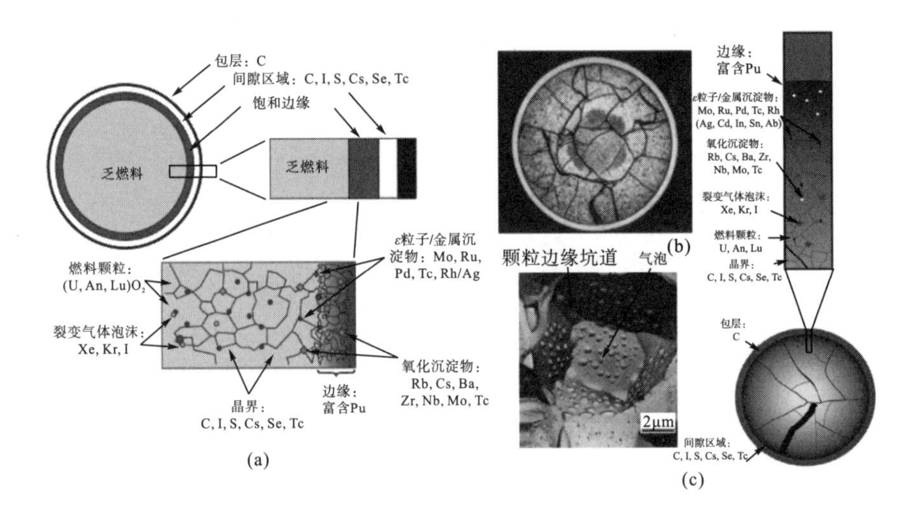

图 1-5 核燃料元件经过反应堆运行后产生的放射性核素

表 1-4 反应堆乏燃料元件中的主要裂变产物量[11]（燃耗 33000 MWd/tHM①，冷却 5a）

裂变产物	含量/(g/t)	其中非放元素所占比例/%	裂变产物	含量/(g/t)	其中非放元素所占比例/%
	惰性气体			稀有金属和贵金属	
氪	378	93	铑	397	100
氙	8.178	100	钯	1.455	100
	卤素			稀土元素	
碘	278	15	镧	1.310	100
	碱金属和碱土金属		镨	1.230	100
铷	346	29	钕	4.219	100
锶	888	40	钐	840	95
铯	2.600	42	铕	181	75
钡	1.575	100	钆	115	100
	稀有金属和贵金属			其他元素	
锆	3.789	79	锝	865	0
钼	3.566	100	碲	578	100
钌	2.244	99	钇	477	100

核电站乏燃料后处理的目的是回收易裂变材料和可转换材料，实现 U、Pu 再循环。表 1-5 列出了核电站中产生的典型放射性核素及其含量。一座功率为 1000 MWe 的核电站

① 燃耗值：每公吨的浓缩铀在一定的运转天数可以产生的热能，写作“MWd/t”，如果核燃料不只有铀，则会写成“MWd/tHM”，“HM”是“重金属（heavy metal）”。

每年卸下的乏燃料元件为 25～30 t，乏燃料后处理产生的高放废液为 10～12 m^3。乏燃料后处理工艺有湿法、干法两种。目前已商用化的为水法后处理过程［普雷克斯流程(plutonium and uranium recovery by extraction process,PUREX process)］，其处理工艺流程为：乏燃料剪切和溶解；TBP(磷酸三丁酯)溶剂萃取，实现铀钚共萃取(共去污)，裂片元素和次锕系元素进入萃余相，成为高放废液；铀、钚分离和纯化，回收的钚、铀供循环使用。

表 1-5　核电站中产生的典型放射性核素及其含量

		含量/%(摩尔分数)
Zr	裂变产物	26.4
Mo	裂变产物	13.2
Ru	裂变产物	12.2
Cs	裂变产物	7.6
Pd	裂变产物	7.0
Sr	裂变产物	4.1
Ba	裂变产物	3.5
Rb	裂变产物	3.5
		1.3
U+Th	锕系元素	1.4
Am+Cm+Pu+Np	锕系元素	0.2
Fe	处理污染物	6.4
(PO_4)	处理污染物	3.2
Na	处理污染物	1.0
其他(主要是 Tc、Rh、Te、I 和加工污染物，包括 Ni、Cr)		9.0

(1) 高放废液(high level liquid waste，HLLW)。高放废液为铀钚共去污循环中产生的萃余液，其体积小而包含全部裂变产物的 99.9%以上。通常每处理 1 t 乏燃料元件，产生将近 5000 L 的高放废液，经蒸发浓缩后，体积减少到 400 L 左右，浓缩过程回收的 HNO_3 可再循环使用。高放废液的主要化学组分如表 1-6 所示[11]。表中数据说明，高放废液具有很高的放射性浓度和衰变热功率。经过 6 a 和 10 a 衰变后，其衰变热功率仍能分别保持 21.35 W/L 和 3.50 W/L 的水平。

表 1-6　高放废液的某些特性数据[11]

组分	经过不同时间衰变后的有关参数				
	浓度/(mol/L)	放射性浓度/(GBq/L)		衰变热功率/(W/L)	
	5 a	6 a	10 a	6 a	10 a
1. 裂变产物					
H	2.67×10^{-6}	3.7	2.22	—	—
Rb	9.36×10^{-3}	—	—	—	—
Sr	1.7×10^{-2}	5180	4070	0.16	0.13
Y	9.56×10^{-3}	5550	4070	0.80	0.62
Zr	7.4×10^{-2}	629	—	0.08	—

续表

组分	经过不同时间衰变后的有关参数				
	浓度/(mol/L)	放射性浓度/(GBq/L)		衰变热功率/(W/L)	
	5 a	6 a	10 a	6 a	10 a
1. 裂变产物					
Nb	—	1406	—	0.18	—
Mo	7.2×10^{-2}	—	—	—	—
Tc	1.7×10^{-2}	1.11	1.11	—	—
Ru	4.2×10^{-2}	2×10^{4}	40.7	0.03	—
Rh	0.01	2×10^{4}	40.7	5.30	0.01
Pd	0.029	—	—	—	—
Ag	1.48×10^{-3}	1924	—	0.38	—
Cd	1.61×10^{-3}	2.59	1.48	—	—
Sn	9.24×10^{-4}	30.7	62.9	0.05	—
Sb	2.46×10^{-4}	621.6	—	—	—
Te	7.81×10^{-3}	266.4	15.5	—	—
Cs	0.039	1.7×10^{4}	7030	2.80	0.31
Ba	0.024	7400	5900	0.80	0.65
La	0.018	—	—	—	—
Ce	0.033	3.0×10^{4}	11.1	0.54	—
Pr	0.016	3.1×10^{4}	11.1	6.29	—
Nd	0.056	—	—	—	—
Pm	5.44×10^{-4}	7770	721.5	0.08	
Sm	0.012	107.3	99.9		
Eu	1.97×10^{-3}	802.9	358.9	0.16	0.08
Gd	1.27×10^{-3}	—	—	—	—
总裂变产物	57.75g/L	1.5×10^{5}	2.27×10^{4}	17.7	1.81
2. 锕系元素					
U	0.053	—	—	—	—
Np	2.84×10^{-3}	13.3	13.3	—	—
Pu	1.67×10^{-3}	146.5	112.1	0.03	0.03
Am	9.54×10^{-3}	76.6	76.6	0.06	0.06
Cm	2.58×10^{-3}	3690	1695	3.56	1.60
总锕系元素	16.79g/L	3929	1898	3.56	1.69
总裂变产物+总锕系元素	74.54g/L	1.54×10^{5}	2.46×10^{4}	21.35	3.50
3. 化学试剂					
HNO_3	2.0				
Gd	0.15				
PO_4^-	0.042				
Fe	0.05				
Cr	9.6×10^{-3}				
Ni	3.4×10^{-3}				
Na	4.5×10^{-3}				
总化学试剂	157.6g/L				

注：以处理 1t 铀生产的 378 L 高放废液作基准。

(2) 中放废物(medium level waste，MLW)。后处理厂产生的中放废物分为中放非 α 废物和中放 α 废物，前者从乏燃料贮存设施中产生，后者主要来自燃料溶解尾气的洗涤液、焚化炉尾气清洗液、去污溶液、污溶剂(磷酸三丁酯)洗涤液、HLW 除雾洗涤器溶液、操作区的污水。

(3) 低放废物(low level waste，LLW)。后处理厂产生的低放废物也分低放非 α 废物和低放 α 废物两类。低放非 α 废液的产生量很大，包括废液蒸发冷凝液、酸回收冷凝液、实验室废液、核燃料元件冷却水等，废物处理过程中产生的二次废液也多属于这一类。这类废液除含氚外，还含有少量裂片元素和锕系元素。低放非 α 废液的另一个主要来源是后处理厂中将纯化后的铀转化为六氟化铀的加工过程。此外，后处理厂也产生大量的低放非 α 固体废物。

低放 α 废液主要是污溶剂洗涤废液，低放 α 固体废物主要产生于后处理工艺中纯化后的硝酸钚转化为氧化钚的过程和 MOX 燃料元件制造过程，如纸张、橡胶、塑料、实验室设备、过滤器、元件外壳以及废物焚化和铀氟化过程产生的灰渣等。

(4) 放射性气体废物。在乏燃料后处理的首端操作(切割、溶解)过程中，会释放出一些半衰期较长、有较高产率的挥发性核素，主要是 ^{129}I 和 ^{85}Kr，以及氚、碳-14。氚是一种挥发性或半挥发性(氚水)的氢同位素核燃料的裂变产物、燃料中杂质元素锂的低能中子活化产物和许多结构材料的高能中子活化产物。氚是一种半衰期为 12.3 a 的低能 β^-发射体。核燃料辐照过程中产生的氚约有 50%存在于锆包壳废物内，其中一部分以 Zr-HT(H：氢；T：氚)形式存在。它一旦被释放出来，将在生物生存的环境中以氚水的形式存在，分离净化相当困难。放射性碳主要是由燃料中夹杂的氮经中子活化生成的。它通常以二氧化碳的形式存在，因而它可以当作挥发性物质来处理。

(5) 核燃料元件及结构材料废物。这类废物主要指乏燃料溶芯后的包壳切片，此外还包括核燃料元件及其定位支架以及沸水堆的燃料管等。这些废物全部在后处理厂的燃料元件剪切和溶解等首端处理过程中产生。包壳皮料中还含有未溶解的氧化物燃料，约占原始装料总量的 0.05%～0.1%。

1.1.3　军用核燃料循环产生放射性废物

军工放射性废物主要来源于军用核材料生产、核武器制造以及核动力舰船(如核潜艇、核动力航空母舰、深空探测核电源等)的运行[1]。与民用核燃料循环的不同之处是，为了生产武器级铀，铀浓缩过程中 ^{235}U 的丰度必须达到 90%以上；为了生产武器级钚，铀元件在反应堆中辐照的燃耗很浅(1000 MWd/tHM 左右)，使 ^{239}Pu 的丰度高于 93%，相应的后处理过程也以钚的提取和纯化为核心。因此，尽管军工废物类型与民用核燃料循环所产生的废物类型和构成相似，但废物中放射性核素的成分和放射性水平差别很大。

1.1.4　非核燃料循环产生放射性废物

非核燃料循环放射性废物的来源[1]包括放射性同位素生产(如 ^{90}Sr、^{99}Mo、^{99}Tc、^{192}Ir)，放射性同位素在工业、农业、生物、医学等方面的各种应用，核技术应用研究活动，各类核设施退役活动。

非核燃料循环放射性废物来源十分广泛，放射性物质的种类繁多，放射性水平也各不相同，包括极低放-极短寿命核素、低放-长寿命核素(如镭源)、高放-短寿命核素(如钴源)，但一般以低中放废物为主。在核设施退役过程中，反应堆堆芯和后处理厂首端设备的放射性水平均很高。

放射性同位素的工业应用包括食品辐照消毒、射线应用设备(如海关集装箱监测)、核电池(从卫星用电池到心脏起搏器)、液位计、测厚计、放射性核素发光器、烟雾探测器等，主要使用的核素有 ^{60}Co、^{238}Pu、^{85}Kr、^{3}H、^{241}Am 等。

在医疗方面，放射性物质被广泛用于疾病诊断与治疗，如射线成像显影诊断、放射免疫诊断、放射疗法治疗恶性肿瘤等，使用的核素有 ^{99}Tc、^{198}Au、^{32}P、^{90}Sr、^{125}I、^{60}Co 等。

在科学研究方面，除了核研究中心的各种研究活动产生放射性废物之外，各种放射性核素的特征辐射在化学(包括生物化学)、物理学、生态学、植物学和水文地质学等领域研究中用作示踪剂或指示剂，也会产生各种废物。

在各种核设施退役的实施过程中，产生大量极低放废物和低中放废物以及少量高放废物。一座核设施退役时产生的各类放射性废物量大致等于该核设施运行期间产生的核废物量总和。若经去污处理后再循环使用部分材料，则退役废物量可减少。

总之，与核燃料循环放射性废物相比，非核燃料循环放射性废物的总量和放射性水平都是较低的。

1.2 放射性废物的特性

1.2.1 放射性废物的核素类型

如前面所述，放射性废物的放射性主要来自两大类元素及放射性同位素：①天然放射性元素，包括铀、钍及其衰变子体核素。这类核素是核燃料循环前段各种工艺过程中产生的废物中的核素来源，该类核素的放射性活度较小。②人工放射性元素，包括反应堆中的重核裂变产物、中子俘获产物、中子活化产物等。其中，重核裂变产物和重核中子俘获产物是核燃料循环后段各种工艺过程中产生的废物中的主要核素来源，中子活化产物是反应堆废物中的主要核素来源。人工放射性元素的放射性活度很高，约占核废物总放射性活度的95%。

如前言所述，在放射性废物处理处置时，需要重点关注三类迁移速率快，进入生物圈后易造成重大灾害的核素：高放废物 300 a 之内的主要发热源中等寿命的裂变产物、长期放射毒性大的长寿命裂变产物以及长寿命阴离子放射性核素。

1.2.2 放射性废物的放射性活度

核燃料循环前段产生的废物主要为低放废物，以含铀废物为主；核燃料循环后段产生大量各类废物，其中低放废物中含有少量裂变产物或活化产物，几乎不含锕系 α 辐射体。低放废物的放射性活度和衰变热较低，处理和处置也较为简单。高放废物和乏燃料中含有大量裂变产物和较多模拟锕系核素，因而具有很高的放射性活度和衰变热。

乏燃料刚从核电站中卸出时的放射性活度很高，比活度高达 10^6～10^7 Ci/tHM。随着乏燃料中短寿命核素的衰变，乏燃料的比活度在离堆后几年内急剧降低。乏燃料冷却 5 a 和 40 a 后的比活度分别降至离堆时的 1/100 和 1/1000 左右[12]。

乏燃料中较短寿命的核素(^{90}Sr、^{224}Cm、^{137}Cs 等)在乏燃料存放 300a 内即可衰变至无害水平。在首个 1000 a 间，乏燃料放射性的主要贡献者是其中的裂变产物；此后其放射性主要源自锕系元素(Pu、Np、Cm、Am 等)及其子体元素。乏燃料中锕系元素及其子体的放射性活度比后处理高放废物的放射性活度高 1～2 个数量级，因此乏燃料衰变至无害水平所需的时间往往为 10^5a 以上[13]。

1.2.3　放射性废物的毒性

放射性对人(或动物)体产生的毒害特性称为放射毒性。放射毒性主要取决于放射性废物中所含核素的放射毒性(放射性活度、射线辐射种类)的大小。根据《电离辐射防护与辐射源安全基本标准》(GB 18871—2002)的辐射防护规定，按照各种放射性核素的辐射种类和能量、物理化学特性、沉积器官和部位、半衰期及在脏器内停留时间等因素，可将放射性核素分为极高放射毒性、高放射毒性、中等放射毒性和低放射毒性 4 组 [14,15]。

(1) 极高放射毒性核素，如 ^{210}Po、^{226}Ra、^{231}Pa、^{232}U、^{233}U、^{238}Pu、^{239}Pu、^{240}Pu、^{242}Pu、^{241}Am、^{242}Cm、^{244}Cm、^{252}Cf 等。

(2) 高放射毒性核素，如 ^{60}Co、^{90}Sr、^{106}Ru、^{144}Ce、^{152}Eu、^{210}Pb、^{212}Bi、^{237}Np、^{241}Pu、^{241}Cm 天然钍等。

(3) 中等放射毒性核素，如 ^{14}C、^{32}P、^{36}Cl、^{55}Fe、^{58}Co、^{59}Fe、^{63}Ni、^{90}Y、^{95}Zr、^{99}Mo、^{125}I、^{131}I、^{137}Cs、^{198}Au、^{220}Rn、^{222}Rn 等。

(4) 低放射毒性核素，如 ^{3}H、^{40}K、^{51}Cr、^{85}Kr、^{99}Tc、^{123}I、^{129}I、^{133}Xe、^{135}Cs、^{232}Th、^{235}U、^{238}U、天然铀等。

等量不同核素的活度可能差别很大，不同核素的毒性差别很大。典型核素的同位素毒性分类见表 1-7。

表 1-7　典型核素的同位素毒性分类

核素	极毒	高毒	中毒	低毒
钚	236，238，239，240，242	241，244	234，237，245 246	235，243
铀	232，233，243	236	237，240，天然铀	235，238，239
锶		90	82，83，85，89，91，92	80，81，85m，87m
铯			132，134，136，137	125，127，129，130，131，134m，135，135m，138

注：m 代表原核素的同质异能素。

核素的放射毒性无法用现有化学、物理方法或其他方法消除。只能任其按固有规律衰变至无害水平，大约经过 10 个半衰期后其放射毒性水平可降至原有的 0.1%，经过 20 个半衰期后降至原有的 1×10^{-6}。对于大部分短寿命放射性核素，只要经几十天至 1a 的贮存，即可衰减至安全水平；低中放废物中的 ^{137}Cs 和 ^{90}Sr 等中寿命放射性核素需要隔离 300～500a 才降至安全水平；高放废物中的 ^{239}Pu、^{99}Tc、^{107}Pd 等长寿命放射性核素则需隔离数十万年才可降至安全水平。因此，各类核废物的处置方式、处置时间在很大程度上取决于核素的放射毒性及其半衰期。

1.2.4 放射性废物的热效应

放射性废物尤其高放废物在生成后将持续地放出大量衰变热。在铀系的 α、β、γ 辐射过程中，三者释放的热量分别占总释热量的 89%、4.5%和 6.5%。高放废物和乏燃料中含有较多的长寿命 α 辐射体，因而可释放出较多衰变热；低中放废物仅含少量长寿命 α 辐射体，其衰变热也远少于高放废物。

高放废物和乏燃料在开始数十年内的衰变热随时间迅速减少(表 1-8)[8]。在 100 a 内，其热量主要由裂变产物释放，此后锕系元素及其衰变子体成为其主要释热者。因此，为了减少高放废物、乏燃料的释热量，在处理前一般需暂存一段时间。

表 1-8 含 1 tHM 的乏燃料及其后处理高放废物、包壳废物的衰变热特征

离堆时间/a	乏燃料热功率/W	高放废物热功率/W	包壳废物热功率/W
10	1290	1120	33.5
10^2	284	134	1.46
10^3	49.4	6.8	0.25
10^4	1.0	0.1	—
10^5	0.3	0.1	—
10^6	—	—	—

注：系压水堆乏燃料，燃耗为 33 GWd/tHM；乏燃料离堆冷却 5 a 后进行后处理。

1.3 放射性废物的分类

放射性废物的来源广泛，形态、组成和特性各异，为了便于管理，必须进行科学、合理的分类。放射性废物的分类方法很多，可按废物的物理、化学形态分类，按放射性水平分类，按放射性废物来源分类，按半衰期分类，按辐射类型分类，按处置方式分类，按毒性分类，按释热分类，按危害程度分类，等等。例如，放射性废物按其物理形态分为气载废物、液体废物和固体废物三类。

不管采用什么分类标准，一个理想的废物分类体系应该符合以下基本原则：①能够安全管理放射性废物，保护当代和后代人健康，保护环境；②符合国家法律和法规要求；③具有现实可行的技术基础；④适合有关部门的实施，具有可操作性；⑤为公众所接受；

⑥与国际放射性废物分类体系相衔接。

根据国际原子能机构(International Atomic Energy Agency，IAEA)现行的分类(表 1-9)，首先按其物理形态将核废物分为液体、气体、固体三类，然后按比活度将每类分成若干级别[16]。例如，将放射性液体废物分成五级，其中第 1、2、3 级相当于低放废物，第 4 级相当于中放废物，第 5 级相当于高放废物；在被分为四级的固体废物中，第 1、2 级分别相当于低放废物和中放废物，第 3、4 级相当于高放废物。在该分类中还对各类核废物提出了处理、防护要求。

表 1-9　IAEA 推荐的放射性废物分级标准[16]

废物	分级	放射性比活度或浓度	说明	备注
液体	1	$<3.7\times10$ Bq/L	一般可不处理	用通常的蒸发、离子交换或化学方法进行处理
	2	$3.7\times10\sim3.7\times10^4$ Bq/L	处理废液的设备不需屏蔽	
	3	$3.7\times10^4\sim3.7\times10^6$ Bq/L	部分设备需要屏蔽	
	4	$3.7\times10^6\sim3.7\times10^{11}$ Bq/L	设备需要屏蔽	
	5	$>3.7\times10^{11}$ Bq/L	必须冷却和屏蔽	
气体	1	<3.7 Bq/m^3	一般可不处理	
	2	$3.7\sim3.7\times10^4$ Bq/m^3	一般用过滤法处理	
	3	$>3.7\times10^4$ Bq/m^3	一般用综合法处理	
固体	1	$<1.91\times10^6$ Bq/kg	运输中不需特殊防护	主要为β、γ辐射体，所含α辐射体可忽略不计
	2	$1.91\times10^6\sim1.91\times10^7$ Bq/kg	运输中要用薄层混凝土或铅屏防护	
	3	$>1.91\times10^7$ Bq/kg	运输中要求特殊防护	
	4	α辐射体	要求不存在临界问题	

注：原表中的放射性比活度单位用 Ci(居里)或 R(伦琴)表示。

对于固体废物，IAEA 于 1994 年提出了以处置为核心的废物分类体系。该体系将固体废物分为四类，即高放废物、长寿命低中放废物(其中包括α废物)、短寿命低中放废物和豁免废物，如表 1-10 所示。在这里，长寿命的含义为半衰期大于 30 a。

表 1-10　按处置要求分类的废物特性[17]

废物类型	典型特性	处置方案
高放废物	释热率>2 kW/m^3 长寿命核素比活度>短寿命低中放废物上限值	地质处置
长寿命低中放废物	释热率<2 kW/m^3 长寿命核素比活度>短寿命低中放废物上限值	地质处置
短寿命低中放废物	比活度>清洁接控水平 释热率>2 kW/m^3 受限长寿命α核素比活度<4×10^6 Bq/kg(单个废物包) 受限长寿命α核素比活度<4×10^5 Bq/kg(多个废物包平均值)	近地表处置 (或地质处置)
豁免废物	核素比活度≤清洁解控水平 对公众年剂量<0.01 mSv	无放射学限制

上述分类方法的最大优点是明确界定了实施清洁解控、近地表处置或地质处置的固体废物类别。按 IAEA 新的规定，长寿命废物不仅考虑 Np、Pu、Am 和 Cm 等锕系元素，还考虑 ^{99}Tc、^{129}I、^{226}Ra 和 ^{14}C 等非模拟锕系核素。

我国放射性废物的分类标准也是与时俱进的。我国环境保护部、工业和信息化部和国家国防科技工业局 2018 年最新颁布了放射性废物分类文件[18]，如表 1-11 所示。新分类标准自 2018 年 1 月 1 日起实施，与 IAEA2009 年的分类相同。此前，我国放射性废物一直按照 GB 9133—1995[19]进行管理，目前该分类不再使用，如表 1-12 所示。

表 1-11 我国最新放射性废物分类

放射性种类说明		废物/废液分类	比活度(A)/释热率(H)	处置方式
根据核素半衰期和衰变类型确定其下限值	^{137}Cs(30 a) 或 ^{90}Sr(29.1 a)	高放废物	$A>4\times10^{11}$ Bq/kg 或 $H>2$ kW/m^3	深地质处置
		中放废物	$4\times10^9<A\leqslant4\times10^{11}$ Bq/kg 且 $H\leqslant2$ kW/m^3	中等深度处置
		低放废物	$A\leqslant4\times10^9$ Bq/kg	近地表处置
	半衰期大于 5 a 发射 α 粒子的超铀核素	中放废物	$4\times10^5<A\leqslant4\times10^{11}$ Bq/kg 且 $H\leqslant2$ kW/m^3	中等深度处置
		低放废物	$A\leqslant4\times10^5$ Bq/kg(平均) $A\leqslant4\times10^5$ Bq/kg(单个包装物)	近地表处置

表 1-12 我国 2018 年以前的放射性废物分类[19]

类别	级别	名称	放射性浓度 A_v/(Bq/m^3)				
气载废物	I	低放	$\leqslant4\times10^7$				
	II	中放	$>4\times10^7$				
			放射性浓度 A_v/(Bq/L)				
液体废物	I	低放	$\leqslant4\times10^5$				
	II	中放	$4\times10^5<A_v\leqslant4\times10^{10}$				
	III	高放	$>4\times10^{10}$				
			比活度 A_m/(Bq/kg)				
			$T_{1/2}\leqslant60$ d	60 d$<T_{1/2}\leqslant5$ a	5 a$<T_{1/2}\leqslant30$ a	$T_{1/2}>30$ a	α 废物
固体废物	I	低放	$A_m\leqslant4\times10^5$	$A_m\leqslant4\times10^6$	$A_m\leqslant4\times10^6$	$A_m\leqslant4\times10^6$	单个包装中 $A_m>4\times10^6$ 多个包装的平均比活度 $A_m>4\times10^5$
	II	中放	$4\times10^7<A_m\leqslant3.7\times10^{11}$	$4\times10^6<A_m$	$4\times10^6<A_m\leqslant4\times10^{11}$ 释热率$\leqslant2$ kW/m^3	$4\times10^6<A_m\leqslant4\times10^{10}$ 释热率$\leqslant2$ kW/m^3	
	III	高放			$A_m>4\times10^{11}$ 释热率>2 kW/m^3	$A_m>4\times10^{10}$ 释热率>2 kW/m^3	

美国把废物分为低放废物、高放废物、超铀废物、铀矿冶废物等。美国没有中放废物这一类，把低放废物分为 A 类 、B 类、C 类、超 C 类和混合废物。A 类废物放射性水平很低，超 C 类废物放射性水平很高。A 类废物和 B 类废物可近地表处置，超 C 类废物和混合废物要进行特殊处理与处置。超 C 类废物包括核电站废树脂、废过滤器芯、某些堆芯部件和一些强密封放射性源等。混合废物既有放射性危害又有化学危害。

法国把放射性废物分为 A 类、B 类、C 类、FA 类和 TFA 类，具体分类标准如表 1-13 所示。

表 1-13 法国放射性废物分类

类别	特征和产生	处置方式
A 类	短寿命低放废物，$T_{1/2}$<30a，α<3.7 GBq/t 主要为核电厂运行产生的废物	近地表处置
B 类	低放或中放废物，30a≤$T_{1/2}$<300a，低释热率，α >3.7 GBq/t 主要为换料操作、乏燃料后处理及一些维护工作中产生的废物	短寿命——近地表处置 长寿命——中间贮存 待地层处置
C 类	长寿命高放废物，释热率高 后处理产生的高放废物及直接处置的乏燃料	深地质处置
FA 类	低放废物，含有极少量的长寿命核素 如铀矿开采所产生的废物	近地表处置
TFA 类	极低放废物，放射性极低(<100Bq/g) 如退役产生的废物	近地表处置

1.4 放射性废物处理处置原则与理念

1.4.1 基本原则

IAEA 经过向成员国征求意见和理事会批准，已发布了核安全领域三个基础标准。

(1)核设施的安全(SS-110，IAEA，1993)：核安全基础标准。

(2)辐射防护和辐射源的安全(SS-120，IAEA，1996)：辐射防护安全基础标准。

(3)放射性废物管理原则(SS-111-F，IAEA，1993)：放射性废物管理安全基础标准。

在放射性废物管理原则中提出了以下九条基本原则[20]。

(1)保护人类健康。放射性废物管理必须确保对人类健康的影响达到可接受水平。

(2)保护环境。放射性废物管理必须确保对环境的影响达到可接受水平。

(3)超越国界的保护。放射性废物管理应考虑超越国界的人员健康和环境的可能影响。

(4)保护后代。放射性废物管理必须保证对后代预期的健康影响不大于当今可接受水平。

(5)给后代的负担适当。放射性废物管理必须保证不给后代造成不适当的负担。

(6)符合国家法律框架。放射性废物管理必须在适当的国家法律框架内进行，明确划分责任和规定独立的审管职能。

(7)控制放射性废物产生。放射性废物的产生必须尽可能最少化。

(8)放射性废物产生和管理间的相依性。必须适当考虑放射性废物产生和管理的各阶段间的相互依赖关系。

(9)设施安全。必须保证放射性废物管理设施使用寿期内的安全。

1.4.2 现代理念

为了更加安全而有效地治理核废物，在总结几十年废物管理实践中经验教训的基础上，近年来国际上提出了一些新的理念。

1. 极低放废物和清洁解控[21,22]

放射性浓度或放射性活度低于或等于国家规定限值的极低放废物(very low level waste, VLLW)称为豁免废物，实行清洁解控，将这类极低放废物按非放射性废物进行管理，如采用一般焚烧处理和浅土掩埋处置等，或者进行有限制或无限制的再利用/再循环。对豁免废物实行清洁解控，可以大大降低放射性废物的管理成本。

现在，国际上IAEA、欧盟和经济合作与发展组织核能局(Organisation for Economic Co-operation and Development-Nuclear Energy Agency，OECD/NEA)正在酝酿制定清洁解控水平和极低放废物标准，对需严格管理的废物进行严格管理，对不需要当作放射性废物的废物放松管理(如可用一般焚烧处理和浅土掩埋处置等)或者进行有限制或无限制的再利用/再循环。

制定极低放废物标准和清洁解控水平涉及环境、安全、社会、政治、技术和资源等许多因素。清洁解控水平不仅要考虑放射性风险，而且要考虑非放射性风险、社会经济与环境安全影响。

2. 废物最少化

废物最少化(minimization)是指使放射性废物的体积及其放射毒性实现合理可达的最少化。实现核废物最少化，可以大大减少需要处置的废物体积，从而带来巨大的经济效益、社会效益和环境效益。因此，废物最少化成为当今放射性废物管理的重要目标。

废物最少化是放射性废物量和活度(amount & activity)尽可能少。废物最少化要作不懈努力，应从战略高度对待废物最少化。废物最少化要着重于从源头减少废物的产生，而不是全力应付在废物产生之后的减容。在某些情况中，废物最少化和安全要求发生矛盾时，应优先考虑安全要求。实现废物最少化是安全文化的一个重要组成部分。

实现废物最少化的方法可分为优化管理减少源项、再循环/再利用、减容处理三大类。

美国6个商用近地表处置场关闭4个后(后来增建了1个)，低放废物处置费用大涨。美国要求废物处理在保证满足美国10CFR61号联邦法规规定的处置性能要求的前提下，努力实现废物最少化。在政策和经济压力的驱动下，美国废物最少化效果明显，压水堆单台机组的固体废物产生量从1990年的500 m^3/a 降至现在的约 $20m^3/a$。

国际上，许多国家和地区由于环保要求的严化和来自公众与地方政府的阻力等，废物处置场选址难以解决，影响了核能和核技术利用的发展，废物最少化因而受到人们的重视。

废物处置压力推动废物最少化，废物最少化由被动转向主动发展。

此外，目前运行的核电站基本上都是热中子堆。核电站中有大量的高放废物需要处理，所以在不断发展的同时，应该探究新型核电站和核燃料的研制，减少放射性废物产生，实现废物最少化。

3. 全球合作，协同创新

积极学习国外先进处理经验，加强国际合作。放射性废物安全和有效处置，尤其是高放废物处理处置，是关系核能可持续发展的关键问题之一，是世界核能界面临的共同挑战，而国际合作对这一问题的解决起着重要的作用。

核废物处理处置是一项关系国际声誉、核电发展、环境保护、人民健康的大事。我国应该在大力发展核电的同时进行核废物的安全处置，尤其是对高放废物的地质处置予以足够的重视，在安排科研项目和科研经费时，不仅仅要考虑核燃料循环的前端核电站设计、运行、燃料元件制造等，还要从长远考虑，给予后端核燃料后处理、核废物的地质处置、核电厂退役以一席之地。

放射性废物处置是一个复杂的系统工程，它涉及许多相互交叉的学科领域，如地质与水文地质学、地球物理与地球化学、岩石力学、材料科学与工程技术、核物理、辐射化学、放射化学与核化工、辐射安全与环境保护等，各学科之间相互交织、渗透，构成庞大而复杂的系统网络。因此，研究开发要兼顾各方面的发展，各学科和各部门要协同配合，互相联系、互相促进。只有各学科全面、协调发展，才能使各学科形成统一的整体，各部门、单位形成优势互补，推动放射性废物处置工作顺利前进。

1.5 高放废物的处理策略

为保护公众健康和人类赖以生存的地球环境，必须对放射性废物妥善处理处置。放射性废物处理是改变放射性废物的物理、化学性质，使之变成适于大气/水体排放、土壤包容或最终处置的状态所实施的技术与工艺成果；放射性废物处置则是为使放射性核素在衰变至对人类无危害水平之前保持与生物圈隔离所采取的措施。一般而言，放射性废物处置是不可回取的处理。固体废物不会流动，它的长期贮存或永久处置更加安全且易监管，因此，往往将放射性废物转化成不溶解的、稳定的固体状态，然后进行处置。废气或废液经过净化，达到符合排放标准后有控制地排入环境(水体、大气)。

对于低、中水平放射性废物的处理处置相对容易，如前言中提到的，可在国家规定的符合核安全要求的场所实行近地表或者中等深度处置。

由于高放废物含有放射性强、释热量大、毒性大、半衰期长的核素，需要把它们与人类生存环境长期、可靠地隔离。如何安全地处置高放废物已成为当前放射性废物管理的难点问题，已引起国际社会的广泛关注，世界各有核国家都将高放废物的安全处置看作保证核工业可持续发展、保护人类健康、保护环境的一项战略任务。

高放废物处置是将高放废物同人类生活圈隔离起来，不使其以对人类有危害的量进入人类生物圈，不给现代人、后代人和环境造成危害，并使其对人类和非人类生物种与环境的影响可合理达到的尽可能低。为此，IAEA 和 OECD/NEA 等国际组织发布了一系列安全标准导则。国际辐射防护委员会(International Commission on Radiological Protection，ICRP)发布了《固体放射性废物处置的辐射防护原则》《放射性废物处置的放射防护政策》《用于长寿命固体放射性废物处置的辐射防护建议》等报告书。ICRP 第 64 号出版物指出："高放废物处置构成延伸到非常遥远的辐射源项，在对这种潜在照射的评价方面，关于事件和概率的确定出现了相关的方法学问题。" ICRP 第 76 号出版物指出："对潜在照射防护的最优化仍有大量问题没有解决，特别是概率低而后果大的情况。" ICRP 第 77 号出版物指出："在长寿命放射性核素危险评价中潜在限的作用现在还不清楚。" ICRP 第 81 号出版物指出："在处置系统的开发过程中，特别是在选址和处置库的设计阶段，最优化原则要反复地使用。"

对于高放废物，1957 年美国国家科学院(National Academy of Science，NAS)提出地质处置方案，此后人们探讨过不少处置方案。从 20 世纪 60 年代初以来，已经提出了许多处置方案，但现实可行和为人们普遍接受的只有地质处置方案。1999 年在美国丹佛召开的国际地质处置会议和 2004 年在瑞典斯德哥尔摩召开的国际地质处置会议更确认了地质处置的安全性和可行性。

虽然日本福岛核事故以来，我国尚未正式启动重新审批核电建设，但是我国第 1 座核电站——秦山核电站运行已有近 30 年，已经产生了一些高放废物。随着核电的发展，高放废物将会大量增加，到 2020 年以后，预计每年都将有近千吨乏燃料。为了实现在 21 世纪中叶妥善解决高放废物安全处置问题，我国于 2005 年正式启动了"国家高放废物地质处置计划"。高放废物地质处置是一个涉及子孙万代可持续发展的重大问题，需要起好步，其中场址选址是一个关键环节。2005 年 9 月在北京香山召开的以"高水平放射性废物地质处置"为主题的第 260 次学术讨论会上，专家的共识是除在甘肃北山继续开展研究工作外，也应在其他区域积极开展高放废物处置场地的勘选工作。2006 年 2 月，国防科工委、科技部、国家环保总局联合发布《高放废物地质处置研究开发规划指南》，明确提出：在众多处置方案中，高放废物地质处置是开发时间最长，也是目前最有希望投入应用的处置方案。自 1985 年以来，和大多数国家一样，我国选择了地质处置作为我国高放废物处置的主攻方向，开展了大量前期研究开发工作。2003 年颁布的《中华人民共和国放射性污染防治法》明确了我国高放废物实施集中的深地质处置这一基本政策，为高放废物处置指明了方向。2006 年，中俄两国在江西启动了在高放废物地质处置研究领域的首次实质性合作。2007 年 8 月，国防科工委批复了 17 个高放废物地质处置研究开发项目建议书。当前，我国高放废物处置进入了一个新的积极发展阶段，并制定了发展目标，包括 3 个阶段：试验室研究开发和处置库选址阶段(2006—2020 年)、地下试验阶段(2021—2040 年)、原型处置库验证与处置库建设阶段(2041—2050 年)。对华东、华南、西南、内蒙古和西北等 5 个预选片区进行比较，重点研究了西北预选区(甘肃北山预选区)，取得了一定的成果。

1.5.1　安全处理方法

对于高放废物处置，曾有太空处置、洋底沉积层处置、极地冰层处置等多种方案[23]（表 1-14）。

表 1-14　高放废物处置方案

处置方案		基本思想	可行性
深地质处置	地下库巷道-钻孔处置	几百米到千米深地下库中，挖掘巷道，适当布置钻孔，固化体叠放于钻孔中	研究最多，具有可实现性
	地下库巷道-巷道处置	几百米到千米深地下库中，挖掘巷道，固化体封装在容器中，卧放在巷道中	美国尤卡山设计的可回取性处置采用此法
	超深钻孔注入	将高放废液注入超深钻孔中，利用其自释热作用熔融周围岩体，固结于地质体中	俄罗斯已提出概念设计方案，尚待评价
分离嬗变（核焚烧）		将高放废物中次模拟锕系核素和长寿命裂片核素分离出来，用反应堆、加速器或 ADS①嬗变成短寿命核素或稳定元素	正在开发研究中
洋底沉积层处置		将废物置于深洋底沉积层中	可行性尚待评价，受政治因素影响大
太空处置		将废物发送到太空中去	风险大，费用高，公众不可能接受。早期设想方案已被遗弃
极地冰层处置		将废物置于极地冰层中，利用其自释热作用不断下沉到底部	国际公约不允许。早期设想方案已被遗弃

经过多年的研究和实践，目前普遍接受的可行方案是深地质处置，即把高放废物埋在距离地表深 500～1000m 的地质体中，通过建造一个天然屏障和工程屏障相互补充的多重屏障体系，使高放废物对人类和环境的有害影响低于审管机构规定的限值，并且可合理达到尽可能低。

1.5.2　多重屏障体系可分为两大屏障

(1) 工程屏障。高放废物固化体、包装容器（可能还有外包装）、缓冲/回填材料和处置库工程构筑物等构成通常所说的近场。近场包括全部工程屏障和最接近工程屏障的一小部分主岩（通常伸展几米或几十米）。

(2) 天然屏障。主岩和外围土层等构成通常所说的远场。远场是从处置库近场一直延伸到地表生物圈的广阔地带[24,25]。

根据地质条件的不同，各国选择了不同岩性的天然屏障，如瑞典、芬兰、加拿大、韩国、印度选择花岗岩；美国选择凝灰岩；比利时由于可选岩性有限，只能选择黏土岩；法国、瑞士尚未确定选择花岗岩还是黏土岩；德国原定选择岩盐，但后来决定重新启动选址程序，至今未确定处置库围岩类型。处置库中的废物毒性大、半衰期长，要求处置库的安全评价期限至少要达到 $(1\sim10)\times10^5$ a，这一要求是目前任何工程所没有的。因而，处置

① ADS：Accelerator Driven Sub-critical System，加速器驱动次临界洁净核能系统。

库的选址、设计、建造、性能评价极为复杂。开发处置库是一个长期的系统化过程，一般需要经过基础研究，处置库选址场址评价，地下实验室研究，处置库设计、建设和关闭等阶段。其中，地下实验室研究是建设处置库不可缺少的重要阶段。各国进行选址和场址评价的同时还开展大量研究开发工作，主要包括处置库的设计、性能评价、核素迁移的实验室研究和现场试验、工程屏障研究等。

1.5.3 面临的挑战

1. 技术难点

高放废物安全处置的目标[26,27]是：使高放废物与人类生存环境充分、彻底、可靠地隔离，且隔离时间要达上万年甚至几百万年。高放废物中含有镎、钚、镅、锝等放射性核素，它们具有放射性强、毒性大和半衰期长等特点，一旦进入人类生存环境，危害极大，且难以消除。正因为如此，就需要建造特殊的地下工程(深地质处置库)来处置这些高放废物。然而，建造这样的地下工程，除了一系列社会和人文科学方面的难题外，还在科学、技术和工程上面临一系列重大挑战，包括如何选择符合条件的场址、如何评价场址的适宜性、如何选择隔离高放废物的工程屏障材料、如何设计和建造处置库、如何评价上万年甚至更长的时间尺度下处置系统的安全性能等。其中，须解决的重大科学问题包括处置库场址演化的精确预测、深地质环境特征、多场耦合条件［中(高)温、应力作用、水力作用、化学作用和辐射作用等］下深部岩体/地下水/工程材料的行为、放射性核素的地球化学行为与随地下水的迁移行为，以及处置系统的安全评价等。

(1)处置库场址演化的精确预测。高放废物含有长半衰期的放射性核素，这就要求处置库要有(1～10)×10^5 a，甚至更长的安全期，这是目前任何工程所没有的要求，因此需要对处置库场址的演化作出预测，尤其是对处置库建成后(1～10)×10^5 a场址的演化作出精确预测，包括地质稳定性的预测、区域地质条件的预测、区域和局部地下水流场和水化学的预测、未来气候变化的预测、地面形变和升降的预测、地质灾害的预测等。

(2)深地质环境特征。地质处置库一般位于300～1000 m深的地质体中，这一深度地质体的环境特征为高温、高地应力、还原环境、地下水作用、深部气体作用，由于放射性废物的存在，处置库中还存在强的辐射环境。目前，对深地质环境知之甚少，并且研究方法和手段也极其缺乏。

(3)深部岩体的工程性状及其在多场耦合条件下岩体的行为。与浅部岩体不同，深部岩体结构具有非均匀、非连续特点。深部岩体结构变形具有非协调、非连续特点；深部岩体结构不是仅处于一般高应力状态，而是一些区域处于由稳定向不稳定发展的临界高应力状态，即不稳定的临界平衡状态。由于开挖和高放废物衰变热与辐射作用的存在，地质处置库的深部围岩所处的“场”将发生巨大的变化，在中(高)温、地壳应力、水力作用、化学作用和辐射作用等的耦合作用下，深部裂隙岩体将发生对扰动的复杂响应。深部岩体的这些工程性状及其在多场耦合条件下受开挖与热载作用时岩体的响应规律是一个前沿性科学难题。

(4) 多场耦合条件下工程材料的行为。高放废物处置库的工程材料包括玻璃固化体、废物罐(通常用碳钢、不锈钢等建造)和缓冲/回填材料(包括膨润土及其与砂的混合物)。这些材料起着阻滞放射性核素向外迁移、阻止地下水侵入处置库的重要作用。这些材料在地质处置库中高温、地壳应力、水力作用、化学作用和辐射作用等的耦合作用下，其行为与常规行为有着巨大的差别，其变化的规律一直是材料科学前沿性课题。

(5) 放射性核素的地球化学行为及其随地下水的迁移行为。从高放废物处置库中释放出来的放射性核素将随地下水迁移，从而影响处置库的性能。迁移行为一方面取决于地下水本身的运动规律，另一方面与复杂的地球化学作用相关。我们目前对原子序数小于 92 的元素的地球化学行为有了较为深入的了解，但是对于原子序数大于 92 的元素的地球化学行为了解甚少，而这些元素正是高放废物中的关键放射性核素，如镎、钚、锝、镅和锔等。这些核素在深部地下水中的化学形态、络合行为、胶体特性等均是目前的学科难题。处置库中放射性核素的迁移行为极为特殊，它们以超低速度溶解，又以超低溶解度在地下水中迁移，发生吸附、扩散、弥散、对流等作用，且受胶体作用、细菌作用、腐殖质作用以及辐射作用综合影响，其迁移行为是地球化学研究的空白领域。某些放射性核素具有高活性的特点，如锝、^{129}I 和氚等非常难阻滞。因此，如何选择缓冲材料的添加剂以阻滞放射性核素的迁移也是一项重要课题。同时，深部岩体中长时间尺度下地下水的运动，包括近场多场甚至相变条件下地下水的运动规律，也是一个重要的研究课题。

(6) 处置系统的安全评价。地质处置库是一项处置高放废物的高科技环保工程，必须确保安全，且安全期要达到上万年，但如何对处置系统进行安全评价是难题。处置系统是一个复杂的系统，包含大量的子系统(废物体子系统、废物罐子系统、缓冲材料子系统、回填材料子系统、近场子系统、远场子系统、地下水子系统、生物圈子系统和环境子系统等)，又经历着各种因素的耦合作用，对其安全进行评价对目前的科学水平和计算能力是一个极大挑战。

2. 重大研究项目

为掌握地质处置库施工技术、理解处置系统的各种效应和处置库屏障的性能等，研究人员开展了大量的室内模拟试验，并在地下实验室中开展了全尺寸试验，包括处置库开挖技术研究、工程开挖损伤研究、废物罐可回取性研究、场址特性评价方法研究、场址水文地质特性研究、放射性核素迁移试验、放射性废物处置效应研究、工程屏障制造和性能研究、地质处置系统长期性能综合试验、原型处置库研究、天然类比研究、人工类似物研究等。

1) 在处置地质方面

开展了高放废物处置库场址预选，对华东、华南、西南、内蒙古和西北等 5 个预选片区进行比较，重点研究了西北预选区(甘肃北山预选区)；在西北预选区及其旧井地段、野马泉地段和向阳山地段进行了一些基础性的工作，如研究了甘肃北山及其邻区的地壳稳定性、构造格架、地震地质特征、水文地质条件和工程地质条件等；在旧井地段和野马泉地段 1∶50000 地面地质调查的基础上，施工了四口深钻孔，首次获得甘肃北山场址的深部岩样、水样和相关数据资料，以及钻孔电视图像和钻孔雷达图像等；初步建立了一些场址评价的地质学方法；开展了天然类比研究；参与国际 DECOVALEX(废物隔离耦合模式的开发及其与实验对比验证)研究计划,在热水-力(THM)耦合效应理论分析和模拟研究方面取得了一些进展。

2)在处置化学方面

建立了模拟地质处置中化学环境的研究试验装置；研究建立了一系列研究试验方法和分析方法；研究了关键核素在甘肃北山真实样品中的化学行为，如测定了镎、钚、锝在特定地质环境下的地下水中的溶解度、价态、扩散系数，在围岩中的吸附分配比、扩散系数等；对关键核素在模拟处置条件下的化学反应和物理作用开展了应用基础研究及机理研究。

3)在工程技术方面

初步进行了源项调查；初步调研了国外处置库和地下实验室的概念设计；选择了内蒙古高庙子膨润土矿床作为我国缓冲/回填材料的供应基地，并研究了高庙子钙基、钠基膨润土物质成分、理化、水理、力学性能；对处置库的热-水-力耦合现象进行了初步的探索；承接国外任务，研究了低碳钢、钛及钛钼合金、C22 合金在模拟条件下的腐蚀行为。

4)在安全评价方面

初步调研了国外地质处置的安全目标、安全评价方法和步骤以及相关的研究内容；引进了一些国外的评价模式和计算机程序，并做了少量的消化吸收工作；在缓冲/回填材料的热-水-力耦合模式方面做了一些研究；我国在中低放废物处置安全评价研究中积累的经验也可供借鉴。

3. 研究热点

自美国科学家 1950 年提出高放废物地质处置的设想至今已有 70 年。70 年来，地质处置已从原来的概念设想、基础研究、地下实验研究，进入处置库场址预选，少数国家已确定场址(芬兰于 2001 年确定奥尔基洛托场址，美国于 2002 年确定尤卡山场址)的阶段。尤其在过去十几年，高放废物地质处置研究取得重要进展。OECD / NEA 于 1999 年出版的《国际放射性废物地质处置十年进展》一书综述了各国在法规、选址、场址评价、工程屏障、地下实验室、概念设计、性能评价、处置库建造、公众接受等方面取得的重要进展。

由于各国的处置系统和围岩不同，研究热点和难点有所差异，如美国的处置库位于包气带中，其研究重点围绕包气带中的地下工程展开；比利时的处置库位于塑性黏土中，研究重点则以塑性黏土为主；瑞典的处置库位于花岗岩中，研究集中在花岗岩裂隙及缓冲/回填材料方面。目前的研究热点问题包括地质处置系统、场址评价、工程屏障和工程设计、废物的可回取、性能和安全评价、安全方案等方面。

1.6　人造岩石固化放射性废物

1.6.1　人造岩石固化法的提出

早在 1953 年，美国的 Hatch[28]从能长期赋存铀的矿物中得到启示，首次提出矿物岩石固化放射性核素，并使人造放射性核素能像天然核素一样安全而长期稳定地回归大自然。但直到 1979 年，澳大利亚国立大学地质学家 Ringwood 等[29]在 *Nature* 上发表了“Immobilization of high level nuclear reactor wastes in SYNROC”文章后才引起科学家足够的重视：以“回归自然”的理念，创造性提出人造岩石固化法(SYNROC)，依据矿物学上的类质同象替代，用人造岩石(材料学家称为陶瓷)晶格固化放射性废物。

在随后的 30 多年里，人们对赋存天然放射性元素的天然铀矿或铀钍矿进行类比，研制出大量的人造岩石，包括 70 多种人工矿物(陶瓷单相)及其组合，并对它们在水-热-力耦合下的化学耐久性开展了深入细致的研究，文献[30]~ [32]对此进行了非常全面的评述。

1.6.2　人造岩石固化体的类型与性能

针对不同的放射性废物来源与组成，近 20 年来有三类氧化物组合矿物(陶瓷)被认为是长寿命废物的候选固化体：一是硅基矿相，组合矿相中主要有铯榴石($CsAlSi_2O_6$)、白钨矿($CaMoO_4$)、萤石($(U,Zr,Ce)O_2$)、磷灰石($Ca_5(PO_4)_3OH$)、独居石($REPO_4$，RE 代表稀土元素)，它们适合于含有卤素离子的废液(而硼硅酸玻璃固化体不能固溶卤素离子)；二是高铝矿相，即氧化铝(Al_2O_3)、尖晶石($MgAl_2O_4$)、磁铅石($X(Al,Fe)_{12}O_{19}$)、铀钍矿($(U,Th)O_2$)以及霞石($NaAlSiO_4$)等矿相的组合，发现这些组合矿相存在于某些地方的天然岩石中，它们特别适合用于核燃料芯的前端处理(去包壳流程)产生的中低放废液固化；三是钛基矿相，有两种主要的形式，即 SYNROC C 和 SYNROC D。SYNROC C 主要含钙钛锆石($CaTi_2ZrO_7$)、钙钛矿($CaTiO_3$)和碱硬锰矿($BaMn_8O_{16}$)，它仅适合一些组成相对简单的废液；而 SYNROC D 主要由磁铅石和尖晶石矿相组成，它用于不含锶、铯的某些国防废物的固化处理。

烧绿石结构是一种典型的萤石相结构的超晶格模型[33]，烧绿石的结构示意图与烧绿石结构离子占位情况见图 1-6。典型的烧绿石型氧化物结构具有通式 $A_2B_2O_6O'$ (其中，A 为+3 价阳离子，B 为+4 价阳离子)，属于面心立方晶系[34]。

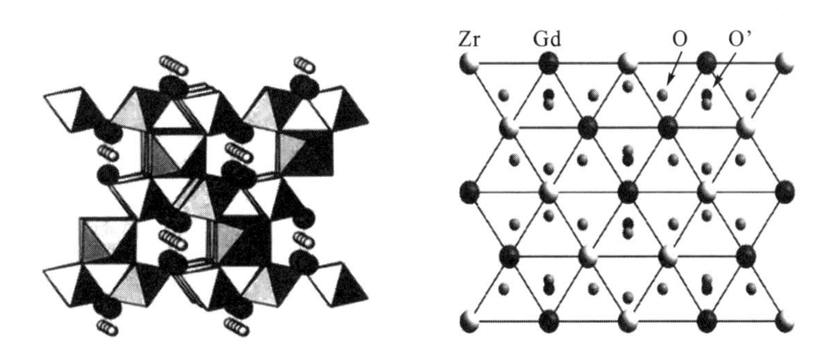

图 1-6　烧绿石结构示意图与烧绿石结构离子占位情况

$A_2B_2O_7$ 型烧绿石热学性能优良，长久以来被广泛用于研究热障涂层(thermal barrier coating，TBC)和氧化钇钡铜(yttrium barium copper oxide，YBCO)导体的缓冲层[35]，并且 Moskal 等[35]已证明比起传统的 8YSZ［8%(摩尔分数)Y_2O_3 稳定的 ZrO_2］涂层，$Gd_2Zr_2O_7$

型热障涂层绝缘性更好、厚度更小。由于高放废液最显著的特点是释热率高，散热过慢或受热不均等情况都会使固化体中的放射性物质易于发生临界反应而导致严重后果，因此用以固化高放废液的固化基材应满足热导率低、热容大的要求，从这一点来看 $A_2B_2O_7$ 型烧绿石是很好的选择。2009 年，Lang 等[36]通过实验再次发现，对于 $Gd_2(Zr_xTi_{1-x})_2O_7$ 型的人造岩石，如果是富钛型烧绿石，高压或高剂量辐照都会使晶体发生蜕晶质化现象；而如果是富锆型烧绿石，则在相同条件下会形成稳定的缺陷型萤石结构而不发生蜕晶质化。于是可以证明，钆锆烧绿石的辐照稳定性优于前述人造岩石，有望成为理想的人造岩石固化材料。此后，包括美国、日本、中国在内的诸多国家对于元素周期表中从钍(Th)到锎(Cf)的单一模拟锕系核素进行了一系列用 $Gd_2Zr_2O_7$ 基材固溶模拟锕系核素和真实模拟锕系核素的试验研究[37,38]。

$Gd_2Zr_2O_7$ 就是一种烧绿石，它具有良好的力学性能、低浸出性、优异的化学耐久性、出色的热力学稳定性以及高的抗辐射损伤性[39]。由于具有掺入一定数量锕系元素的能力，$Gd_2Zr_2O_7$ 还被认为是安全处置含核废料放射性核素有前途的宿主。

目前，锆石结构 $ASiO_4$(A=Zr、Hf、Th、Pa、U、Np、Pu 和 Am)系列人工矿物(陶瓷)已经被成功合成，其中 $HfSiO_4$、$USiO_4$ 和 $ThSiO_4$ 为天然矿物。随着 A 位离子半径的增大，晶胞体积也有规则地增大，表明这些化合物具有相同的相结构。结构的精细化研究表明，$ZrSiO_4$ 和 $HfSiO_4$ 可构成完全类质同象系列，天然锆石中 HfO_2 质量分数最高可达 35%；而 $ZrSiO_4$、$USiO_4$、$ZrSiO_4$ 和 $ThSiO_4$ 则构成部分类质同象系列[40]。Weber[41]合成了含有 9.2%(质量分数)Pu 原子(8.1%^{238}Pu，1.1%^{239}Pu)的锆石，相当于加入了质量分数达 10%的 Pu。$PuSiO_4$ 的合成研究表明 Pu 对 Zr 的广泛替代是完全可能的。Burakov 等[42]研究了锆石对模拟锕系核素的固溶能力，成功合成了含 U 系列固化体 $Zr_xU_{1-x}SiO_4$($0.06 \leqslant x \leqslant 0.1$)。Szenknect 等[43]深入研究了铀钍矿 $Th_{1-x}U_xSiO_4$($0 \leqslant x \leqslant 0.5$)固溶体的热力学行为，当 $x > 0.26$ 时是无定形的，比 UO_2-SiO_2 混合物更加稳定。丁艺等[44]对锆石的核素固溶能力、核素固溶量对固化体物相及微观结构的影响开展了大量研究，发现锆石对三价、四价模拟锕系核素均具有一定的固溶能力:当锆石固溶约 4%(摩尔分数)Nd^{3+}或 5%(摩尔分数)Ce^{4+}时，固化体为单一的锆石相结构，大于 4%或 5%时，出现第二相($Nd_2Si_2O_7$ 或 $Ce_2Si_2O_7$)。已有的研究结果表明，锆石对放射性核素具有良好的固溶能力，但对核素有一定的选择性，不具备良好的普适性。

钇铁石榴石(分子式为 $Y_3Fe_5O_{12}$，简称 YIG)是一种简单的铁石榴石，在本书和以前的研究中均被选作宿主石榴石[45]。YIG 在多面体中有三种类型的三维框架[46]。YO_8 十二面体 c 位点与 FeO_6 八面体 a 位点和 FeO_4 四面体 d 位点共享边缘，后两个多面体交替共享角，如图 1-7 所示。在这三个多面体位点中，较大的 24c 十二面体位点可容纳较大的四价离子，如 Ce^{4+}、Th^{4+}和 U^{4+}[46]。Wu 等[47]在 650℃的 NaCl-KCl 助熔剂中利用熔盐法成功合成了双取代钇铁石榴石(简称 Bi-YIG，分子式为 $Bi_{1.8}Y_{1.2}Fe_5O_{12}$)纳米粒子。Guo 等[48]通过柠檬酸-硝酸盐燃烧法合成了铈取代度最高 20%(摩尔分数)的 YIG 单相($Y_{3-x}Ce_xFe_5O_{12}$)。Ce 的氧化态通过 X 射线吸收近边缘结构光谱法(XANES)检查。还通过 Fe-穆斯堡尔光谱法监测了作为 Ce 浓度的函数的 Fe 的氧化态和位点占有率。这些测量结果表明，Ce 在低浓度下主要处于三价状态，而在较高浓度下观察到三价和四价状态的混合物。热力学分析表明，尽管存在熵驱动力来代替 Ce 取代 Y，但是该取代反应在焓上是不利的。形成四价 Ce 的潜在能量涉及氧化 Ce 和还原 Fe 的不利能量与因应变能降低而产生的有利贡献之间的竞争。而后通过钙的电荷耦合取代[49]掺入 YIG，即 $2Y^{3+} = Ca^{2+} + M^{4+}$，其中 M^{4+}为 Ce^{4+}或 Th^{4+}。通过柠檬酸-硝酸盐燃烧法合成了单相石榴石 $Y_{3-x}Ca_{0.5x}M_{0.5x}Fe_5O_{12}$ (x=0.1～0.7)。通过 X 射线吸收光谱法和 X 射线光电子能谱(X-ray photoelectron spectroscopy，XPS)法确认 Ce 为四价的。X 射线衍射(X-ray diffraction，XRD)和 Fe-Mossbauer 光谱表明，M^{4+}和 Ca^{2+}被限制在 c 位点，并且四面体和八面体 Fe^{3+}的局部环境都受到取代程度的系统影响。与单一取代策略相比，电荷耦合取代在掺入 Ce/Th 和稳定取代相方面具有优势。通过高温氧化物熔融溶液量热法获得形成石榴石的焓，并确定 Ce 和 Th 的取代焓。热力学分析表明，取代的石榴石是熵稳定的，而不是能量稳定的。这表明这种石榴石可能在高温下在储存库中形成并持续存在，但可能在室温下分解。

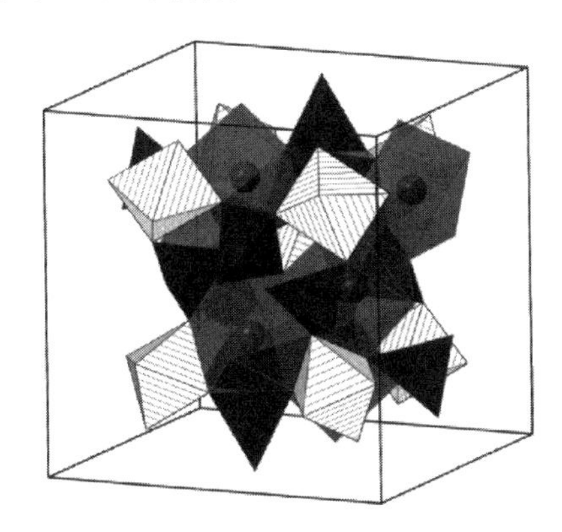

图 1-7　石榴石结构示意图

人造岩石具有自身独特的结构，通过固相反应可以使放射性废物中的核素进入固化体的晶格中，在晶格不被破坏的情况下，固化体中的核素会被牢牢固化到人造岩石的晶格中，形成的固化体表现出良好的化学稳定性及较低的浸出率。对人造岩石固化体开展的诸多研究还发现其具有以下特性。

(1) 致密度高。高温、高压下合成的人造岩石固化体密度为 4.0～5.8 g/cm^3(玻璃固化体密度为 2.5～2.8 g/cm^3)。人造岩石固化体具有致密性高、孔隙率低等优点，从而降低了固化体的浸出率。

(2) 耐辐照性好。α 自辐照试验表明人造岩石固化体受到 10^{19} α/g(即 α 衰变次数/g)的辐照时，性能没有明显变差。

(3) 抗浸出性强。通过对比发现，人造岩石固化体的核素浸出率比玻璃固化体低 2～3 个量级。即使选择浸出液为沸水，人造岩石固化体的浸出率仍然小于 0.1 $g/(m^2 \cdot d)$。

(4) 化学稳定性强。自然界中的岩石亿万年来经受高温、高腐蚀以及射线辐照，依然稳定存在而不发生畸变，这是人造岩石固化体稳定性良好的天然佐证。

(5) 包容性好。人造岩石固化体与高量的铑、钌、钯以及来自不锈钢包壳的铬、镍等的兼容性好，不会出现玻璃固化体中产生的分相问题。

(6) 热稳定性好、热导率高等。

1.6.3 人造岩石固化体的合成方法

人造岩石固化体的合成方法主要分为固相法和湿化学法。其中固相法包括马弗炉烧结、热压烧结、微波烧结、放电等离子烧结等，湿化学法包括水热法、溶胶-凝胶法、水热辅助溶胶-凝胶法、熔盐法等。

马弗炉烧结是比较传统常用的合成方法(图 1-8)。这种方法具有操作简单、工艺成熟等优点，但是不可避免地存在合成温度较高、时间较长的缺点。目前，这种合成方法在实验室中非常普及，有助于实现高放废物处理的遥控操作，对于模拟锕系核素的固定工程化有着重要意义。

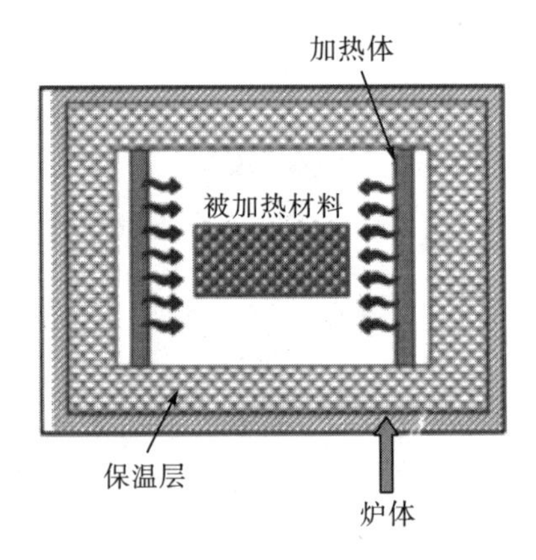

图 1-8 马弗炉烧结示意图

Zhao 等[50]用热压烧结制备了 $Ce_{0.9}Gd_{0.1}PO_4$ 陶瓷。图 1-9 为其热压烧结工作机理示意图以及热压烧结致密化机理示意图。

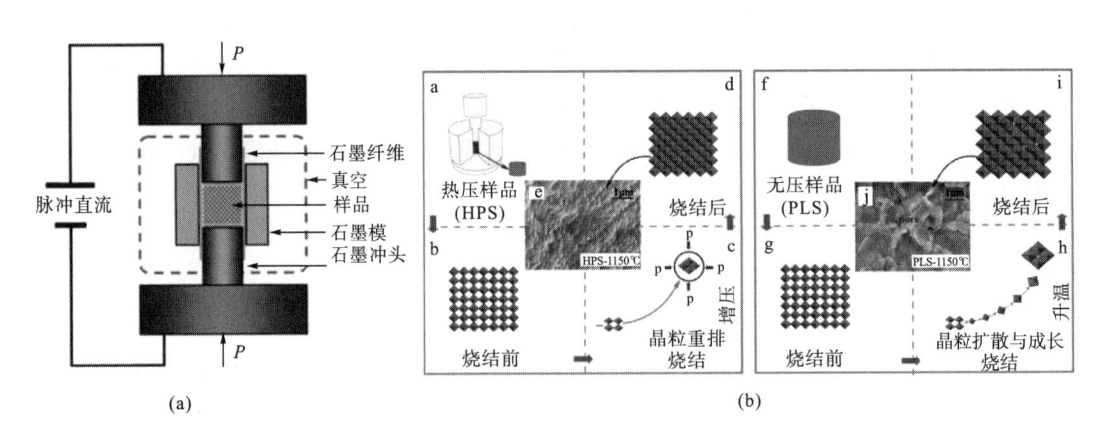

图 1-9 热压烧结工作机理示意图以及热压烧结致密化机理示意图

Barinova 等[51]使用的自蔓延高温合成法(self-propagation high-temperature synthesis，SHS)又称为自增殖反应或燃烧合成(combustion synthesis)(图 1-10)，是指在高真空或介质气氛中

点燃原料引发化学反应，化学反应放出的热量使得邻近物料温度骤然升高而引起新的化学反应并以燃烧波的形式蔓延至整个反应物。

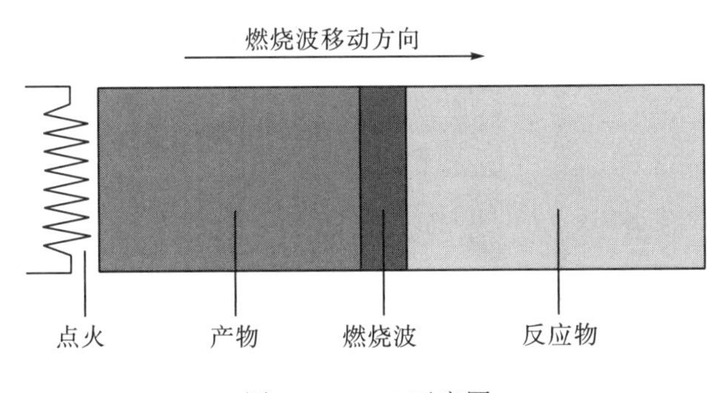

图 1-10　SHS 示意图

放电等离子烧结(spark plasma sintering，SPS)技术是在粉末颗粒间直接通入脉冲电流进行加热烧结，也称为等离子活化烧结或等离子辅助烧结(plasma activated)。SPS 的工艺特点是：加热均匀，升温速度快，烧结温度低，烧结时间短，生产效率高，产品组织细小、均匀，能保持原材料的自然状态，可以得到高致密度的材料，可以烧结梯度材料以及复杂工件。与热压烧结相比，SPS 技术的烧结温度可降低 100～200 ℃。例如，Wang 等[52]通过 SPS 在 3 min 内快速制造了一系列 Nd 和 Ce 共掺杂的 $Gd_{2-x}Nd_xZr_{2-y}Ce_yO_7$(0.0≤$x$，$y$≤2.0)陶瓷。图 1-11 为合成样品的扫描电子显微镜(scanning electron microscope，SEM)图。这种合成方法为在 80 MPa 压力下在 1600～1700 ℃下 3 min 制备的高密度单相陶瓷提供了一条简单的途径。

图 1-11　断裂表面的 SEM 图［(a) $Gd_{1.5}Nd_{0.5}Zr_{1.5}Ce_{0.5}O_7$　(b) $GdNdZr_{1.5}Ce_{0.5}O_7$　(c) $GdNdZrCeO_7$］

微波烧结技术是近 10 多年来发展起来的。它是利用微波所具有的特殊波段与材料的基本细微结构耦合而产生热量，材料在电磁场中的介质损耗使其材料整体加热至烧结温度而实现致密化的方法，是实现材料烧结致密的新技术(图 1-12)。它具有升温速度快、烧结时间短、能源利用率高与减少二次废物等特点；与常规烧结工艺相比，微波烧结在提高材料密度、改善显微组织、提高材料性能等方面具有较强优势。微波烧结优于常规马弗炉烧结是由于不同材料存在微波活性差异，导致存在界面温度梯度。涂鸿等提出了界面温度梯度模型对微波烧结机理进行解释[53]：损耗角正切($\tan\delta=\varepsilon''/\varepsilon'$，$\varepsilon''$为介电损失，$\varepsilon'$为介电常数)是衡量材料微波吸收效率的一个重要的物理量，它反映了材料将电磁波能量转化为内能的能力。

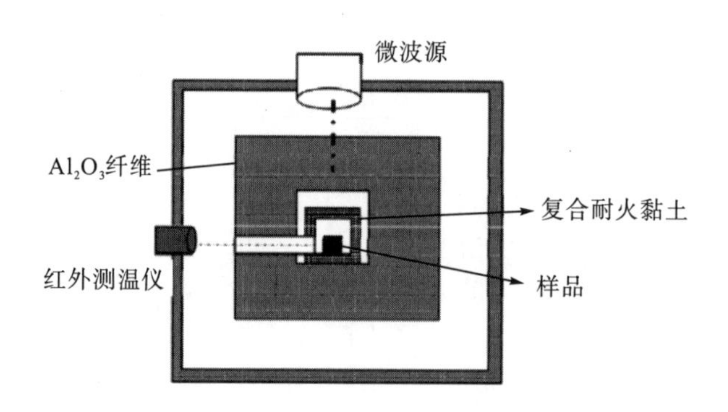

图 1-12 微波烧结示意图

近年来，微波烧结技术已在陶瓷[54]、金属及其复合材料[55]合成等方面展现出良好的前景。同时，目前部分学者已开始将微波烧结技术应用到核废物处理等方面[56]：Petersen 等用微波实验室处理超铀污泥，结果表明污泥体积减小 70%，废物负荷为 60%；Komatso 等在焚烧炉灰中加入 ^{137}Cs、^{60}Co 及 ^{54}Mn 并用 6 kW、2.45 GHz 的微波处理，实验结果表明所有的 ^{60}Co、^{54}Mn 及部分 ^{137}Cs 完全包裹在最终的玻璃态产物中；Morrell 等利用微波处理含放射性物质的废液，并将 ^{137}Cs 密封于玻璃砖中，检测表明 99.99%的 ^{137}Cs 稳定地包裹于玻璃砖中。Tu 等[53]首次利用微波烧结技术制备了锆英石基质材料，用于处理高放射性废料，并与传统高温烧结法对照，在较低的温度(1500 ℃)和更短的时间(12 h)条件下可以获得更大的形成速率(≥97%)以及更小和更均匀的晶粒尺寸。

溶胶-凝胶法就是用含高化学活性组分的化合物作前驱体，在液相下将这些原料均匀混合，并进行水解、缩合化学反应，在溶液中形成稳定的透明溶胶体系，溶胶经过陈化，胶粒间缓慢聚合，形成三维网络结构的凝胶再经过干燥烧结从而得到样品，使前驱体粉末在分子水平上充分混合[57]。具有高纯度和良好均质性的水热法已经成为控制纳米结构或微结构材料合成的有力工具[58]。此外，水热法因其简单、高效和低成本而被用于合成纳米材料[59]。作为制备氧化物粉末的一种新方法，水热辅助溶胶-凝胶法具有溶胶-凝胶法和水热法的双重优点，并且由于其固有的优点(如均匀性好、纯度高)而在近十年来变得有吸引力，所得样品具有良好的结晶度、可控的形貌和粉末的窄粒度分布[60]。丁艺[61]等利用水热辅助溶胶-凝胶工艺，合成了 $0.2ZrO_2/ZrSiO_4$ 复合陶瓷。图 1-13 为其样品 XRD 图。与常规制备的陶瓷相比，由水热辅助溶胶-凝胶法获得的陶瓷的结构更致密。此外，通过水热辅助溶胶-凝胶法可以提高陶瓷的维氏硬度和断裂韧性。

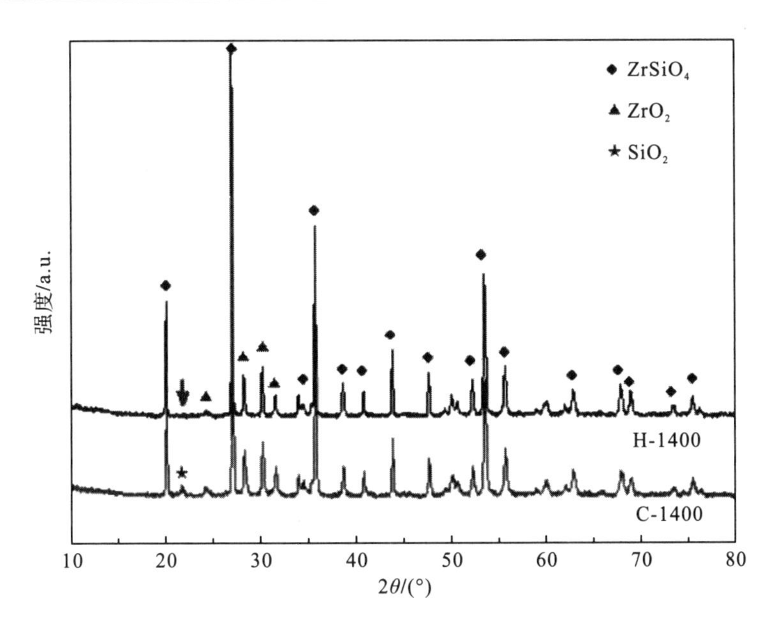

图 1-13　常规溶胶-凝胶法(C)与水热辅助溶胶-凝胶法(H)在 1400℃下 XRD 图谱

熔盐法使用低熔点、水溶性盐作为液体介质，其中一种或多种反应物质可以溶解。在高温下存在强烈的极化力时，盐熔体(离子化的阳离子和阴离子的集合)可以提供强极化力，因此通过溶剂相互作用，金属、离子或共价键可能会不稳定。另外，许多盐都溶于水，因此熔盐法具有易于分离产物的优势。实际上，盐熔体作为研究和工业中的溶剂已有很长的历史。它们已被用作各种有机和无机反应的介质[62]，以及晶体生长的助熔剂。与固相法相比，这种液体盐有助于反应物质在低温下快速扩散，在相对较短的反应时间内提供化学均相的产物。熔盐法通常使用碱金属卤化物、硫酸盐或碳酸盐的混合物，这些物质随时可用而且价格低廉。因此，与其他化学途径(如溶胶-凝胶法)相比，熔盐法是更适合工业规模操作的方法。

熔盐法有两种合成机制，分别称为模板生长和溶解-沉淀[63]。当一种试剂可溶于熔融盐介质但另一种试剂溶解性差或几乎不溶时，就会发生模板生长。可溶性试剂溶解到熔融盐中并继续扩散到不溶性(或溶解性较小)试剂的表面上。因此，模板生长可用于定制特定的颗粒形态和尺寸。当两种试剂都可溶并溶解到熔融盐中时，发生溶解-沉淀，随后反应形成产物相。但是，如果不存在不溶性(或溶解度较低)的试剂作为产物形成的模板，则产品的尺寸和形态不易控制。Wu 等[47]在 650 ℃的 NaCl-KCl 助熔剂中采用熔盐法成功合成了双取代钇铁石榴石纳米粒子。Hu 等[64]以熔盐法合成二维氧化物和氢氧化物。图 1-14 为其合成示意图。

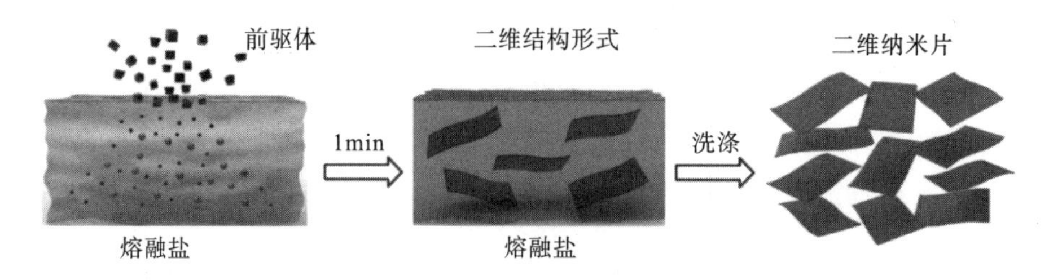

图 1-14 熔盐法合成二维氧化物和氢氧化物的示意图

Hand 等[65]发现烧绿石采用常规的固态合成法在 1500 ℃(5 h)的温度下才能合成；采用熔盐法在 $CaCl_2$:NaCl 中发现在低至 650 ℃(2 h)的温度下就会形成单相烧绿石(表1-15)。

表 1-15 熔盐法合成烧绿石的熔盐介质、熔点及合成温度

共晶盐	熔点/℃	合成温度/℃
$CaCl_2$:$MgCl_2$	610	600～1000
$CaCl_2$:NaCl	505	500～1000
$MgCl_2$:NaCl	465	500～1000

1.7 人造岩石固化体的稳定性

在众多处置方案中，高放废物地质处置开发时间最长，也最有希望投入应用。目前国际上尝试采用玻璃、人造岩石(陶瓷)固化高放废物后再进行深层地质处置。然而，现存高放废液具有存在核素种类多、核素组分波动性大等特点。多数模拟锕系核素衰变释放出高能 α 粒子(约 5 MeV)，生成新的次模拟锕系核素。衰变的 α 粒子能量远大于物质的化学键合能(keV 量级)，可能导致固化材料的结构发生改变(如蜕晶质化)。这些对高放废液玻璃固化或人造岩石(矿物)固化候选基材的包容性、适应性(多核素、多组分、高盐、强酸等)与长期安全稳定性(机械与化学、辐照稳定性)提出了近乎苛刻的要求。

出于安全性的考虑，高放废液经固化处理后，要将固化体封闭在地下长期贮存，使其与生物圈隔离，这就要求固化体在贮存过程中应具有良好的稳定性。这是因为固化体的安全性体现在其在长时间(10000 a)内具有良好的稳定性。因此，需采用合理的评价技术及方法短期内对固化体的长期稳定性进行推演。基于此，人造岩石固化体的长期稳定性研究是高放废物处理处置领域的热点和难点问题之一。其中人造岩石固化体的化学稳定性和辐照稳定性的研究尤为重要。

1.7.1 人造岩石固化体的化学稳定

由于放射性核素经地下水系统迁移速度最快，潜在的威胁也最大。因此，作为阻止放射性核素迁移的第一道屏障，固化体的化学稳定性是评价其能否安全储存于地质处置库中的重要指标之一。当前，评估固化体化学稳定性的主要方法是通过模拟地下核废物处置库的环境，进而开展浸出实验。模拟环境包括衰变热的温度场(thermal)、水体的渗流场(hydrological)、应力场(mechanical)和化学场(chemical)，以此环境来研究固化体中放射性核素的抗浸出性能[66]。

浸出实验有许多方法，包括粉末浸出实验(product consistency test，PCT)法、固体浸出实验(materials characterization center，MCC)法、蒸汽浸泡(vapor heat treatment，VHT)法和流通法等。固化体的化学稳定性的评估多采用 MCC 法、PCT 法等标准测试方法，国内主要参考国家标准 GB/T7023—2011。表 1-16 给出了 MCC 和 PCT 化学耐久性测试方法的主要特点[67-70]。

表 1-16　MCC 和 PCT 化学耐久性测试方法的主要特点

实验方法	测试目的	样品种类	浸出液种类	实验条件及关键参数
MCC-1	静态浸出	块状	纯水、盐水、硅酸盐/重碳酸盐	浸出温度为 40 ℃，70 ℃，90 ℃；浸出时间为 7 d，28 d，91 d，364 d；$(SA/V)^a$=0.0100+0.0005mm^{-1}
MCC-2	高温静态浸出	块状	纯水、盐水、硅酸盐/重碳酸盐	浸出温度=110 ℃，150 ℃，190 ℃；浸出时间=3～364 d；$(SA/V)^a$=0.0100+0.0005 mm^{-1}
MCC-3	最大浸出元素浓度测定	粉末(粒径 <44μm 或 74～149μm)	纯水、盐水、硅酸盐/重碳酸盐	浸出温度为 40 ℃，90 ℃，110 ℃，150 ℃，190 ℃；浸出时间为 28～364 d；连续扰动
MCC-4	低流率化学耐久性测试	块状	纯水、盐水、硅酸盐/重碳酸盐	浸出温度为 40 ℃，70 ℃，90 ℃；浸出时间为 28 d，364 d；流率为 0.1 mL/min，0.01 mL/min，0.001 mL/min；SA/V^a=0.0100+0.0005 mm^{-1}
MCC-5	快速区分样品浸出特性	块状	沸水蒸馏	常压；浸出时间为 3 d，14 d
PCT	—	粉末(粒径为 150～300μm)	—	浸出温度为 90 ℃；浸出时间为 7 d；SA^b/V=0.0100+0.0005 mm^{-1}

注：a 浸出样品的表面积与浸出液的体积之比；b 粉体样品的表面积，由样品密度和平均粒径估算获得。

MCC 测试标准根据目的不同，分为 MCC-1 至 MCC-5 共 5 种方法。其中 MCC-1 法[67]应用最为广泛。MCC-1 法与 MCC-2 法为静态浸出测试，目的在于区别不同玻璃试样的浸出性能。其测试方法为将块状的试样浸泡于浸出液中，保持恒定的 SA/V 值，在恒定温度下分别浸泡一定天数后测量浸出液中的浸出元素质量，从而评价玻璃的抗浸出性能。MCC-2 法为高温静态浸出测试，浸出温度比 MCC-1 法更高。美国材料与试验协会(ASTM，American Society for Testing and Materials)于 1994 年发布了 PCT 法[68]，与 MCC-1 法等方法相比，PCT 法使用粉末状的玻璃固化体，从而大大提高了 SA/V 值。同时 PCT 法分为 A 法和 B 法，A 法各种参数较为固定，便于评价结果进行比较，而 B 法各种参数(温度、时间、浸出溶液类型等)可以改变。

PCT 法多用于玻璃陶瓷固化体化学耐久性的评估。Singh 等[71]使用 PCT 法研究了磷酸钾镁(MKP)固化 ^{99}Tc 的化学稳定性，在聚四氟乙烯容器中于室温和 90 ℃条件下进行了为期 7d 的测试，在室温下 ^{99}Tc 的归一化浸出率低至 1×10^{-3} g/(m^2·d)，在 90 ℃下 ^{99}Tc 的归一化浸出率增加到 10^{-2}～10^{-1} g/(m^2·d)。得出的结论是，与高温技术相比，MKP 废料的低温制造可提供给 ^{99}Tc 相当好的稳定性。Griffith 等[72]采用 PCT 法研究了掺钼六方钨青铜基固化 Cs^+和 Sr^{2+}的化学稳定性，在 90 ℃下进行了为期 7 d 的试验，其归一化浸出率为 10^{-3}～10^{-4} g/(m^2·d)，表现出了良好的化学稳定性。

人造岩石固化体化学耐久性评估多以 MCC-1 法为主，其实验原理图如图 1-15 所示。Fan 等[73]以钆锆烧绿石固化三烷基膦氧化物(TRPO，trialkyl phosphine oxides)废料中多种核素合成了一系列$(Gd,A)_2(Zr,B)_2O_7$陶瓷，并以静态浸出(MCC-1)法研究了其化学稳定性，试验条件是在去离子水中、70 ℃下持续 42 d，结果表明，TRPO 废物中元素的归一化浸出率保持在低于 10^{-4} g/(m^2·d)的较低值。Zhao 等[74]使用静态浸出(MCC-1)法研究了掺 Eu 的独居石型 $CePO_4$ 固溶体的化学稳定性，在 90 ℃，pH 分别为 3、5、11 的条件下进行了实验，其 Eu 和 Ce 的归一化浸出率为 10^{-6}～10^{-3} g/(m^2·d)。Nikolaeva 和 Burakov[75]使用静态浸出(MCC-1)法对立方氧化锆$(Zr,Gd,Pu)O_2$、锆英石$(Zr,Pu)SiO_4$、辉绿石$(Ca,Pu,Gd,Hf,U)_2Ti_2O_7$进行了研究，试验条件是在去离子水中、25 ℃和 90 ℃条件下持续 28d，结果表明，锆英石、立方氧化锆和辉绿石陶瓷具有相似的抗去离子水浸出性能。锆石孔隙率低，可能是最耐用的掺 Pu 陶瓷基质。除此之外，MCC-1 法还用于钙钛矿[76]、石榴石[77]等人造岩石固化体的化学稳定性研究。

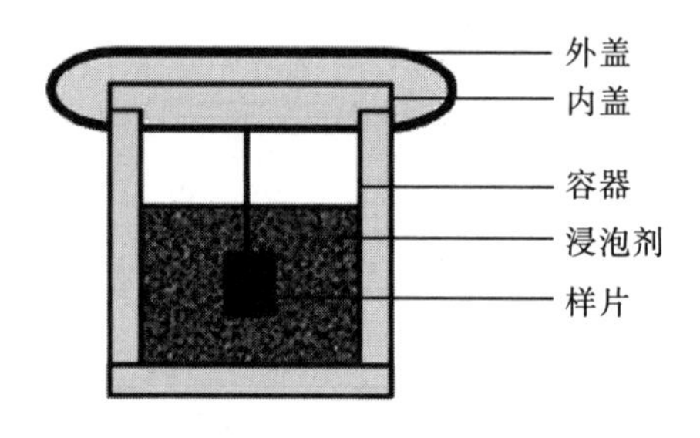

图 1-15 MCC-1 法实验原理简图

这些已有的研究表明，典型人造岩石固化体(烧绿石、锆石、石榴石等)表现出良好的抗浸出性能，由此认为人造岩石固化是高放废物长期安全处理的策略之一。近年来，国外学者对陶瓷固化体的稳定性等方面的研究取得了一定进展。但我国对陶瓷固化体的研究起步较晚，虽然最近几年我国加大了研究力度，也获得了一些有意义的研究成果，但主要集中于在不同 pH、温度条件下固化体的化学稳定性研究。鲜见考虑模拟地质处置库环境下，多场(热-水-力-化学)耦合作用下陶瓷固化体中被固化核素的溶解、浸出行为及固化体性能响应机制等相关研究。

1.7.2 人造岩石固化体的辐照稳定

高放废物人造岩石固化体在深地质处置环境中除受到温度场、渗流场、应力场、化学场等多因素的耦合作用外，还会受到辐射场(radiation)的影响。因此，要求固化体必须拥有长期的抗辐照稳定性。然而在深地质处置环境中，固化体受到的辐照损伤基本来自自辐照损伤。

人造岩石固化的高放废物按辐射类型分为 α 废物、β/γ 放射性废物，因此高放废物中的放射性主要有 3 种：锕系元素产生的 α 放射性与裂变产物产生的 β 和 γ 放射性。同时，高放废物放射性活度在不同的处置阶段不同，处置后的前 500 a 以裂变产物(^{99}Tc、^{90}Sr、^{131}I、^{134}Cs 等)产生的 β 和 γ 放射性为主要的放射来源，500 a 之后才以锕系元素产生的 α 放射性为主要的放射来源[79]。因此在不同时间段内，不同的射线与人造岩石相互作用，可认为不同类型辐照造成人造岩石的损伤，这为分别对人造岩石固化体开展 α、β 和 γ 辐照实验提供了可能。于是人们开展了大量实验和理论研究，在自辐照损伤过程中，固化体会出现结构蜕晶质化、物理性能改变、核素浸出率增加等现象，这将对放射性核素在地质处置库下长期稳定性地固定产生不利的影响[79]。

目前，学者主要通过对人造岩石(矿物)天然类比矿物开展辐照实验以及计算机模拟对固化体的辐照稳定性进行评价。α 放射性的 α 粒子和反冲核可通过重离子模拟进行辐照实验，β/γ 放射性也可通过不同的放射源放出 β/γ 射线开展模拟辐照实验。表 1-17 列举了实验室常用的辐照损伤研究方法[80]。

表 1-17　辐照损伤的研究方法

方法	实验方案	优点	缺点
离子辐照	重离子束轰击	辐照伤害小	抑制空位缺陷
电子辐照	加速电压诱导	观察缺陷形成	设备复杂且昂贵
中子辐照	核反应堆辐照	剂量大、时间短	温度和辐照剂量难以控制

Sickafus 等[81,82]对烧绿石化合物 $Er_2Ti_2O_7$ 和萤石化合物 $Er_2Zr_2O_7$ 的单晶进行了 Xe 离子辐照损伤实验，结果表明，烧绿石化合物比萤石化合物更易于缺陷累积和非晶化。使用原子计算机模拟计算解释了具有相似结构的化合物之间在辐射损伤行为方面的差异。缺陷形成能的模拟显示，由萤石引起的点缺陷，如阳离子反位和阴离子弗仑克尔对，在萤石化合物中比在烧绿石化合物中稳定得多。此外，使用计算机进行模拟计算，根据材料适应晶格点缺陷的倾向来预测各种复合氧化物的辐射性能。计算表明，与具有烧绿石晶体结构的氧化物类别相比，具有萤石晶体结构的特定类别的氧化物应更容易将辐射引起的缺陷接受到其晶格中。初步的辐射损伤实验证实了萤石固有地比焦绿石具有更强的抗辐射性这一预测。这些结果可能使锕系和放射性废物的潜在固化体的化学耐久性和辐射耐受性得到调整。

Li 等[83-86]研究表明，在 $A_2B_2O_7$ 这种结构的氧化矿物中，A、B 位阳离子的半径比(R_A/R_B)对其抗辐照能力有直接的影响。在射线辐照条件下，A、B 位阳离子半径越接近，这种矿物包容辐照引起缺陷的能力越强，固化体表现得越稳定。此外，Sickafus 等[87]在对烧绿石结构的氧化物抗辐照能力研究中发现，烧绿石结构的 $A_2B_2O_7$ 氧化物受辐照损伤的过程本身就是一种阴、阳离子无序化的过程，这种矿物阴、阳离子无序化的程度越高，其在射线辐照环境下表现得也就越稳定。

Utsunomiya 等[88]采用离子束辐照和现场观察(T=298～873 K)的方法，研究了四种合成高铁酸盐石榴石($A_3B_2(XO_4)_3$，Ia3d，Z=8)的辐射影响。石榴石的成分如下：A 为 Ca、Gd、Th、Ce；B 为 Zr、Fe。临界非晶化温度(T_c)，即目标材料在动态退火后不能被非晶化的温度，为 820～870 K。室温下的非晶化剂量为 0.17～0.19 dpa(每个原子的位移)，与硅酸盐和铝酸石榴石相似。不同成分的非晶化剂量和 T_c 的微小变化表明，高铁酸盐石榴石的辐射效应在结构上受到限制。

Lu 等[89]探索了含 U 的 $Gd_2Zr_2O_7$ 陶瓷的重离子辐照效应对固定核废料的影响。在不同的通量下，以 Xe^{20+}重离子辐射模拟锕系元素核素的自辐射。随着 U_3O_8 含量的增加，辐射耐受性得以提高，拉曼光谱从化学键振动的角度验证了辐射耐受的增强和微观存在的相演化。此外，还分析了被辐照样品的微观结构和元素分布。在$(Gd_{1-4x}U_{2x})_2(Zr_{1-x}U_x)_2O_7$ 样品中随着 U 含量从 x=0.1 增加到 x=0.14，样品表面的非晶化程度下降。图 1-16 为实验制备工序及辐照实验图。

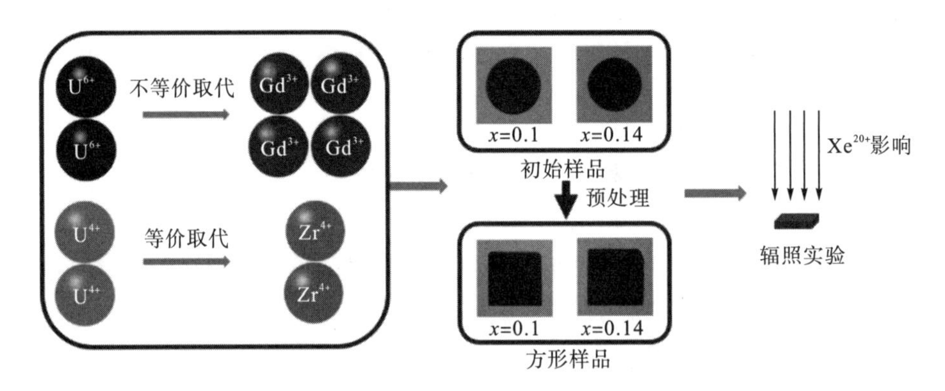

图 1-16 实验制备工序及辐照实验图

此外，卢善瑞等[90]还研究放射性核素固化介质备选矿物锆英石的抗 γ 射线辐照结构稳定性，以澳大利亚锆英石为研究对象，通过 ^{60}Co 源 γ 射线辐照装置对样品施以 1728kGy 的 γ 射线辐照。利用 X 射线荧光光谱仪、SEM 和 XRD 对样品的元素含量、γ 射线辐照前后的微观形貌及物相变化进行表征，同时利用 Rietveld 方法对 γ 射线辐照前后的样品进行了结构精修。结果表明，澳大利亚锆英石经 1728kGy 剂量的 γ 射线辐照后未发生物相变化，射线辐照前后样品的晶胞参数仅发生了 10^{-4} Å 量级的变化。样品辐照后表面形貌未发现明显损伤的迹象表明，γ 射线对锆英石晶体结构无序化程度影响有限，锆英石具有较好的抗 γ 射线辐照结构稳定性。

这些研究结果表明，人造岩石具有较好的抗辐照能力。由此可认为高放废物人造岩石固化体物(烧绿石、锆石等)具备长期地质处置条件。

参 考 文 献

[1] 顾忠茂. 核废物处理技术[M]. 北京：原子能出版社, 2009.

[2] Ewing R C. Nuclear waste forms for actinides[J]. Proceedings of the National Academy of Sciences, 1999, 96(7): 3432-3439.

[3] Gonzalez A J. The safety of radioactive waste management: Achieving internationally acceptable solutions[J]. IAEA Bulletin, 2000, 42(3): 5-18.

[4] Burns P C, Ewing R C, Navrotsky A. Nuclear fuel in a reactor accident[J]. Science, 335(6073): 1184-1188.

[5] Bruland K, Lohan M. In Treatise on Geochemistry[M]. Amsterdam: Elsevier Science, 2003.

[6] Hodgson P E. Global warming and unclear power[J]. Nuclear Energy, 1999, 38(3): 147-151.

[7] 潘自强, 赵亚民, 从慧玲. 发展核电是改善我国能源环境影响的现实途径之一[C]. 中国可持续发展核电战略研讨会论文集. 北京: 中国工程院, 2000: 46-47.

[8] Roxburgh I S. Geology of High-level Nuclear Waste Disposal: An Introduction[M]. London: Chapman & Hill, 1987.

[9] 闵茂中, 陈式, 郭亮天, 等. 放射性废物处置原理(高等教育试用教材)[M]. 北京: 原子能出版社, 1998.

[10] Ewing R C. Long-term storage of spent nuclear fuel[J]. Nature Materials, 2015, 14(3): 252.

[11] 吴华武. 核燃料化学工艺学[M]. 北京: 原子能出版社, 1989.

[12] Hore-Lacy I. Nucler Electricity[M]. 7th ed. Uranium Information CentreLtd. and the World Nuclear Association, 2003.

[13] Glatz J P, Haas D, Magill J, et al. Partitioning and transmutation options in spent fuel management[C]. New Orleans: GLOBAL 2003, 2003: 109-114.

[14] Milnes A G. Geology and Radwaste[M]. New York: Academic Press Inc., 1985.

[15] 从慧玲. 实用辐射安全手册[M]. 北京: 原子能出版社, 2006.

[16] IAEA. Treatment of low- and intermediate-level liquid radioactive waste[R]. Vienna: IAEA, 1984.

[17] IAEA. Classification of radioactive waste[R]. Vienna: IAEA, 1994.

[18] 环境保护部, 工业和信息化部, 国家国防科技工业局. 放射性废物分类[S]. 北京：环境保护部办公厅, 2017.

[19] 核工业第二研究设计院. GB 9133—1995. 放射性废物的分类[S]. 北京: 中国标准出版社, 1995.

[20] IAEA. The principles of radioactive waste management[R]. Vienna: IAEA, 1995.

[21] 罗上庚. 放射性废物概论[M]. 北京: 原子能出版社, 2003.

[22] 陈式, 马明燮. 中低水平放射性废物的安全处置[M]. 北京: 原子能出版社, 1998.

[23] 沈珍瑶. 高放废物的处理处置方法[J]. 辐射防护通讯, 2002, 22(1): 37-39.

[24] 温志坚. 中国高放废物处置库缓冲材料物理性能[J]. 岩石力学与工程学报, 2006, 25(4): 794-800.

[25] 谭承军, 商照荣, 上官志洪, 等. 高放废物深地质处置库天然屏障所涉及的厂址特征初评[C]. 北京：两岸核电废物管理研讨会. 2011.

[26] 王驹. 高放废物地质处置：进展与挑战[J]. 中国工程科学, 2008, 10(3): 58-65.

[27] 王驹. 高放废物地质处置：核能可持续发展的一个关键问题[C]. 两岸核电废物管理研讨会. 2010.

[28] Hatch L P. Ultimate disposal of radioactive wastes[J]. American Scientist, 1953, 41(3): 410-421.

[29] Ringwood A, Kesson S, Ware N, et al. Immobilisation of high level nuclear reactor wastes in SYNROC[J]. Nature, 1979, 278(5701): 219-223.

[30] Clarke D R. Ceramic materials for the immobilization of nuclear waste[J]. Annual Review of Materials Science, 1983, 13(1): 191-218.

[31] Robert L J. Radioactive waste management[J]. Annual Review of Nuclear and Particle Science, 1990, 40(1): 79-112.

[32] Montel J. Minerals and design of new waste forms for conditioning nuclear waste[J]. Comptes Rendus Geoscience, 2011, 343(2-3): 230-236.

[33] Brykała U, Diduszko R, Jach K, et al. Hot pressing of gadolinium zirconate pyrochlore[J]. Ceramics International, 2015, 41(2):

2015-2021.

[34] 唐新德，叶红齐，马晨霞，等. 烧绿石型复合氧化物的结构、制备及其光催化性能[J]. 化学进展, 2009, 21(10): 2100-2114.

[35] Moskal G, Swadźba L, Hetmańczyk M, et al. Characterization of microstructure and thermal properties of $Gd_2Zr_2O_7$-type thermal barrier coating[J]. Journal of the European Ceramic Society, 2012, 32(9): 2025-2034.

[36] Lang M, Zhang F, Zhang J M, et al. Review of $A_2B_2O_7$ pyrochlore response to irradiation and pressure[J]. Nuclear Instruments and Methods in Physics Research Section B: Beam Interactions with Materials and Atoms, 2010, 268(19): 2951-2959.

[37] 宁明杰，董发勤，张宝述，等. $Gd_2Zr_{2-x}Ce_xO_7$ ($0.0 \leqslant x \leqslant 2.0$)的制备与表征[J]. 原子能科学技术, 2013, 47(2): 202-206.

[38] Lu X R, Dong F Q, Song G B, et al. Phase and rietveld refinement of pyrochlore $Gd_2Zr_2O_7$ used for immobilization of Pu (IV) [J]. Journal of Wuhan University of Technology-materials Science Edition，2014, 29(2):233-236.

[39] 考夫曼. 核燃料循环中放射性废物的处理和处置[M]. 汤宝龙，译. 北京：原子能出版社, 1981.

[40] Donald I W, Metcalfe B L, Taylor R J. The immobilization of high level radioactive wastes using ceramics and glasses[J]. Journal of Materials Science, 1997, 32(22): 5851-5887.

[41] Weber W J. Self-radiation damage and recovery in Pu-doped zircon[J]. Radiation Effects and Defects in Solids, 1991, 115(4): 341-349.

[42] Burakov B E, Anderson E B, Rovsha V S, et al. Synthesis of zircon for immobilization of actinides[J]. MRS Proceedings, 1995, 412: 33-40.

[43] Szenknect S, Costin D T, Clavier N, et al. From uranothorites to coffinite: A solid solution route to the thermodynamic properties of $USiO_4$[J]. Inorganic Chemistry, 2013, 52(12): 6957-6968.

[44] Ding Y, Lu X R, Dan H, et al. Phase evolution and chemical durability of Nd-doped zircon ceramics designed to immobilize trivalent actinides[J]. Ceramics International, 2015, 41(8): 10044-10050.

[45] Guo X, Rak Z, Tavakoli A H, et al. Thermodynamics of thorium substitution in yttrium iron garnet: Comparison of experimental and theoretical results[J]. Journal of Materials Chemistry A, 2014, 2(40): 16945-16954.

[46] Novak G A, Gibbs G V. The crystal chemistry of the silicate garnets[J]. American Mineralogist: Journal of Earth and Planetary Materials, 1971, 56(5-6): 791-825.

[47] Wu Y, Hong R, Wang L, et al. Molten-salt synthesis and characterization of Bi-substituted yttrium garnet nanoparticles[J]. Journal of Alloys and Compounds, 2009, 481(1-2): 96-99.

[48] Guo X F, Tavakoli A H, Sutton S R, et al. Cerium substitution in yttrium iron garnet: Valence state, structure, and energetics[J]. Chemistry of Materials, 2014, 26(2): 1133-1143.

[49] Guo X F, Kukkadapu R K, Lanzirotti A, et al. Charge-coupled substituted garnets ($Y_{3-x}Ca_{0.5x}M_{0.5x}$) Fe_5O_{12} (M=Ce, Th): Structure and stability as crystalline nuclear waste forms[J]. Inorganic Chemistry, 2015, 54(8): 4156-4166.

[50] Zhao X F, Teng Y C, Yang H, et al. Comparison of microstructure and chemical durability of $Ce_{0.9}Gd_{0.1}PO_4$ ceramics prepared by hot-press and pressureless sintering[J]. Ceramics International, 2015, 41(9): 11062-11068.

[51] Barinova T V, Podbolotov K B, Borovinskaya I P, et al. Self-propagating high-temperature synthesis of ceramic matrices for immobilization of actinide-containing wastes[J]. Radiochemistry, 2014, 56(5): 554-559.

[52] Wang L, Shu X Y, Yi F C, et al. Rapid fabrication and phase transition of Nd and Ce co-doped $Gd_2Zr_2O_7$ ceramics by SPS[J]. Journal of the European Ceramic Society, 2018, 38(7): 2863-2870.

[53] Tu H, Duan T, Ding Y, et al. Preparation of zircon-matrix material for dealing with high-level radioactive waste with microwave[J]. Materials Letters, 2014, 131: 171-173.

[54] 郝洪顺, 徐利华, 黄勇, 等. 陶瓷材料微波烧结动力学机理研究[J]. 中国科学: 技术科学, 2009, 39(1): 146-149.

[55] 郭颖利, 易健宏, 罗述东, 等. W-Cu 触头材料的微波烧结[J]. 中南大学学报（自然科学版）, 2009, 40(3): 670-675.

[56] Bickford D F, Schumacher R. Vitrification of hazardous and radioactive wastes[R]. Aiken: Westinghouse Savannah River Co., 1995.

[57] Ushakov S V, Burakov B E, Garbuzov V M, et al. Synthesis of Ce-doped zircon by a sol-gel process[J]. MRS Proceedings, 1997, 506: 281-288.

[58] Dias A, Ciminelli V S T. Electroceramic materials of tailored phase and morphology by hydrothermal technology[J]. Chemistry of Materials, 2003, 15(6): 1344-1352.

[59] Zhu Y F, Du R G, Chen W, et al. Photocathodic protection properties of three-dimensional titanate nanowire network films prepared by a combined sol-gel and hydrothermal method[J]. Electrochemistry Communications, 2010, 12(11): 1626-1629.

[60] Kashinath L, Namratha K, Byrappa K. Sol-gel assisted hydrothermal synthesis and characterization of hybrid ZnS-RGO nanocomposite for efficient photodegradation of dyes[J]. Journal of Alloys and Compounds, 2017, 695: 799-809.

[61] 丁艺, 王子琳, 洪志浩, 等. ZrO_2-$ZrSiO_4$复合陶瓷制备与表征[J]. 武汉理工大学学报, 2016, 38(2): 36-39.

[62] Volkov S V. Chemical reactions in molten salts and their classification[J]. Chemical Society Reviews, 1990, 19(1): 21-28.

[63] Gilbert M R. Molten salt synthesis of titanate pyrochlore waste-forms[J]. Ceramics International, 2016, 42(4): 5263-5270.

[64] Hu Z M, Xiao X, Jin H Y, et al. Rapid mass production of two-dimensional metal oxides and hydroxides via the molten salts method[J]. Nature Communications, 2017, 8(1): 15630.

[65] Hand M L, Stennett M C, Hyatt N C. Rapid low temperature synthesis of a titanate pyrochlore by molten salt mediated reaction[J]. Journal of the European Ceramic Society, 2012, 32(12): 3211-3219.

[66] Chapman N A, McKinley I G. The Geological Disposal of Nuclear Waste[M]. London: Wiley&Sons, 1999.

[67] Strachan D M, Turcotte R P, Barnes B. MCC-1: A standard leach test for nuclear waste forms[J]. Nuclear Technology, 1982, 56(2): 306-312.

[68] Jantzen C M, Bibler N E, Beam D C, et al. Nuclear waste glass product consistency test (PCT): Version 7.0. Revision 3[R]. Aiken: Westinghouse Savannah River Co., 1994.

[69] Campbell J, Hoenig C, Bazan F, et al. Properties of SYNROC-D nuclear waste form: A state-of-the-art review[R]. CA: Livermore: Lawrence Livermore National Lab, 1982.

[70] 褚浩然, 阮佳晟, 张禹. 高放玻璃固化体化学耐久性评估方法研究进展[J]. 山东化工, 2017, 46(16): 65-70.

[71] Singh D, Mandalika V, Parulekar S J, et al. Magnesium potassium phosphate ceramic for ^{99}Tc immobilization[J]. Journal of Nuclear Materials, 2006, 348(3): 272-282.

[72] Griffith C S, Sebesta F, Hanna J V, et al. Tungsten bronze-based nuclear waste form ceramics. Part 2: Conversion of granular microporous tungstate–polyacrylonitrile (PAN) composite adsorbents to leach resistant ceramics[J]. Journal of Nuclear Materials, 2006, 358(2-3): 151-163.

[73] Fan L, Shu X Y, Lu X R, et al. Phase structure and aqueous stability of TRPO waste incorporation into $Gd_2Zr_2O_7$ pyrochlore[J]. Ceramics International, 2015, 41(9): 11741-11747.

[74] Zhao X F, Teng Y C, Wu L, et al. Chemical durability and leaching mechanism of $Ce_{0.5}Eu_{0.5}PO_4$ ceramics: Effects of temperature and pH values[J]. Journal of Nuclear Materials, 2015, 466: 187-193.

[75] Nikolaeva E V, Burakov B E. Investigation of Pu-doped ceramics using modified MCC-1 leach test[J]. MRS Proceedings, 2002, 713: JJ11.18.

[76] Metson J B, Bancroft G M, Kanetkar S M, et al. Leaching of natural and synthetic sphene and perovskite[J]. MRS Proceedings, 1981, 11: 329-338.

[77] Tomilin S V, Lizin A, Lukinykh A, et al. Radiation resistance and chemical stability of yttrium aluminum garnet[J]. Radiochemistry, 2011, 53(2): 186-190.

[78] Weber W J, Wang L, Hess N J, et al. Radiation effects in nuclear waste materials[J].Office of Scientific & Technical Information Technical Reports, 1998, 32(1-4): 453-454.

[79] 杨建文, 罗上庚, 李宝军, 等. 富烧绿石人造岩石固化模拟锕系废物[J]. 原子能科学技术, 2001, 35: 104-109.

[80] 讴诒典. 氧化钇中辐照缺陷形成及稳定性的第一性原理研究[D]. 北京: 清华大学, 2011.

[81] Sickafus K, Minervini L, Grimes R W, et al. Radiation tolerance of complex oxides[J]. Science, 2000, 289(5480): 748-751.

[82] Sickafus K, Minervini L, Grimes R W, et al. A comparison between radiation damage accumulation in oxides with pyrochlore and fluorite structures[J]. Radiation Effects and Defects in Solids, 2001, 155(1-4): 133-137.

[83] Li Y H, Wang Y Q, Valdez J A, et al. Swelling effects in $Y_2Ti_2O_7$ pyrochlore irradiated with 400 keV Ne^{2+} ions[J]. Nuclear Instruments and Methods in Physics Research Section B: Beam Interactions with Materials and Atoms, 2012, 274: 182 187.

[84] Park S, Lang M, Tracy C L, et al. Swift heavy ion rradiation-rinduced amorphization of $La_2T_2O_7$[J]. Nuclear Instruments and Methods in Physics Research B: Beam Interactions with Materials and Atoms, 2014, 326: 145-149.

[85] Sattonnay G, Sellami N, Thome L, et al. Structural stability of $Nd_2Zr_2O_7$ pyrochlore ion-irradiated in a broad energy range[J]. Acta Materialia, 2013, 61(17): 6492-6505.

[86] Li Y H, Wang Y Q, Xu C P, et al. Microstructural evolution of the pyrochlore compound $Er_2Ti_2O_7$ induced by light ion irradiations[J]. Nuclear Instruments and Methods in Physics Research B: Beam Interactions with Materials and Atoms, 2012, 286: 218-222.

[87] Sickafus K E, Grimes R W, Valdez J A, et al. Radiation-induced amorphization resistance and radiation tolerance in structurally related oxides[J]. Nature Materials, 2007, 6(3): 217-223.

[88] Utsunomiya S, Yudintsev S V, Ewing R C. Radiation effects in ferrate garnet[J]. Journal of Nuclear Materials, 2005, 336(2-3): 251-260.

[89] Lu X R, Shu X Y, Chen S Z, et al. Heavy-ion irradiation effects on U_3O_8 incorporated $Gd_2Zr_2O_7$ waste forms[J]. Journal of Hazardous Materials, 2018, 357: 424-430.

[90] 卢善瑞, 崔春龙, 张东, 等. 锆英石的抗 γ 射线辐照能力和 Rietveld 结构精修[J]. 物理学报, 2011(7): 847-851.

第2章 人工合成锆石作为模拟锕系核素固化基材研究

锆石又称锆英石，人工合成锆石的化学成分为硅酸锆陶瓷，是 ZrO_2-SiO_2 二元体系中较为稳定的硅酸盐无机材料，其化学式为 $ZrSiO_4$，由 67.22%的 ZrO_2 和 32.78%的 SiO_2 组成。纯相人工合成锆石为白色，但因常含有铁的化合物，故一般呈现淡黄色或棕色。自然界中存在天然的 $ZrSiO_4$，常与其他矿物共生，且含 ^{226}Ra、^{232}Th、^{40}K 等放射性核素。人工合成锆石具有热分解温度高、热膨胀系数小、化学稳定性好、抗辐射损伤性高等优良特性，且晶体结构中的 Zr 能与 Ce、Th、U、Pu 等核素进行有效的类质同象替代。因此，人工合成锆石是长期安全稳定晶格固化模拟锕系核素的候选基材。

2.1 人工合成锆石的结构

人工合成锆石结构属于四方晶系的金红石型结构，其空间群为 I41/amd，晶胞参数为 $a=b=0.661$nm，$c=0.598$nm，$\alpha=\beta=\gamma=90°$，$Z=4$。人工合成锆石为岛状结构正硅酸盐矿物，其基本结构组成单元为硅氧四面体 SiO_4 和锆氧十二面体 ZrO_8。人工合成锆石结构中硅氧四面体和锆氧十二面体相互交联，其中硅氧四面体与硅氧四面体之间由 Zr 原子连接。每个 Zr 原子周围具有 8 个 O 原子，从而构成了锆氧十二面体。人工合成锆石中岛状的硅氧四面体与锆氧十二面体在［001］方向上共用边和顶点交替连接形成长链；而锆氧十二面体之间在［100］方向上通过共用边方式连接形成平行的链状结构，其晶体结构如图 2-1 所示。人工合成锆石结构中 Si—O 键长为 0.1622 nm，Zr—O 键长约为 0.2131～0.2268 nm，键长较短，键强较大。因此，人工合成锆石具有较高的结构稳定性。

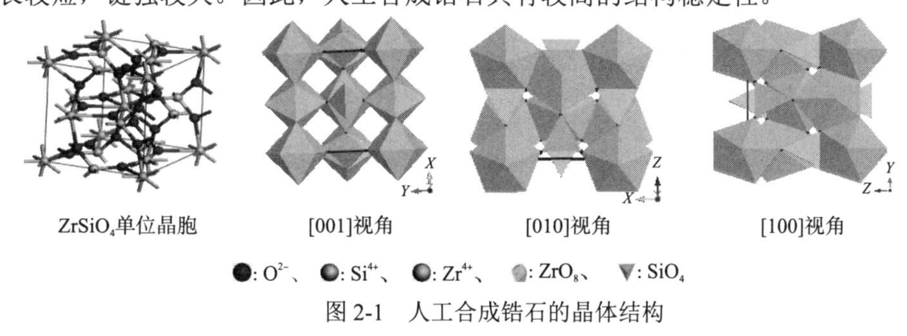

图 2-1 人工合成锆石的晶体结构

2.2 人工合成锆石的理化性质

独特的键连方式和成键特征赋予了人工合成锆石良好的物理化学性能，使其在耐火材料、化工、铸造、陶瓷等多个领域具有广泛的应用。

(1) 较高的热分解温度和熔点。人工合成锆石是 ZrO_2-SiO_2 体系中唯一存在的结构稳定化合物，即使在1540℃也不会发生相变分解，其熔点为2550 ℃左右。因其具有良好的热稳定性，人工合成锆石在冶金和玻纤制造业中作为高级耐火材料。但当加入碱金属或碱土氧化物作为助熔剂时，人工合成锆石分解温度降低，热稳定性显著降低。因此，为保证人工合成锆石良好的耐高温性能，必须对有害杂质含量进行严格控制。

(2) 热导率低，热膨胀系数小，抗热震性好。人工合成锆石热导率较低，在 1000 ℃为 4.2 W/(m·K)。人工合成锆石的线性热膨胀系数较小，在 25～1500 ℃时，α=(2.0～5.1)×10^{-6} ℃$^{-1}$。热膨胀系数小，使得人工合成锆石具有良好的抗热震性。研究表明，将人工合成锆石试样加热至 850℃，然后水淬，反复 30 次以上人工合成锆石仍未破损。一方面，人工合成锆石高温分解时易产生游离的 ZrO_2。ZrO_2 在高温下会发生“单斜晶(m-ZrO_2)—四方晶(t-ZrO_2)—立方晶(c-ZrO_2)”的晶型转变，而这些转变是伴随着剧烈的体积变化(约 7%)的，会导致人工合成锆石的抗热震性恶化。另一方面，人工合成锆石在高温分解时会产生游离的 SiO_2，而这些 SiO_2 与 ZrO_2 重新复合形成硅酸锆或者二氧化硅玻璃，相对于 ZrO_2 的体积变化起缓冲作用，故分解产生的 ZrO_2 的影响并不会像单纯的 ZrO_2 那么严重，从而保证了人工合成锆石良好的抗热震性。

(3) 良好的化学稳定性。人工合成锆石的熔点很高，其在空气气氛下加热时不易被氧化性气氛侵蚀，也不易被酸碱腐蚀(HF 除外)。此外，人工合成锆石对铝合金、不锈钢等熔融金属的抗润湿能力非常好。

(4) 较高的抗渣性。使用人工合成锆石制作的水口砖(硅酸锆含量为 57%，气孔率为 23%～24%)，其在炉渣碱度(CaO/SiO_2) 2.6～3.67、钢水温度 1600～1650 ℃的条件下耐侵蚀性高出高铝砖 7.5～8.7 倍，喷补料在钢包渣线处的抗渣性也比黏土高出许多。

2.3 人工合成锆石作为模拟锕系核素固化基材选择依据

以美国西北太平洋国家实验室的 Ewing 和密歇根大学的 Weber 为代表的科学家[1,2]认真评价了过去高放废物固化体存在的问题，对寻求综合性能尤其是抗辐照性能更好地固化基材提出了非常好的建设性意见，并根据地质稳定性认为 $ZrSiO_4$ 是固化 Pu 等模拟锕系核素的理想基材。自然界中所形成的锆石都含有一定量的放射性元素，在目前所发现的天然 $ZrSiO_4$ 中最多可含 UO_2 为 5%(质量分数)、ThO_2 为 15%(质量分数)。$ZrSiO_4$ 具有较高的热分解温度、较好的化学稳定性、较小的热膨胀系数，以及优良的抗热震性能、机械稳定性、热稳定性和抗辐照性，是固化 Pu 等模拟锕系核素的理想载体。近 10 年来，人工合成锆石因具有良好的物理化学性能，备受研究者广泛关注。Keller[3]成功合成了类 $ASiO_4$(A=Zr、Hf、Th、Pa、U、Np、Pu、Am)人造矿物，表明人工合成锆石具有良好的核素富集能力。

2.4　人工合成锆石合成方法

1. 高温固相法

较早的研究一般直接采用 ZrO_2 和 SiO_2(或石英、方石英、磷石英)为原料，按 $ZrSiO_4$ 化学计量比配料混合均匀，经高温煅烧后形成具有一定粒度的人工合成锆石粉体，由于原料及合成方法的限制，合成温度往往较高。

Spearing 和 Huang[4]以 SiO_2 和 ZrO_2 粉末为原料，经直接烧结可获得产率较高、粒度为 1～5 μm 的人工合成锆石产物。人工合成锆石的产率主要由 SiO_2 和 ZrO_2 粉末粒度控制。Parcianello 等[5]以填充了活性纳米 ZrO_2 的硅树脂为原料，以少量 TiO_2 为烧结助剂、$ZrSiO_4$ 微粉为晶种，在 1200 ℃成功制备了无裂纹人工合成锆石成型块料。Huang 等[6]以 Y_2O_3 和纳米 ZrO_2 为烧结助剂，在 30 MPa 的外加压力下，通过 1350 ℃热压烧结 60 min 成功制备人工合成锆石陶瓷。结果表明，添加纳米 ZrO_2 制备的人工合成锆石表现出较高的弯曲强度、硬度、断裂韧性和相对密度，且纳米 ZrO_2 烧结助剂能有效提高人工合成锆石的抗氧化性和稳定性。Sun 等[7]以 MgO 为矿化剂，通过简单的固态低温制备了人工合成锆石。结果表明，MgO 通过与 SiO_2 粉体反应，可有效将人工合成锆石的形成温度降低至 1100～1200 ℃，比常规人工合成锆石合成温度低 200～300 ℃。Ding 等[8, 9]以 ZrO_2 和 SiO_2 为基本原料，以 Nd^{3+} 和 Ce^{4+} 分别作为三价和四价模拟锕系核素的模拟替代物质，通过理论计算及配方设计，采用高温固相法在 1550 ℃下保温 72 h 成功制备出单一物相的人工合成锆石陶瓷系列固化体样品。借助多种测试表征手段对所制备固化体的物相、结构和微观形貌等进行了初步研究，探明了人工合成锆石陶瓷对单一三价、四价模拟锕系核素的固溶能力及固核机理。研究发现，人工合成锆石陶瓷固化四价模拟锕系核素过程中，当 $x<0.04$ 时，固化体为单一 $ZrSiO_4$ 相结构；然而，当 $x>0.04$ 时，固化体为 $ZrSiO_4$ 和 $Ce_2Si_2O_7$ 两相结构。因此，人工合成锆石陶瓷对四价模拟锕系核素的固溶量约为 4 %(原子分数)。此外，单一人工合成锆石陶瓷固化三价模拟锕系核素过程中，当 $x<0.04$ 时，固化体为单一 $ZrSiO_4$ 相结构；然而，当 $x>0.04$ 时，固化体为 $ZrSiO_4$ 和 $Nd_2Si_2O_7$ 两相结构。人工合成锆石陶瓷对三价模拟锕系核素的固溶量约为 4%(原子分数)。随 Nd^{3+} 和 Ce^{4+} 固溶量的增大，固化体的致密性有所增强。段涛团队[10]首次将微波烧结法用于处理核废料。通过微波烧结在 1500 ℃保温 12 h 的条件下成功合成高密度人工合成锆石。这种方法不会产生二次污染，清洁高效，大大缩短了人工合成锆石的合成时间，提高了效率。

2. 沉淀法

沉淀法通过在包含一种或多种离子的可溶性盐溶液中加入沉淀剂，经化学反应生成各种成分具有均匀组成的共沉淀物，然后将阴离子除去，且沉淀物进一步热分解得到超细人工合成锆石粉体。

Itoh[11]以 $ZrOCl_2$、硅溶胶为原料，通过添加氨水调节混合液的 pH 为 9.5，然后将混合液过滤、洗涤得到沉淀物。将沉淀物在 80 ℃干燥 6 h 后在 450 ℃热处理保温 1h 首先得到无定形 ZrO_2 和无定形 SiO_2 的样品，然后将样品在一定温度下煅烧。结果表明：由于没有引入任何添加剂，在 1200 ℃煅烧后开始形成人工合成锆石，并发现人工合成锆石的形成主要由无定形 SiO_2 与 t-ZrO_2 反应所致，而且在冷却过程中，t-ZrO_2 发生晶型转变形成 m-ZrO_2。Shi 等[12]以 $ZrOCl_2$ 和热解纳米 SiO_2 粉体为原料，通过湿化学沉淀法获得人工合成锆石前驱体，然后以少量的 $ZrSiO_4$ 微粉为晶种在一定温度条件下烧结制备人工合成锆石陶瓷。结果表明，乙醇洗涤晶种凝胶在较低温度下极大地有利于人工合成锆石的形成。当在 1400 ℃煅烧 2 h 后，可获得单相人工合成锆石粉末，初级颗粒尺寸为 0.2～0.3μm，杂质含量小于 0.2 %(质量分数)。此外，进一步研究发现，人工合成锆石的形成机制是由于存在 $ZrSiO_4$ 晶种而导致的异质形核。热压烧结人工合成锆石在 1600 ℃下保温 1h 的相对密度达到理论值的 99.1%，室温下的弯曲强度和断裂韧性分别为 320 MPa±15 MPa 和 3.0 $MPa \cdot m^2 \pm 0.4\ MPa \cdot m^2$。

沉淀法操作简便易行，对设备、技术要求不高；不易引入杂质，产品纯度高，有良好的化学计量性；成本较低。但是，沉淀法所得粒子粒径较宽，分散性较差；洗除原溶液中的阴离子较困难。

3. 水热法

水热法是指在高压下将反应物和水加热到一定温度时，通过成核和晶粒生长，制备形貌和粒度可控的氧化物粉体的湿化学方法。前驱体通过水热反应釜适当水热条件发生化学反应，实现原子、分子级的微粒构筑和晶体生长，获得优质粉体。水热过程中，水作为一种化学组分参与反应，既是溶剂，又是矿化的促进剂，同时还是压力的传递媒介。

Kido 和 Komarneni[13]以 $ZrOCl_2$、四乙氧硅烷或四甲氧硅烷为前驱物，水或/和乙醇为反应介质，在含聚四氟乙烯内衬的反应容器中加热至 150 ℃保温 6 h 或加热至 200 ℃保温 4 h 成功制备了人工合成锆石。结果表明，醇盐的水解和 $ZrOCl_2$ 形成单相凝胶是控制形成人工合成锆石的关键。介质水含量不足将会产生 t-ZrO_2。当温度不变时，延长加热时间会使合成的粉末分散性变好，而缩短加热时间会使合成粉末聚集、成块。Valéro 等[14]以 $ZrOCl_2$ 和无定形 SiO_2 为原料，在碱性氟化水热介质中，于 150 ℃合成了具有原始形貌的多孔人工合成锆石。氟化物离子起结晶催化剂的作用，不掺入所得人工合成锆石中。人工合成锆石以片状或椭圆形态存在，其尺寸分布在 2～100 nm。合成的人工合成锆石比表面积和层数可以通过改变氟化物浓度或向水热介质中加入溴化钾来控制。Lei 等[15]以 $ZrOCl_2$ 和正硅酸乙酯为原料，在 180 ℃下发生水热反应，通过调节水热时间、pH 和浓度参数，首次可控地合成了单层至多层人工合成锆石。层状人工合成锆石具有高比表面积和微孔-中孔结构，这使得它们适合作为高温下应用的催化剂载体。

水热法可不经高温煅烧，避免了煅烧过程中晶粒长大、硬团聚、缺陷和杂质引入，因此能得到烧结活性较高、晶粒发育完整、分散性好、粒径分布均匀的超细粉体，是一种比较有前景的制备超细粉体的方法；但高温高压合成设备昂贵，投资大，对反应设备要求苛刻，操作要求高，因此较难大规模工业化生产。

4. 溶胶-凝胶法

溶胶-凝胶法是在较低温度下制备高纯度陶瓷粉体的重要手段之一，其基本原理是：首先由无机盐或金属醇盐经水解直接形成溶胶，然后将溶胶聚合凝胶化，将凝胶干燥、热处理，使其中的有机物分解，最后制得所需的无机化合物。溶胶-凝胶法制备的粉末前驱体具有较好的均匀性，在一定程度上降低了人工合成锆石的合成温度，并提高了合成率。与固相法相比，溶胶-凝胶法降低了人工合成锆石的合成温度；在引入添加剂的条件下，在低温热处理后即可得到人工合成锆石粉体，说明溶胶-凝胶法合成的前驱体化学均匀性较高。

Veytizou 等[16]以正硅酸乙酯和硝酸氧化锆为原料，通过溶液回流然后沉淀于氨溶液中形成溶胶前驱体粉末，然后经过 1150 ℃烧结处理可获得人工合成锆石粉体。Wang 等[17]以正硅酸乙酯和 $ZrCl_4$ 为原料，LiF 为矿化剂，Na_2O_4 为熔盐，采用非水解溶胶-凝胶法结合熔盐法制备人工合成锆石晶须。结果表明，Na_2O_4 的引入有助于人工合成锆石的一维择优生长。在 850 ℃下获得了沿 c 轴生长的人工合成锆石晶须，直径约为 100 nm，长径比大于 15。Zhang 等[18]在较低的温度下，通过软机械-化学预活化辅助溶胶-凝胶法制备了结晶度高、粒径小的人工合成锆石粉末。随着软机械-化学预活化时间的延长，煅烧粉末的比表面积增加，平均晶粒尺寸和平均表面粒度减小。此外，软机械-化学预活化可以加速脱水/脱羟基反应，降低 Si—O 键的结合程度，并在一定程度上破坏 SiO_4 四面体三维网络，增强了前驱体的反应性。

5. 微乳液法

微乳液概念最早由 Hoar 与 Schulman 于 1943 年提出[19]，可以定义为：两种互不相溶液体在表面活性物质的作用下形成的热力学稳定、各向同性、外观透明或半透明、粒径为 1～100 nm 的分散体系。相应地，制备微乳液的技术称为微乳化技术。Tartaj 和 de Jonghe[20]利用改进的反胶束法，以环己烷为油相、铵溶液为水相、Igepal Co520 为表面活性剂，在微乳液的水相中，锆和硅醇盐的混合物的水解可以产生化学计量的人工合成锆石组成的均匀无定形纳米球颗粒。在 900 ℃下，粉末先形成 t-ZrO_2 结晶，在 1200 ℃下发现了结晶人工合成锆石的形成，当在 1300 ℃加热 2 h 后无定形前驱体粉末可完全转化为人工合成锆石陶瓷。

因为微乳液制备的纳米粒子表面包裹一层表面活性剂，粒子间不易团聚，且可以通过选择不同的表面活性剂分子对粒子表面进行修饰，控制微粒的大小，所以微乳液法被广泛地应用于制备各种无机功能纳米材料。与传统的制备方法相比，微乳液法制备纳米微粒具有实验装置简单、操作容易、可人为地控制颗粒大小、粒径分布窄、分散性好等优点，显示出了极其广泛的应用前景。

2.5　人工合成锆石固核机理

硅酸锆的晶体结构决定其物理化学性质以及对微量元素的固定能力。硅酸锆的化学通

式为 ATO_4，T 位阳离子占据四面体孔隙，A 位阳离子具有较大的原子半径而占据十二面体孔隙。模拟锕系核素因半径较大、化合价较高，故在自然界中含有的天然矿物较少。模拟锕系核素离子与硅酸锆中 A 位的 Zr 具有相似的键性和相近的价态，离子半径相差也不大，因而硅酸锆中的 Zr 离子可被模拟锕系核素离子替换而达到对核素的晶格固化。

2.6 人工合成锆石稳定性研究

1. 热稳定性

硅酸锆陶瓷有良好的热稳定性，这是硅酸锆陶瓷被选作模拟锕系核素候选固化基材的一个重要原因。

Curtis 和 Sowman[21]在 1400～2000 ℃下对硅酸锆进行退火 2 h 处理发现，硅酸锆分解温度为 1556 ℃，且随温度的增加，分解速率加快。Kanno[22]从热力学和结晶学角度研究发现，硅酸锆的分解温度为 1600～1700 ℃，若用磨细的氧化物粉末为原料，形成硅酸锆的起始温度为 1500 ℃。Tartaj 等[23]以无定形 SiO_2 和 ZrO_2 粉末为原料，利用高温 XRD 同步测试观测到人工合成锆石结晶的起始温度为 1350 ℃。当温度高于 1450 ℃，样品中出现痕量的方石英。当温度升高至 1550 ℃时，硅酸锆的合成速率较快，当温度高于 1600℃时，合成速率降低。Anseau 等[24]以澳大利亚天然的硅酸锆为原料，在化学成分的基础上研究其热稳定性。结果表明，天然硅酸锆开始分解的温度为 1525～1550 ℃，分解速率较低；但当温度达到 1650 ℃时，分解速率加快。Klute[25]利用外推法获得了高纯硅酸锆分解的热力学温度为 1681 ℃±5 ℃，以及 ZrO_2 和 SiO_2 的二元相图，并发现硅酸锆的分解温度和方石英的消失温度与 Butterman 和 Foster[26]的研究结果一致。

2. 化学稳定性

固化体在地质处置过程中受化学场、温度场、辐照场、应力场以及渗流场等耦合作用，固化体长期安全稳定地储存要求有效阻止放射性核素的迁移。其中放射性核素经地下水系统迁移速度最快，潜在的威胁也最大，因此在地质处置库选址的时候，常选择远离地下水脉的岩石层。同时，作为阻止放射性核素迁移的第一道屏障，固化体的化学稳定性是衡量其是否符合作为放射性核素固化基材的一个极其重要的指标。

文献研究表明[27,28]，在极端水热环境中，锆石中的 U、Th 和 Pb 等元素会损失，但在近中性环境中硅酸锆非常稳定。人工合成锆石中的 Zr 和 Si 化学稳定性较好，在 25 ℃下，结晶态中 Zr 和 Si 的浸出率在 0.1 ppb 量级，蜕晶质化的硅酸锆中 Zr 的浸出率也低于 0.05ppm[29]。Trocellier 和 Delmas[30]将锆石浸泡于 96 ℃的去离子水中 1 个月，结果表明锆石中 Zr 和 Si 的归一化浸出率分别为 1.5×10^{-10} g/(cm^2·d) 和 1.2×10^{-6} g/(cm^2·d)。Duan 等[31]团队前期对人工合成锆石系列固化体的化学稳定性进行了研究，发现被固化模拟核素 Nd 的归一化浸出率约为 10^{-4} g/(m^2·d)。Lu 等[32]合成了含 Ce 的人工合成锆石陶瓷，并对其化学耐久性进行了系统研究。采用 MCC-1 法研究了 pH 和温度对制备的化合物化学耐久性的影响，并探讨了它们的偶联效应。发现 Ce 在去离子水和碱性溶液(pH=10)中的标准化释放速率小于酸性溶液(pH=4)中的标准化释放速率，经过 42 d 后，Ce 的归一化浸出率低于 10^{-5} g/(m^2·d)。国内杨建文等[33]以 U^{4+}替代+4 价模拟锕系核素，Nd^{3+}替代+3 价模拟锕系核素，通过传统固相烧结制备了模拟锕系核素人工合成锆石固化体，研究表明核素固定方式为晶格固化与包覆固定共存，且采用 MCC-1 法研究其化学稳定性，结果表明通过 28 d 浸泡后，Nd 和 U 的归一化浸出率低至 1.19×10^{-4} g/(m^2·d)和 1.31×10^{-5} g/(m^2·d)。

3. 抗辐照稳定性

硅酸锆抗辐照稳定性的研究主要有两种方式：一种是选取天然含有放射性核素的硅酸锆矿石，综合地质年代学研究其形成时间，估算其所受累计辐照剂量，再表征其辐照损伤程度，在此基础上评价其抗辐照能力；另外一种是在实验室合成人工合成锆石，开展辐照实验，并测试其辐照损伤程度(原位测试或非原位测试)，以此来评价其抗辐照能力。

Weber [34]对天然锆石和人工合成锆石固化体的抗辐照能力开展了研究，发现在 α 衰变约 7×10^{18} 次/g 的强辐照剂量条件下，人工合成锆石固化体仅发生了部分非晶化，直到辐照剂量高约 1.4×10^{19} 次/g 时，其结构仍未完全非晶化，表明人工合成锆石具有极强的耐辐照能力。Zhang 和 Salje[35]认为没有非晶化后的高温退火，辐照损伤不会引起人工合成锆石分解成其组成成分的氧化物。Evron 等[36]研究了在 α 自辐照作用下锆石晶体结构的演变、晶格的膨胀、密度变化及成分变化等规律，并对辐照作用后放射性核素 U 和 Th 的溶出问题等进行了探讨。Holland 和 Gottfried[37]研究了辐照对锆石结构的影响。Weber [1]对于含有武器级 Pu 的人工合成锆石固化体的辐照稳定性进行了研究，发现在 160～200 ℃内，随温度的升高，非晶质化所需的放射性剂量增加，这个剂量取决于 Pu 含量；Ding 等[38]通过加速照射实验研究了辐照对陶瓷相结构和化学稳定性的影响。用 0.5 MeV He^{2+}照射合成的 $Zr_{1-x}Nd_xSiO_{4-x/2}$ 陶瓷，发现其主晶体结构得以保持，随着 Nd 含量的增加，抗辐照能力增强。此外，辐照后的显微形貌和元素分布也没有改变。虽然随着 Nd 含量和辐照剂量的增加，LR_{Nd}(Nd 的归一化浸出率)略有增加，但仍保持良好的化学稳定性。

参 考 文 献

[1] Weber W J, Ewing R C, Meldrum A. The kinetics of alpha-decay-induced amorphization in zircon and apatite containing weapons-grade plutonium or other actinides[J]. Journal of Nuclear Materials, 1997, 250(2-3): 147-155.

[2] Ewing R C. Nuclear waste forms for actinides[J]. Proceedings of the National Academy of Sciences of the United States of America, 1999, 96(7): 3432-3439.

[3] Keller C. Untersuchungen über die germanate und silikate des typs ABO4 der vierwertigen elemente thorium bis americium[J]. Nukleonic, 1963, 5: 41-48.

[4] Spearing D R, Huang J Y. Zircon synthesis via sintering of milled SiO_2 and ZrO_2[J]. Journal of the American Ceramic Society, 2005, 81(7): 1964-1966.

[5] Parcianello G, Bernardo E, Colombo P. Low temperature synthesis of zircon from silicone resins and oxide nano-sized particles[J].

Journal of the European Ceramic Society, 2012, 32(11): 2819-2824.

[6] Huang S F, Li Q G, Wang Z, et al. Effect of sintering aids on the microstructure and oxidation behavior of hot-pressed zirconium silicate ceramic[J]. Ceramics International, 2017, 43(1): 875-879.

[7] Sun Y, Yang Q H, Wang H Q, et al. Depression of synthesis temperature and structure characterization of $ZrSiO_4$ used in ceramic pigments[J]. Materials Chemistry & Physics, 2018, 205: 97-101.

[8] Ding Y, Dan H, Lu X, et al. Phase evolution and chemical durability of $Zr_{1-x}Nd_xO_{2-x/2}$ （$0 \leqslant x \leqslant 1$） ceramics[J]. Journal of the European Ceramic Society, 2017, 37(7): 2673-2678.

[9] Ding Y, Lu X, Tu H, et al. Phase evolution and microstructure studies on Nd^{3+} and Ce^{4+} co-doped zircon ceramics[J]. Journal of the European Ceramic Society, 2015, 35(7): 2153-2161.

[10] Tu H, Duan T, Ding Y, et al. Preparation of zircon-matrix material for dealing with high-level radioactive waste with microwave[J]. Materials Letters, 2014, 131: 171-173.

[11] Itoh T. Formation of polycrystalline zircon （$ZrSiO_4$） from amorphous silica and amorphous zirconia[J]. Journal of Crystal Growth, 1992, 125(1): 223-228.

[12] Shi Y, Huang X X, Yan D S. Synthesis and characterization of ultrafine zircon powder[J]. Ceramics International, 1998, 24(5): 393-400.

[13] Kido H, Komarneni S. Hydrothermal Processing of Zircon[M]. Berlin: Springer, 1990.

[14] Valéro R, Durand B, Guth J L, et al. Hydrothermal synthesis of porous zircon in basic fluorinated medium[J]. Microporous and Mesoporous Materials, 1999, 29(3): 311-318.

[15] Lei B L, Peng C, Wu J Q. Controllable synthesis of layered zircons by low-temperature hydrothermal method[J]. Journal of the American Ceramic Society, 2012, 95(9): 2791-2794.

[16] Veytizou C, Quinson J F, Douy A. Sol-gel synthesis via an aqueous semi-alkoxide route and characterization of zircon powders[J]. Journal of Materials Chemistry, 2000, 10(2): 365-370.

[17] Wang H D, Jiang W H, Feng G, et al. Preparation of zircon whiskers via non-hydrolytic sol-gel process combined with molten salt method[J]. Advanced Materials Research, 2014, 936: 970-974.

[18] Zhang T, Pan Z D, Wang Y M. Low-temperature synthesis of zircon by soft mechano-chemical activation-assisted sol-gel method[J]. Journal of Sol-Gel Science and Technology, 2017, 84(1): 118-128.

[19] Hoar T P, Schulman J H. Transparent water-in-oil dispersions: The oleopathic hydro-micelle[J]. Nature, 1943, 152(3847): 102-103.

[20] Tartaj P, de Jonghe L C. Preparation of nanospherical amorphous zircon powders by a microemulsion-mediated process[J]. Journal of Materials Chemistry, 2000, 10(12): 2786-2790.

[21] Curtis C E, Sowman H G. Investigation of the thermal dissociation, reassociation, and synthesis of zircon[J]. Journal of the American Ceramic Society, 1953, 36(6): 190-198.

[22] Kanno Y. Thermodynamic and crystallographic discussion of the formation and dissociation of zircon[J]. Journal of Materials Science, 1989, 24(7): 2415-2420.

[23] Tartaj P, Serna C J, Moya J S, et al. The formation of zircon from amorphous $ZrO_2 \cdot SiO_2$ powders[J]. Journal of Materials Science, 1996, 31(22): 6089-6094.

[24] Anseau M R, Biloque J P, Fierens P. Some studies on the thermal solid state stability of zircon[J]. Journal of Materials Science, 1976, 11(3): 578-582.

[25] Klute R. Phasenbeziehungen im system Al_2O_3-Cr_2O_3-SiO_2-ZrO_2 unternbesonderer berücksichtigung des korundhaltigen bereichs[D]. 1982: 2-40.

[26] Butterman W C, Foster W R. Zircon stability and the ZrO_2-SiO_2 phase diagram[J]. American Mineralogist: Journal of Earth and Planetary Materials, 1967, 52(5-6): 880-885.

[27] Pidgeon R T, Oneil J R, Silver L T. Uranium and lead isotopic stability in a metamict zircon under experimental hydrothermal conditions[J]. Science, 1966, 154(3756): 1538-1540.

[28] Andrade R, Malenka R, Nicoll R A. A G protein couples serotonin and GABAB receptors to the same channels in hippocampus[J]. Science, 1986, 234(4781): 1261-1265.

[29] Tole M P. The kinetics of dissolution of zircon ($ZrSiO_4$) [J]. Geochimica et Cosmochimica Acta, 1985, 49(2): 453-458.

[30] Trocellier P, Delmas R. Chemical durability of zircon[J]. Nuclear Instruments and Methods in Physics Research Section B: Beam Interactions with Materials and Atoms, 2001, 181(1): 408-412.

[31] Ding Y, Lu X R, Dan H, et al. Phase evolution and chemical durability of Nd-doped zircon ceramics designed to immobilize trivalent actinides[J]. Ceramics International, 2015, 41(8): 10044-10050.

[32] Xie Y, Fan L, Shu X Y, et al. Chemical stability of Ce-doped zircon ceramics: Influence of pH, temperature and their coupling effects[J]. Journal of Rare Earths, 2017, 35(2): 164-171.

[33] 杨建文, 罗上庚, 李宝军, 等. 富烧绿石人造岩石固化模拟锕系废物[J]. 原子能科学技术, 2001, 35(b05): 104-109.

[34] Weber W J. Radiation-induced defects and amorphization in zircon[J]. Journal of Materials Research, 1990, 5(11): 2687-2697.

[35] Zhang M, Salje E K. Infrared spectroscopic analysis of zircon: Radiation damage and the metamict state[J]. Journal of Physics: Condensed Matter, 2001, 13(13): 3057-3071.

[36] Evron R, Kimmel G, Eyal Y. Thermal recovery of self-radiation damage in uraninite and thorianite[J]. Journal of Nuclear Materials, 1994, 217(1-2): 54-66.

[37] Holland H D, Gottfried D. The effect of nuclear radiation on the structure of zircon[J]. Acta Crystallographica, 1955, 8(6): 291-300.

[38] Ding Y, Jiang Z D, Li Y J, et al. Effect of alpha-particles irradiation on the phase evolution and chemical stability of Nd-doped zircon ceramics[J]. Journal of Alloys and Compounds, 2017, 729: 483-491.

第3章　微波烧结人工合成锆石固化体

3.1　概　　述

人工合成锆石自20世纪90年代被Ewing等[1]提出将其作为固化武器级放射性核废物以来，由于其具有热分解温度高、热膨胀系数低、化学稳定性良好以及具有晶格固化模拟锕系核素的能力，受到了许多学者的关注。但在实际运用中，高合成率人工合成锆石的获得往往伴随着高的烧结温度和很长的保温时间，这在一定程度上制约了人工合成锆石作为高放废物固化基材的工业化应用。

近年来，微波烧结作为一种很有前途的材料合成方法，由于其具有节能、加工时间短、产品烧结均匀、改善精细微结构、改善性能、合成新材料、显著降低制造成本等优点[2]，引起了人们极大的兴趣。这是一种利用微波加热技术对材料进行烧结的方法，采用微波技术烧结材料开始于20世纪 60年代，Tinga 和Voss[3]首先提出将微波烧结应用于陶瓷材料。到 20 世纪 70 年代，Berteaud 和 Badet[4]开始对陶瓷材料的微波烧结技术进行系统研究。20世纪80年代，微波加热作为一种烧结陶瓷的新技术并成功地应用于SiO_2、B_4C、Al_2O_3、TiO_2、ZrO_2、ZnO等陶瓷材料的制备[5]。微波烧结原理即利用微波电磁场中陶瓷材料的介质损耗使材料整体加热至烧结温度而实现烧结和致密化。关键取决于材料自身的特性，如介电性能、磁性能以及导电性能等。当微波穿透和传播到介电材料中时，内部电磁场使电子、离子等产生运动，而弹性、惯性和摩擦力使这些运动受到阻碍，从而引起了损耗，这就产生了体加热[6]。

在人工合成锆石的合成过程中，其原料 ZrO_2 的微波活性很强，可以有效地将微波的能量转化为自身的内能。因此，微波烧结含 ZrO_2 的陶瓷，可以获得较高的烧结效率和较好的烧结效果。由此看出，利用微波烧结技术制备硅酸锆固化体在理论上是可行的。同时微波烧结人工合成锆石固化体不会产生化学法制备人工合成锆石的废液和废气。虽然Ebadzadeh 和 Valefi[7]、Blosi 等[8]用微波烧结法成功制备了人工合成锆石，但其合成体系中的杂质或矿化剂降低了人工合成锆石的稳定性，无法满足高放射性废物处理的需要。

笔者[9,10]对用微波烧结法制备人工合成锆石固化体工艺进行了系统的研究。为了获得微波烧结人工合成锆石固化体的工艺条件，主要通过正交实验制备人工合成锆石固化体，通过对样品的结构及物相进行表征和分析，评判各烧结条件下样品的烧结效果，在此基础上对其烧结工艺进行评价，得出合理的工艺参数。此外，借助微波烧结技术，以 SiO_2 和 ZrO_2 为原料，以 CeO_2 作为+4 价模拟锕系核素的模拟核素，以 Nd_2O_3 作为+3 价模拟锕系核素的模拟核素，合成了人工合成锆石模拟锕系核素固化体 $Zr_{1-x}Ce_xSiO_4$（x=0.01～0.10）和 $Zr_{1-x}Nd_xSiO_{4-0.5x}$（x=0～0.10）。

3.2　固化体制备

利用微波烧结法制备人工合成锆石固化体，以 SiO_2 和 ZrO_2 为原料，采用正交实验对合成工艺参数进行系统的研究，包括生坯成型压力、烧结温度及烧结时间对烧结效果的影响。

3.2.1　固化体制备的实验设计

为研究微波烧结法制备人工合成锆石固化体的最佳合成工艺参数，所选用试剂分别为 ZrO_2(AR①，成都联合化工试剂研究所)、SiO_2(AR，成都联合化工试剂研究所)、无水乙醇(AR，天津市科密欧化学试剂有限公司)。其配方设计如表 3-1 所示。

表 3-1　配方设计

实验编号	SiO_2 质量/g	ZrO_2 质量/g	化学式
ZS-1	0.45068	0.92415	$ZrSiO_4$

在此配方设计下，整个实验过程包括以下四个步骤：①干燥原料，在电热恒温鼓风干燥箱中将各原料于 80℃静置 12 h。按照表 3-1 称量 SiO_2 与 ZrO_2 各 25 组；②研磨，将各组原料分别加入研钵中，加入无水乙醇，混合研磨至完全干燥，得到混合研磨充分的混合粉末；③压片，将所得到的混合粉末转移至 ϕ12 mm 模具中，利用粉末压片机对样品进行加压，加压压力为 6～14 MPa，得到成型的圆片状原料样品；④微波烧结。

整个实验过程包括原料样品的准备以及微波烧结全过程，实验所需仪器设备如表 3-2 所示。

表 3-2　主要仪器设备

名称	型号	生产厂家
分析电子天平	FA2004B	上海佑科仪器仪表有限公司
电热恒温鼓风干燥箱	DHG-9053A	上海浦东荣丰科学仪器有限公司
粉末压片机	769YD-24B	天津科器高新技术公司
微波高温马弗炉	HAMILAB-M1500	长沙隆泰微波热工有限公司

为了研究微波烧结人工合成锆石工艺中，生坯成型压力、烧结温度及烧结时间对烧结效果的影响，采用正交实验法设计三因素五水平实验，详见表 3-3 和表 3-4。

① AR 指分析纯试剂。

表 3-3　正交实验因素水平设置

因素	水平				
	1	2	3	4	5
压力/MPa	6	8	10	12	14
烧结温度/℃	1350	1400	1450	1500	1550
保温时间/min	30	60	120	240	360

3.2.2　固化体的微波烧结

将实验过程中压成型的圆片样品放入微波高温马弗炉中进行烧结,烧结设备见图 3-1。为探究微波烧结人工合成锆石的最佳工艺，其合成条件见表 3-3 和表 3-4。微波高温马弗炉实行自行升温程序，升温速率约 50 ℃/min，其后按合成条件进行保温处理程序，自然冷却至室温取出样品，部分烧结样品见图 3-2。

表 3-4　三因素五水平正交设计表

实验序号	压力/MPa	烧结温度/℃	保温时间/min
1	6	1350	30
2	6	1400	60
3	6	1450	120
4	6	1500	240
5	6	1550	360
6	8	1350	60
7	8	1400	120
8	8	1450	240
9	8	1500	360
10	8	1550	30
11	10	1350	120
12	10	1400	240
13	10	1450	360
14	10	1500	30
15	10	1550	60
16	12	1350	240
17	12	1400	360
18	12	1450	30
19	12	1500	60
20	12	1550	120
21	14	1350	360
22	14	1400	30
23	14	1450	60
24	14	1500	120
25	14	1550	240

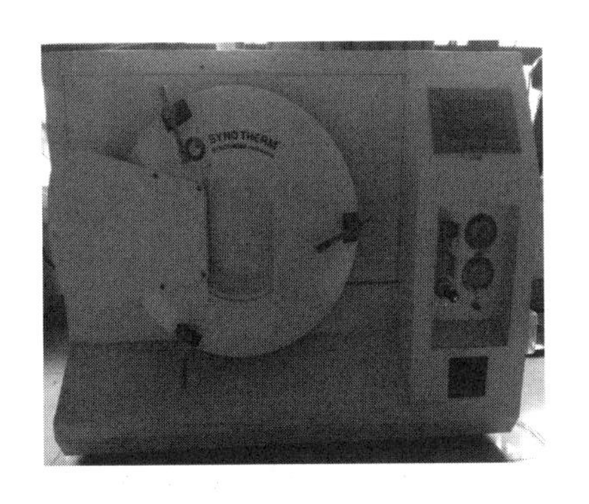

图 3-1　微波高温马弗炉

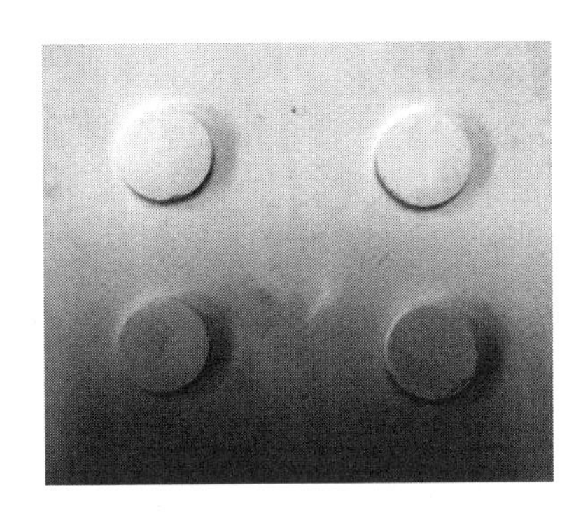

图 3-2　部分烧结合成样品

3.3　固化体表征

(1) 物相表征：利用 XRD 对样品的物相进行测试表征，所用仪器为荷兰帕兰特的 X' Pert PRO 型 XRD，以 Cu-Kα 射线为入射射线，管压为 40 kV；采用的扫描方式为连续扫描；扫描步长为 0.0167°，每步停留时间为 10s。此外，为了计算微波合成人工合成锆石的合成率，在实验中借助 Fullprof-2k 对 XRD 所得结果进行结构精修。

(2) 结构表征：利用 SEM 对样品的微观结构进行表征，使用的仪器为德国蔡斯 Ultra 55 型 SEM，测试过程中所采用的放大倍数为 2000～5000 倍。

3.4　结果与讨论

3.4.1　固化体物相分析

样品的 XRD 图谱如图 3-3 所示。利用 $ZrSiO_4$ 与 ZrO_2 的最强衍射峰($ZrSiO_4$ 位于 26.97°的衍射峰和 ZrO_2 位于 28.26°的衍射峰)的强度比值变化可以粗略地估算人工合成锆石($ZrSiO_4$)的合成率。由图 3-3 (a) 可知，微波烧结在 1350 ℃就有人工合成锆石相生成，且随着保温时间的延长，人工合成锆石在样品中的比例逐渐增加。但当烧结温度较低(<1450 ℃)时，样品合成率随保温时间延长增加相对缓慢。

调研发现许多学者通过不同的方法研究了人工合成锆石的热稳定性。Curtis 和 Sowman[11]得到的人工合成锆石起始合成温度为 1278 ℃，McPherson 等[12]通过引入人工合成锆石晶核种子，得到的人工合成锆石合成温度为 1200 ℃。Mori 等[13]以溶胶-凝胶法制备的无定形粉末为氧化物前驱体，得到的人工合成锆石合成温度为 1200 ℃，保温时间为 13h。Tartaj 等[14]也从该思路出发，利用高温 XRD 进行同步测试，但是他们观察到人工合成锆石起始合成的温度为 1350 ℃。

不同的研究得到的人工合成锆石的合成温度存在一定的差异，这主要是由于各研究中所用的原料活性以及合成工艺存在一定的差异。本书利用微波烧结技术，以传统氧化物粉末为原料，所得到人工合成锆石的起始合成温度不高于 1350 ℃。

图 3-3(e)只列出了在 1550 ℃保温 30min 和 60min 获得的人工合成锆石的 XRD 结果。这是因为在实验中所用的微波高温马弗炉在 1550 ℃长期保温会出现明显的温度波动，同时烧结中所使用的莫来石匣钵在 1550 ℃长时间保温会产生较多的类玻璃相的 SiO_2 附着在样品表面，污染样品。综合上述考虑，我们认为在 1500 ℃进行微波烧结合成人工合成锆石是最为理想的温度条件，并且在后续实验中采用的烧结温度为 1500 ℃。

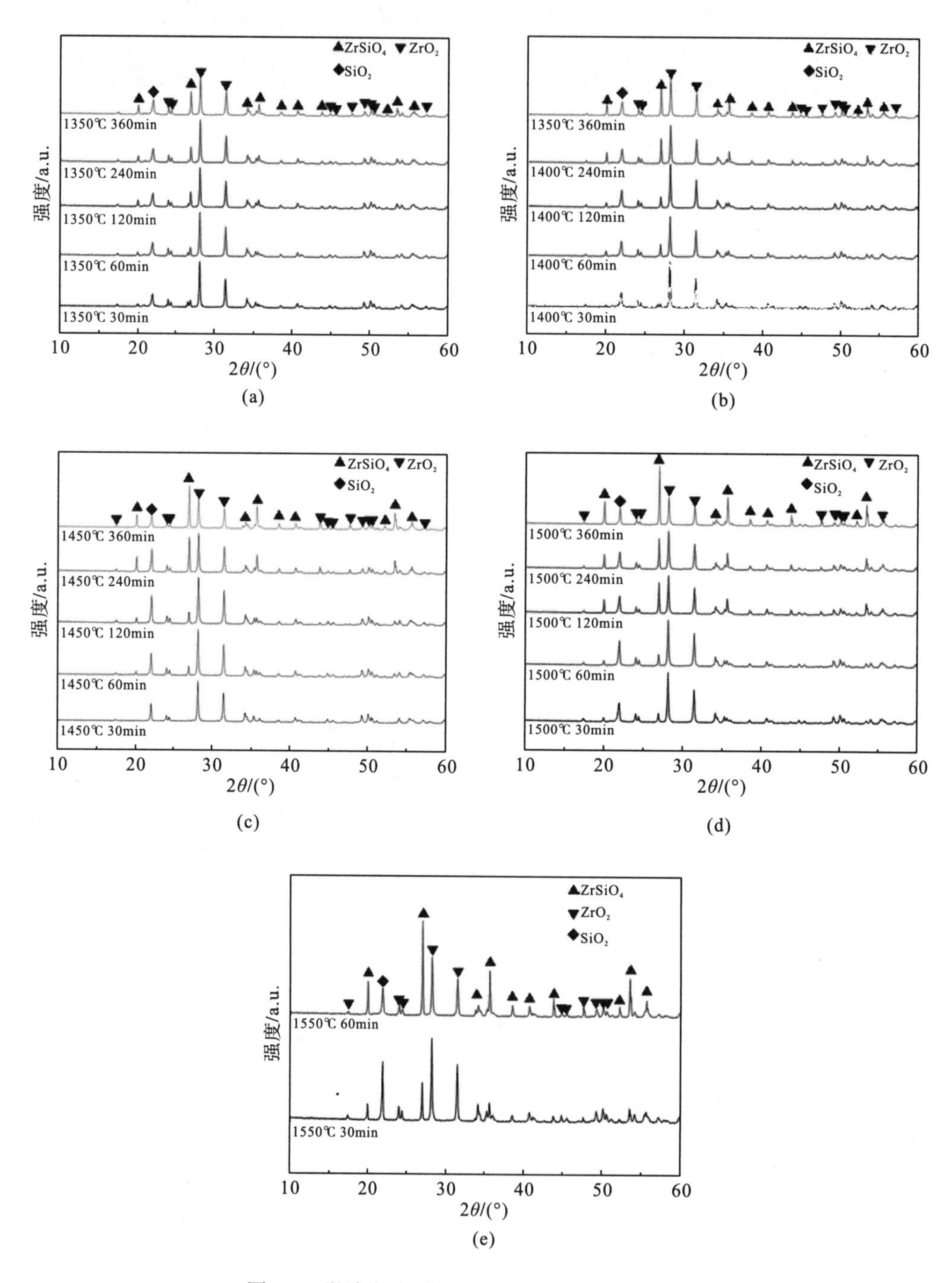

图 3-3 微波烧结制备人工合成锆石的 XRD 图谱

3.4.2　固化体结构分析

图 3-4 为样品在 1350～1550 ℃烧结 30 min 的 SEM 图。由图可知 1350～1550 ℃烧结 30 min 所得样品瓷体相对疏松，这主要是由瓷体烧结不充分造成的，这点在 XRD 结果上可以得到印证。但随着烧结温度的升高，在一定程度上瓷体不致密的问题有所改善。

延长保温时间至 360min，得到样品的 SEM 图如图 3-5 所示。与图 3-4 相比较，在 1350 ℃保温 360 min 样品的烧结效果改善不明显，这说明在低温段人工合成锆石合成速率较为缓慢。当烧结温度进一步升高时，延长保温时间对瓷体烧结改善越来越明显，这说明人工合成锆石合成速率受烧结温度影响明显。这主要是由于人工合成锆石的合成机理为扩散传质控制反应，升高温度有利于传质过程，改善烧结。

当保持烧结温度为 1500 ℃时，延长保温时间，由 XRD 的结果可知，样品的人工合成锆石合成率逐渐增大，从图 3-6 也可以看见，样品致密度总体呈现增加的趋势，但是效果不明显。这主要是由于在这些保温时间内人工合成锆石的合成率总体偏低，样品中存在大量的原料相。这与物相分析结果一致。

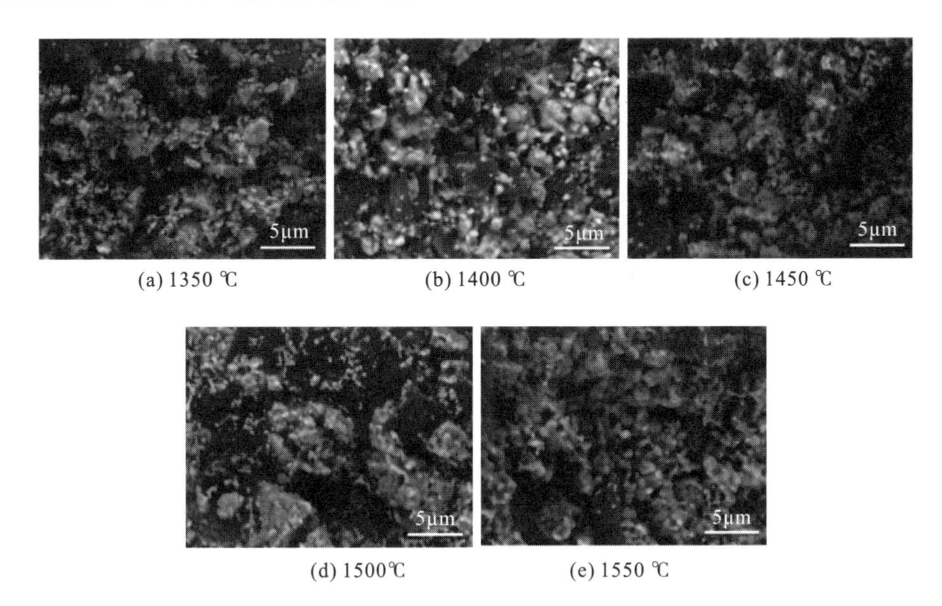

(a) 1350 ℃　(b) 1400 ℃　(c) 1450 ℃
(d) 1500℃　(e) 1550 ℃

图 3-4　样品在 1350～1550 ℃烧结 30 min SEM 照片

(a) 1350 ℃　(b) 1400 ℃

(c) 1450 ℃　　(d) 1500 ℃

图 3-5　样品在 1350～1500 ℃烧结 360 min SEM 照片

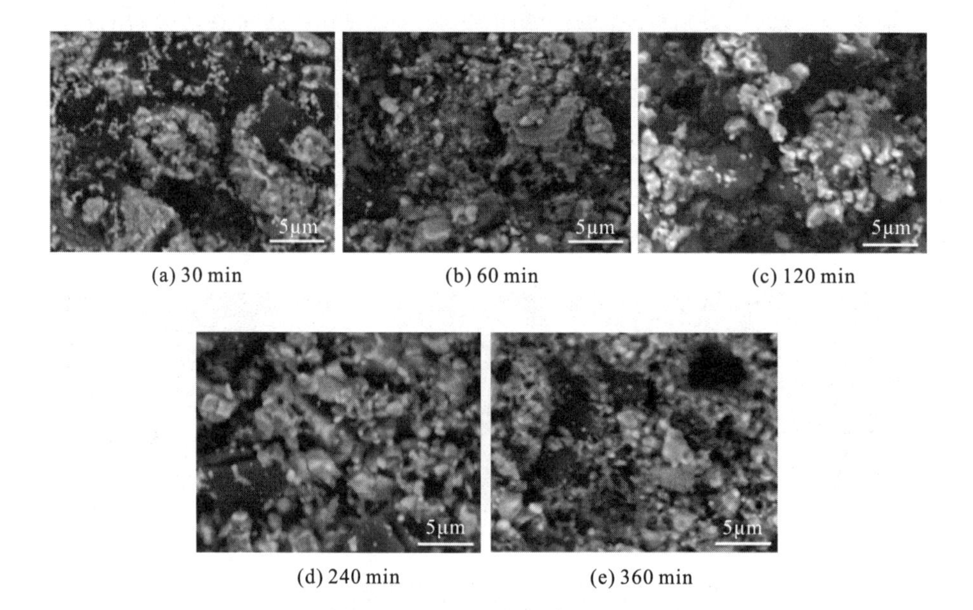

(a) 30 min　　(b) 60 min　　(c) 120 min

(d) 240 min　　(e) 360 min

图 3-6　样品于 1500 ℃烧结 30～360 min 的 SEM 照片

3.4.3　人工合成锆石的合成率

通过物相和结构分析，我们认为在 1500 ℃进行微波烧结合成人工合成锆石是最为理想的温度条件。为获得更高合成率的人工合成锆石，本节在 1500 ℃制备保温时间为 1 h、6 h 和 12 h 的样品，并与高温固相法在 1550 ℃烧结 72 h 的样品进行对比(前期的工作中，利用高温固相法在 1550 ℃获得人工合成锆石最大合成率，这是选取传统固相烧结 1550 ℃保温 72 h 作为对照组的原因)。其具体的烧结参数见表 3-5。样品烧结完成后，进行物相和结构表征。

表 3-5　传统与微波烧结参数

样品	烧结方式	烧结参数		
		升温段	保温段	降温段
M-1	微波烧结法		1500 ℃，1 h	
M-2	微波烧结法	室温～1500 ℃，0.5 h	1500 ℃，6 h	空气中 随炉冷却，约 3 h
M-3	微波烧结法		1500 ℃，12 h	
C-1	高温固相法	室温～1200 ℃，4 h 1200～1550 ℃，1.5 h	1550 ℃，72 h	空气中 随炉冷却，约 15 h

图 3-7 给出了高温固相法与微波烧结技术得到的样品的 XRD 图，并利用 Fullprof-2k 对样品的合成率进行估算，结果表明：随保温时间的延长，微波烧结人工合成锆石的合成率不断增加(M-1、M-2 和 M-3 各自对应的合成率为 26%、63%和 97%)，当保温时间达到 12 h 时合成率达到 97%。利用高温固相法在 1550 ℃保温 72 h 获得的样品合成率为 90%，略低于利用微波烧结法在 1500 ℃保温 12 h 的合成率。物相分析结果表明：首先，所有样品里面都存在残余的 ZrO_2；其次，与高温固相法相比，微波烧结技术合成人工合成锆石的烧结温度更低，且保温时间比高温固相法短得多，获得的合成率也更高。

图 3-8 给出了 1500 ℃微波烧结 12 h 与 1550 ℃高温固相烧结 72 h 获得样品的 SEM 图。由图可知，1500 ℃微波烧结 12 h 获得人工合成锆石样品的晶粒尺寸为 2～4 μm，而 1550 ℃高温固相烧结 72 h 获得样品的晶粒尺寸为 1～6 μm。这表明通过微波烧结技术，可以在较低的温度(1500 ℃)和短得多的时间(12 h)内获得比高温固相烧结更小而均匀的晶粒。

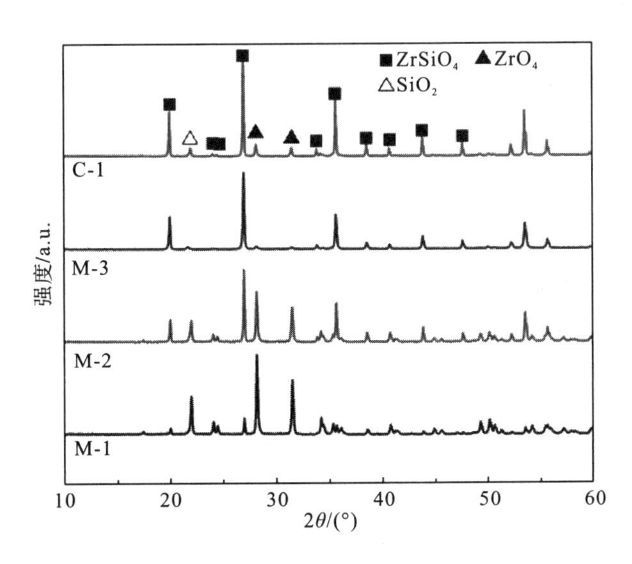

图 3-7　微波烧结和高温固相法合成的样品的 XRD 图谱

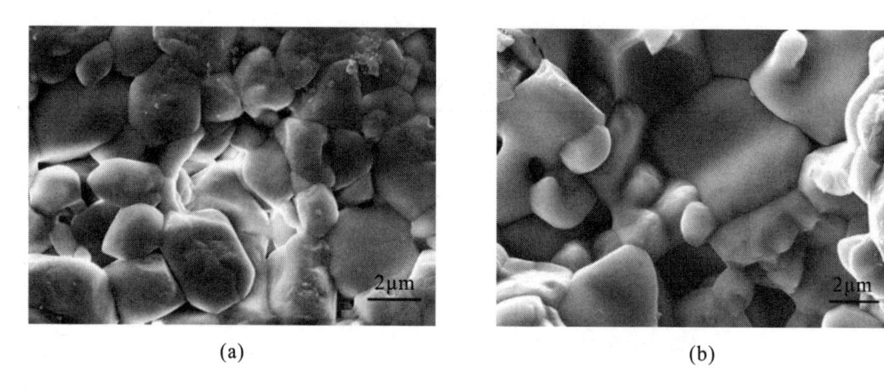

图 3-8 1500 ℃微波烧结 12 h(a)与 1550 ℃高温固相烧结 72 h(b)获得样品的 SEM 照片

3.5 人工合成锆石固化体微波烧结机理

对于微波烧结技术于 1500 ℃保温 12 h 获得的人工合成锆石合成率高于高温固相烧结技术在 1550 ℃保温 72 h 所得人工合成锆石合成率这一现象，本节提出由微波活性差异导致的界面温度梯度模型。其具体的解释为：损耗角正切($\tan\delta=\varepsilon''/\varepsilon'$，$\varepsilon''$为介电损失，$\varepsilon'$为介电常数)是衡量材料微波吸收效率的一个重要的物理量，它反映了材料将电磁波能量转化为内能的能力。文献[15]和[16]对 ZrO_2、SiO_2 和 $ZrSiO_4$ 的 $\tan\delta$ 进行了测试，且测试环境与实验环境相似(1500 ℃，2.45 GHz±0.025 GHz)，结果表明 ZrO_2 的 $\tan\delta$ 比 SiO_2 和 $ZrSiO_4$ 的大得多。此外，文献[17]揭示了人工合成锆石在 ZrO_2 和 SiO_2 界面异质成核，且 ZrO_2 的状态对人工合成锆石的合成影响明显。在此基础上建立微波烧结人工合成锆石合成机理模型(图 3-9)，以此解释微波烧结技术于 1500 ℃保温 12h 获得的人工合成锆石合成率高于高温固相烧结技术在 1550 ℃保温 72 h 所得人工合成锆石合成率这一现象。ZrO_2 的 $\tan\delta$ 比 $ZrSiO_4$ 和 SiO_2 的大得多，这表明微波下 ZrO_2 可以将更多的能量转化为内能，因而处于更高的活性状态，在人工合成锆石和 ZrO_2 界面上存在温度梯度($T_1 < T_2$)。高活性的 ZrO_2 有利于人工合成锆石的合成，而人工合成锆石一旦合成，由于其微波活性大大降低，温度会下降，进而抑制人工合成锆石的分解。这就是微波烧结人工合成锆石温度低、时间短、合成率高的原因。

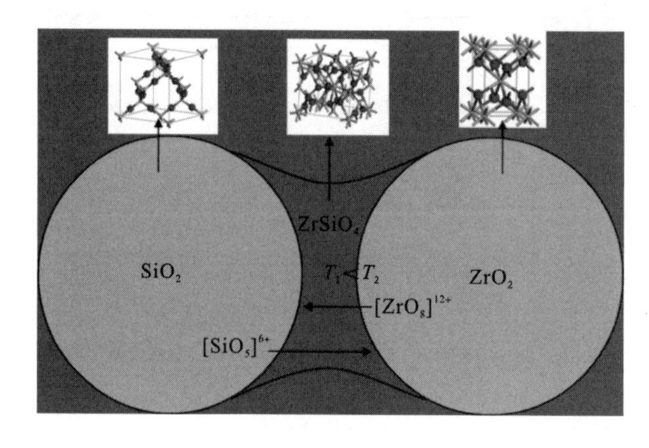

图 3-9 微波烧结人工合成锆石的合成机理示意图

3.6 小　结

本章通过设计正交实验以及在 1500 ℃延长保温时间，利用微波烧结技术制备人工合成锆石，获得如下结论：

(1) 微波烧结技术下人工合成锆石合成温度不高于 1350 ℃。

(2) 随着烧结温度和保温时间的增加，人工合成锆石合成率增加。

(3) 利用微波烧结技术，在 1500 ℃保温 12 h 可以获得高合成率人工合成锆石(质量分数约为 97%)，高于高温固相法在 1550 ℃保温 72 h 获得人工合成锆石的合成率(质量分数约为 90%)。

(4) 1500 ℃微波烧结 12 h 获得人工合成锆石样品的晶粒尺寸为 2～4 μm，而 1550 ℃高温固相烧结 72 h 获得样品的晶粒尺寸为 1～6 μm。这表明通过微波烧结技术，可以在较低的温度(1500 ℃)和短得多的时间内(12 h)获得比高温固相烧结更小而均匀的晶粒。

(5) 在研究过程中，提出了界面温度梯度模型用于解释微波烧结合成人工合成锆石机理。

参 考 文 献

[1] Ewing R C, Lutze W, Weber W J. Zircon: A host-phase for the disposal of weapons plutonium[J]. Journal of Materials Research, 1995, 10(2): 243-246.

[2] Sutton W H. Microwave processing of ceramics - An overview[J]. MRS Proceedings, 1992, 269: 3.

[3] Tinga W R, Voss W A G. Microwavepower Engineering[M]. New York: Academic Press, 1968.

[4] Berteaud A J, Badot J C. High temperature microwave heating in refractory materials[J]. The Journal of Microwave Power, 1976, 11(4): 315-320.

[5] 朱文玄, 吴一平. 微波烧结技术及其进展[J]. 材料科学与工程, 1998(2) : 61-64.

[6] 刘莲香, 刘平安, 税安泽, 等.陶瓷材料的微波烧结新技术[J]. 砖瓦, 2005(7): 19-22.

[7] Ebadzadeh T, Valefi M. Microwave-assisted sintering of zircon[J]. Journal of Alloys and Compounds, 2008, 448(1-2): 246-249.

[8] Blosi M, Dondi M, Albonetti S, et al. Microwave-assisted synthesis of Pr-$ZrSiO_4$, V-$ZrSiO_4$ and Cr-$YalO_3$ ceramic pigments[J]. Journal of the European Ceramic Society, 2009, 29(14): 2951-2957.

[9] Tu H, Duan T, Ding Y, et al. Preparation of zircon-matrix material for dealing with high-level radioactive waste with microwave[J]. Materials Letters, 2014, 131: 171-173.

[10] 涂鸿. 模拟锕系核素锆英石固化体的微波烧结与稳定性研究[D]. 绵阳: 西南科技大学, 2015.

[11] Curtis C E, Sowman H G. Investigation of the thermal dissociation, reassociation, and synthesis of zircon[J]. Journal of the American Ceramic Society, 1953, 36(6): 190-198.

[12] McPherson R, Rao R, Shafer B V. The reassociation of plasma dissociated zircon[J]. Journal of Materials Science, 1985, 20(7): 2597-2602.

[13] Mori T, Yamamura H, Kobayashi H, et al. Formation mechanism of $ZrSiO_4$ powders[J]. Journal of Materials Science, 1993, 28(18): 4970-4973.

[14] Tartaj P, Serna C J, Moya J S, et al. The formation of zircon from amorphous $ZrO_2 \cdot SiO_2$ powders[J]. Journal of Materials Science, 1996, 31(22): 6089-6094.

[15] Varghese J, Joseph T, Sebastian M T. $ZrSiO_4$ ceramics for microwave integrated circuit applications[J]. Materials Letters, 2011, 65(7): 1092-1094.

[16] Suvorov S, Turkin I A, Printsev L N, et al. Microwave synthesis of materials from aluminum oxide powders[J]. Refractories and Industrial Ceramics, 2000, 41(9-10): 295-299.

[17] Kaiser A, Lobert M, Telle R. Thermal stability of zircon ($ZrSiO_4$)[J]. Journal of the European Ceramic Society, 2008, 28(11): 2199-2211.

第4章 熔盐法合成人工合成锆石固化体

4.1 概述

随着科学技术的飞速发展，在要求材料提高品质的同时，也需要更多的新材料来满足各个方面的需求，这也促使了材料制备技术的创新。在陶瓷制备技术中，除了传统的高温固相烧结外，发展出了化学气相沉淀法、物理气相沉淀法、微重力和超重力合成法、仿生合成法、溶胶-凝胶法、水热法、微波烧结法以及熔盐法等现代方法[1,2]。

熔盐法作为一种近代无机材料的合成方法，最开始运用于生长晶体，其后在合成陶瓷粉体方面得到广泛应用[3]，运用其合成了多种陶瓷粉体[4]。其主要原理是：将晶体的原成分在高温下溶解于低熔点助熔剂的溶液内，形成均匀的饱和溶液，然后通过缓慢降温或其他方法，形成过饱和溶液，从而使晶体析出[5]。1973 年，Arendt[6]第一次用熔盐法合成了 $BaFe_{12}O_{19}$ 和 $SrFe_{12}O_{19}$，此后熔盐法在合成电子陶瓷粉体方面得到了广泛的应用。经过不断深入研究，熔盐法的优势逐渐被人们发现，在陶瓷、半导体和碳纳米结构等无机材料的合成方面应用越来越广泛。Liu 等[7]对熔盐法合成陶瓷、半导体和碳纳米结构等方面的报道作了详细的总结，将熔盐法使用过程中的熔盐的基本性质做了讨论，对部分熔盐系列作了介绍，包括熔盐组合的成分比例以及熔点。

在熔盐法合成陶瓷的报道中，盐系的选择是多种多样的。Xue 等[8]在 NaCl/KCl 共晶盐系中以草酸钡和 TiO_2 为原料，在 800 ℃下合成了钛酸钡粉体。Porob 和 Maggard[9]在 Na_2SO_4/K_2SO_4 共晶盐系中以 Na_2CO_3、Ta_2O_5 和 La_2O_3 为原料合成了 Na(La)TaO_3 粉体。Sun 等[10]在 NaCl/KCl 共晶盐系中以 Na_2CO_3、K_2CO_3 和 Ta_2O_5 为原料合成了 Na(K)TaO_3 粉体。Photiadis 等[11]在 NaCl 盐系中以 $CaCO_3$ 和 SiO_2 为原料合成了 Ca_2SiO_4 和 Ca_3SiO_5 粉体。选用熔盐时，要求其熔点低、沸点高，且适配于固相反应所需的温度；尽量在较低温度下合成，减少盐的挥发；要有简易的方法去除多余的盐，即存在有效溶剂来溶解盐，并且该溶剂对产物无过多影响；选用的熔盐体系的黏度要尽量低，以提高反应速率；要求在较大的温度范围内不易产生杂相。

本章在选用熔盐时，结合考虑上述情况且遵循经济成本低廉的原则，以 NaCl/KCl 共晶盐为合成锆石的盐系，分别从烧结温度、保温时间、氧化物与盐的比例三个方面对熔盐法制备锆石的合成工艺进行了探究。

4.2 固化体制备

利用熔盐法制备原子混合均匀的锆石前驱体粉末，可在较低温度下和较短保温时间内制备得到锆石固化体。本节利用氧化物粉体 SiO_2 和 ZrO_2 为原料，在固相法与熔盐法的技术基础上进行锆石基陶瓷固化体的合成，分别研究烧结温度、保温时间、盐与氧化物比例三个因素对锆石烧结效果的影响。

4.2.1 固化体制备的实验设计

为研究熔盐法制备锆石基陶瓷固化体的最佳合成工艺参数，所选用试剂分别为 ZrO_2(AR，阿拉丁)、SiO_2(AR，阿拉丁)、无水乙醇(AR，成都市科隆化学品有限公司)、NaCl(GR，阿拉丁)、KCl(AR，成都市科龙化工试剂厂)。

表 4-1 配方设计

实验编号	物质的量				化学式
	SiO_2/mol	ZrO_2/mol	NaCl/mol	KCl/mol	
ZS-1	1	1	4,7,10	4,7,10	$ZrSiO_4$

注：熔盐比例始终保持 n(NaCl)∶n(KCl)=1∶1。

表 4-2 熔盐法制备锆石［n(氧化物)∶n(盐)=1∶7］设计表

药品	ZrO_2	SiO_2	NaCl	KCl
质量/g	1.2322	0.6008	2.0455	2.6093

在此配方设计下，整个实验过程包括以下四个步骤：①干燥原料，在电热恒温鼓风干燥箱中将各原料于 80 ℃静置 12 h。按表 4-1 中 ZrO_2 与 SiO_2 物质的量比 1∶1，NaCl 与 KCl 物质的量比 1∶1，氧化物与盐物质的量比 1∶7 的化学计量比用电子天平进行称量，用量见表 4-2；②研磨，将各组原料分别加入研钵中，加入无水乙醇，混合研磨至完全干燥，得到混合研磨充分的混合粉末；③高温烧结，将所得到的混合粉末转移至刚玉坩埚中，在箱式高温马弗炉中进行煅烧；④研碎抽滤，将烧结后的样品取出，研磨成粉体，添加纯水利用真空泵抽滤洗去盐，将得到的粉体干燥 12 h。其合成流程图如图 4-1 所示。

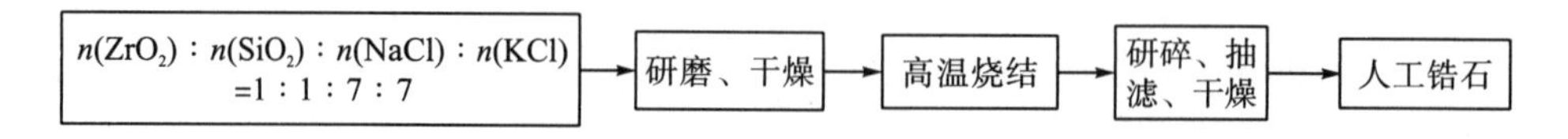

图 4-1 人工合成锆石固化体制备工艺流程图

整个实验过程包括原料样品的准备以及微波烧结全过程，实验所需设备及仪器如表 4-3 所示。

表 4-3　实验设备及仪器

仪器名称	规格/型号	生产厂商
玛瑙研钵	内径 1200 mm	锦州钰祥源玛瑙制品有限公司
电子天平	BSA124S	赛多利斯科学仪器(北京)有限公司
电热恒温鼓风干燥箱	DHG-9075A	上海齐欣科学仪器有限公司
箱式高温马弗炉	BR-1700M	郑州博纳热窑炉有限公司
循环水式多用真空泵	SHB-IIIA	郑州长城科工贸有限公司

4.2.2　固化体的熔盐法合成

烧结过程如实验步骤所述，用箱式高温马弗炉对预磨样品进行烧结。对不同组样品升温速度按照 4 ℃/min 分别升到 1000 ℃、1100 ℃、1200 ℃、1300 ℃、1400 ℃、1500 ℃目标温度，然后分别保温 3 h、6 h、9 h、12 h、24 h，以 5 ℃/min 冷却到 500 ℃，最后自然冷却到室温。实验中使用的部分实验设备如图 4-2～图 4-4 所示。以 1500 ℃，24 h 煅烧的条件为例，制备工艺曲线如图 4-5 所示。

图 4-2　箱式高温马弗炉

图 4-3　固化体制备照片(冷却至室温开炉)

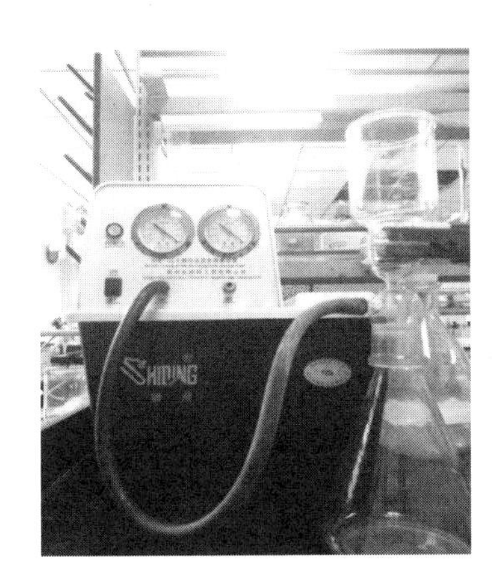

图 4-4　循环水式多用真空泵

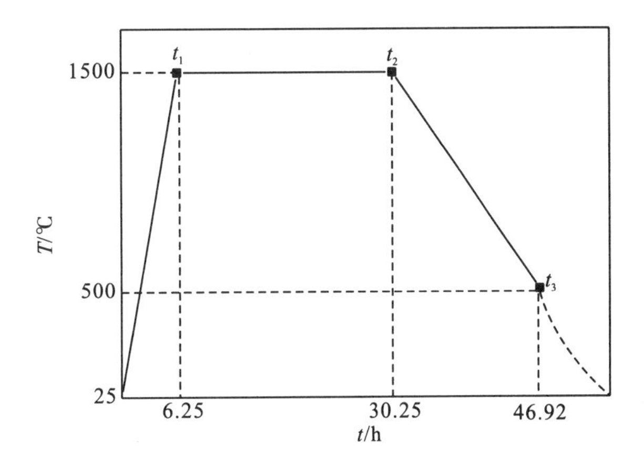

图 4-5　样品制备工艺曲线(1500 ℃，24 h)

4.3 固化体表征

(1) 物相表征：利用 XRD 对样品的物相进行测试表征，所用仪器为荷兰帕兰特的 X' Pert PRO 型 XRD，以 Cu-Kα 射线为入射射线，管压为 45 kV；采用的扫描方式为连续扫描；仪器的狭缝系统为 DS1/2°（DS：发散狭缝），SS0.04rad(SS：防散射狭缝)，AAS5.5 mm(RS：接收狭缝)，扫描步长为 0.0167°，每步停留时间为 10 s。

(2) 结构表征：利用 SEM 对样品的微观结构进行表征，使用的仪器为日立公司的 TM4000 型 SEM，测试过程中所采用的放大倍数为 2000～6000 倍，利用 EDS 测试样品中各元素的组成和含量。

4.4 结果与讨论

4.4.1 固化体物相分析

在第 2 章和第 3 章介绍的工作中，利用高温固相烧结在 1550 ℃保温 72 h 获得锆石最大合成率；通过微波烧结技术，可以在较低的温度(1500 ℃)和短得多的时间内(12 h)获得锆石最大合成率。因此，在研究熔盐法制备锆石基陶瓷固化体的合成工艺时，以烧结温度为 1000～1500 ℃，保温时间为 3 h、6 h、12 h、24 h 作为探索条件。

1. 烧结温度对锆石烧结效果的影响

首先，我们设置烧结温度区间为 1000～1500 ℃，保温时间为 24 h。图 4-6 给出了其合成锆石的 XRD 图。通过图谱分析，可以看出烧结温度在 1100～1500 ℃下均出现 $ZrSiO_4$ 相的特征衍射峰，但在 1100 ℃、1200 ℃下原料相较多，说明部分 ZrO_2 和 SiO_2 没有反应完全。在 1300～1500 ℃已经看不到 SiO_2、ZrO_2 等杂相，可初步认为使用熔盐法可以在 1300 ℃下保温 24 h 制备 $ZrSiO_4$ 陶瓷固化体。

其次，为进一步探究最佳烧结温度和保温时间，设置烧结温度区间为 1100～1500 ℃，保温时间分别为 6 h、12 h。图 4-7 和图 4-8 分别给出了此条件下合成锆石的 XRD 图。通过图谱分析，可以得出烧结温度为 1300 ℃及以上都可以得到较纯的 $ZrSiO_4$ 相，与之前结论一致，所以最低的烧结温度为 1300 ℃；还可以看出烧结温度在 1300 ℃及以上时，保温时间在 6 h 或 12 h，都成功得到较纯的 $ZrSiO_4$ 相。因此，初步得到最佳保温时间应≥6 h。与传统高温固相法合成工艺相比，熔盐法成功降低了烧结温度并且缩短了保温时间。

2. 保温时间对锆石烧结效果的影响

在初步结论的基础上，进一步探究其合成过程中保温时间对锆石烧结效果的影响。图 4-9 给出了在 1300 ℃下分别保温 3 h、6 h、9 h、12 h、15 h 后得到的产物的 XRD 图。由图谱分析可知，在 1300 ℃下，不同保温时间锆石转化率均很高，主物相均为 $ZrSiO_4$ 相。但在保温 3 h 条件下杂相含量较高。为了得到更好的锆石基陶瓷固化体，保温时间应该不短于 6 h。

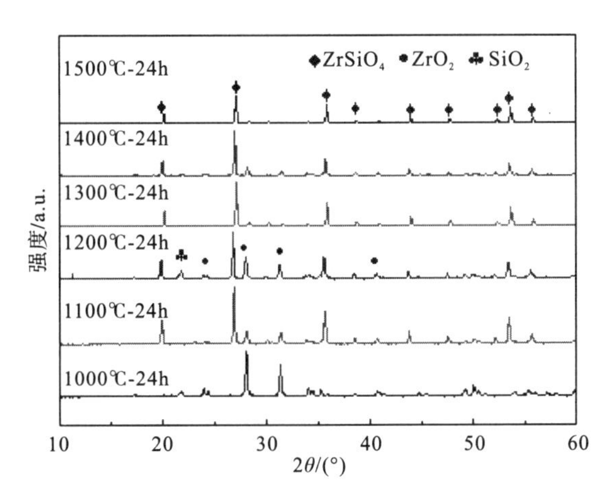

图 4-6 不同温度下保温 24h 样品 XRD 图

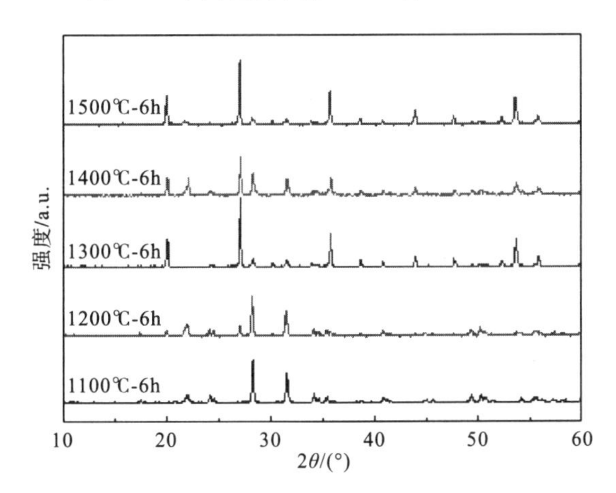

图 4-7 不同温度下保温 6h 样品 XRD 图

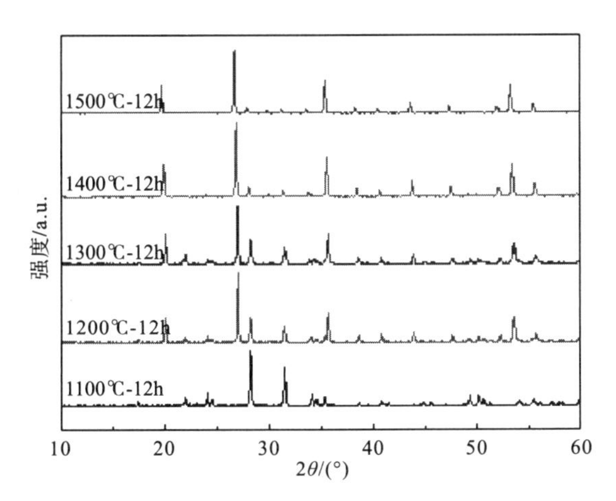

图 4-8 不同温度下保温 12h 样品 XRD 图

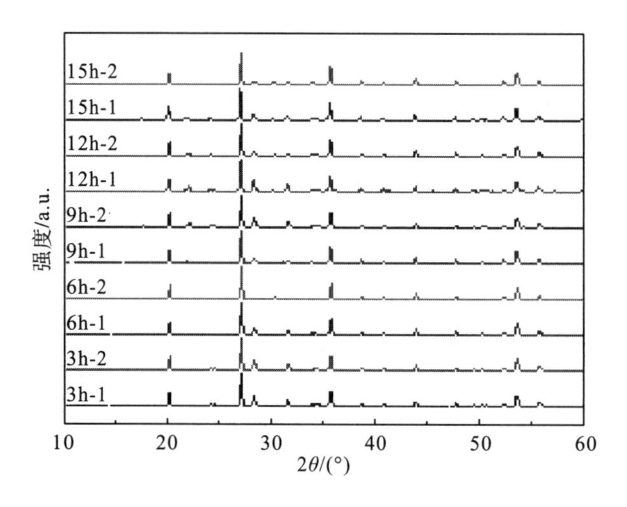

图 4-9 1300 ℃下保温不同时间样品 XRD 图

3. 掺入盐与氧化物比例对锆石烧结效果的影响

在确定最低烧结温度与最短保温时间后，探究掺入盐与氧化物的比例对锆石烧结效果的影响，分别在 1300 ℃、1500 ℃温度、保温 6 h、盐与氧化物物质的量比为 4∶1、7∶1、10∶1 条件下进行探究，XRD 结果如图 4-10 所示。盐与氧化物物质的量比为 4∶1 条件下，次相 ZrO_2、SiO_2 较多，说明盐的量不足，无法提供充足的液相环境，使原料溶解不足，导致反应不够充分，无法得到高合成率的 $ZrSiO_4$ 基陶瓷固化体。在盐与氧化物物质的量比为 7∶1 和 10∶1 条件下，$ZrSiO_4$ 相基本没有差别。因此，从节约成本与能源的角度，盐与氧化物比例应控制在 7∶1。

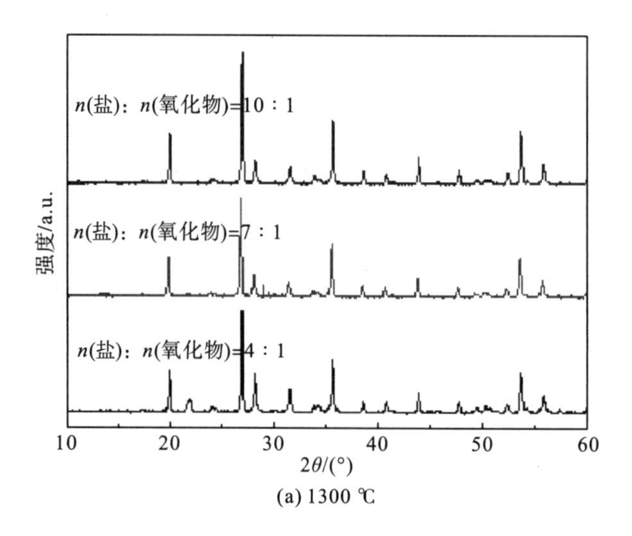

(a) 1300 ℃

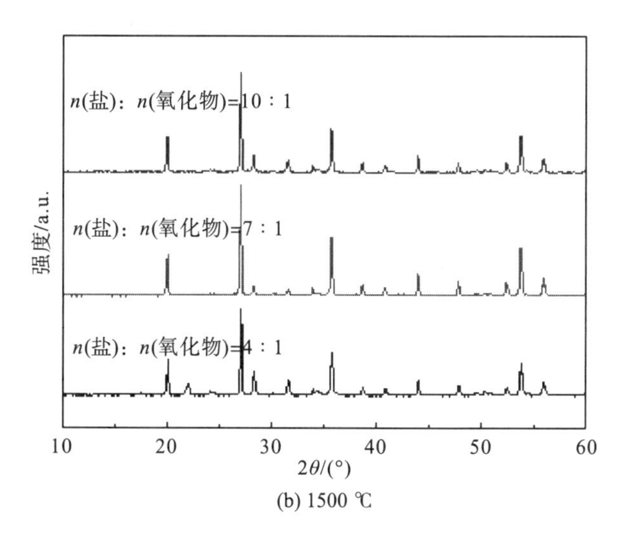

(b) 1500 ℃

图 4-10　不同温度和盐与氧化物比例条件下烧结 6 h 的 XRD 对比图

4.4.2　固化体结构分析

对固化体的结构进行分析。取少量所制备的 $ZrSiO_4$ 基陶瓷固化体粉末，浸泡在乙醇中用超声波进行清洗，振荡 10 min，分散均匀后用胶头滴管汲取少部分滴在导电胶上，待干燥后放入 SEM 下观察形貌。图 4-11 (a)～(h) 分别显示了在 1200 ℃、1300 ℃、1400 ℃、1500 ℃下保温 24 h，1300 ℃保温 6 h、12 h 和 1500 ℃保温 6 h、12 h 的 $ZrSiO_4$ 基陶瓷的 SEM 图。可以观察到，所有样品都呈现块状晶粒，晶粒大小在 5 μm 左右，晶界较清晰(由于烧结后需要研磨抽洗，导致晶型断裂)。随着保温时间和烧结温度的增加，晶粒尺寸变得更均匀。

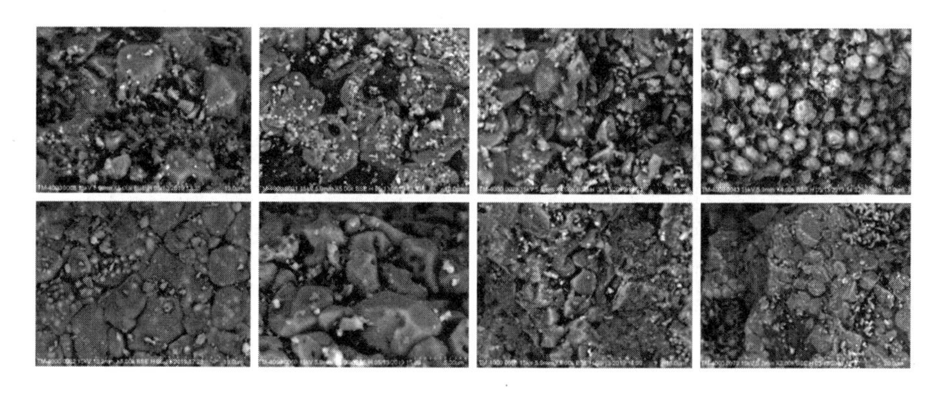

图 4-11　样品在不同温度下烧结不同时间的 SEM 图

(a) 1200 ℃-24 h；(b) 1300 ℃-24 h；(c) 1400 ℃-24 h；(d) 1500 ℃-24 h；

(e) 1300 ℃-6 h；(f) 1300 ℃-12 h；(g) 1500 ℃-6 h；(h) 1500 ℃-12 h

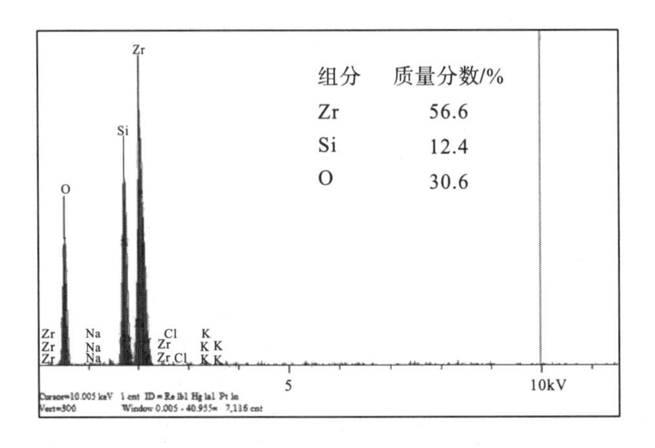

图 4-12 EDS 图

图 4-12 给出了 1300 ℃保温 6 h 条件下制得的陶瓷固化体能量色散 X 射线谱 EDS(X-ray energy dispersive spectrum)，分析结果，以研究熔盐法制备的样品中各元素的组成、分布及含量。通过图 4-12 可以确定在样品中主要为 Zr、Si、O 元素，由计算可知 n(Zr)∶n(Si)∶n(O)约为 1∶1∶4，完全符合锆石的化学计量比。从图 4-13(a)～(d)可知，Zr、Si 和 O 元素在 $ZrSiO_4$ 中分布均匀。

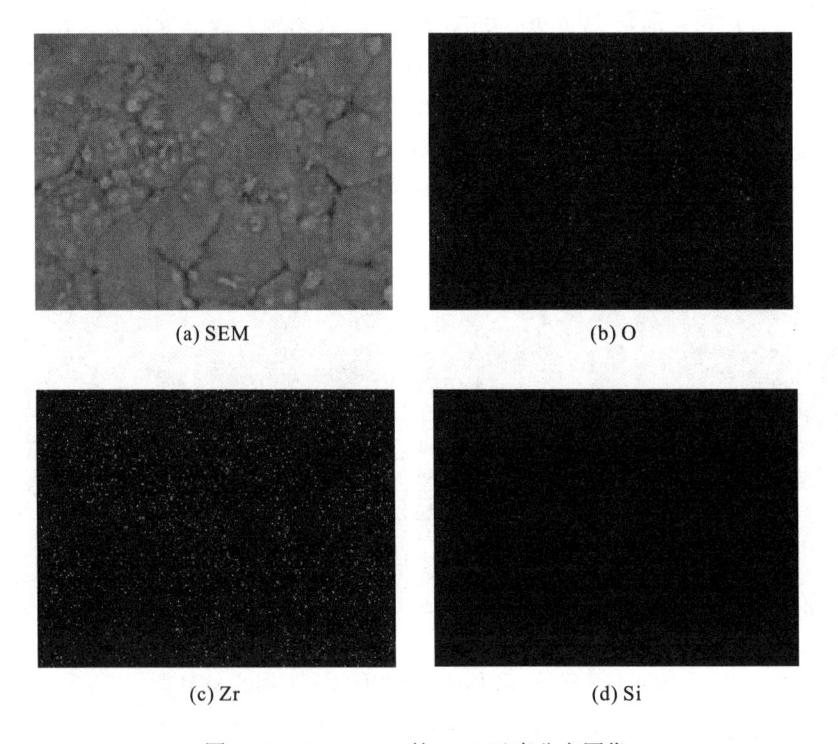

图 4-13 O、Zr、Si 的 EDS 元素分布图像

4.5 人工合成锆石固化体熔盐合成机理

实验中分别从烧结温度、保温时间、氧化物与盐的物质的量的比三个方面对熔盐法制备锆石的合成工艺进行了探究，并且认为当氧化物与盐的物质的量的比为 1∶7 时，在烧结温度 1300 ℃下保温时间不短于 6 h 的条件下，可以得到高合成率的锆石基陶瓷固化体。目前熔盐法的机理研究有很多，熔盐法生产晶体的流程可以大致分成晶体出现过程以及晶体生长过程[12]，而这个过程的反应机理可以概括成模板机制和溶解-析出机制[13-15]。当产生晶体的反应温度升高时，前驱体将在熔融状态的盐所提供的高温液相介质中溶解，从而生成产物，最终达到饱和状态，最后产生晶核，并以此为基础进行晶体的增殖，从而获得最终产物。

在此基础上，对熔盐法制备锆石基陶瓷固化体的机理作了简单解释，其机理图如图 4-14 所示。从图 4-11 中可以看到样品在 1200 ℃下存在多种形貌，结合 XRD 图推测存在锆石和原料相；在 1300 ℃下基本只存在晶界分明的块状锆石颗粒；在 1400～1500 ℃下出现了圆形颗粒乃至变为单一的圆形锆石颗粒。我们认为，在低温下，熔盐中阻力大，各种粒子扩散速率慢，反应不完全，存在较多原料相；在高温下，熔盐中各粒子快速移动，增大了原料之间的接触机会，粒子的长大受晶面反应的控制，粒子之间高速碰撞，致使圆形颗粒状锆石的形成。在用熔盐法制备锆石基陶瓷固化体的反应过程中，两种原料在熔盐中都有一定的溶解度，这样就使得反应物在液相中实现原子尺度的混合；同时反应物在液相介质中具有更快的扩散速率，使得反应可以在较低温度下和较短时间内完成。

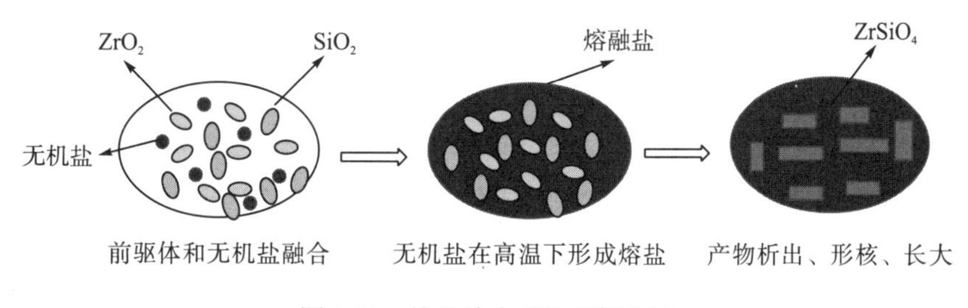

图 4-14 熔盐法合成锆石机理图

4.6 小 结

本章分别从烧结温度、保温时间、氧化物与盐的物质的量的比三个方面对熔盐法制备锆石的合成工艺进行了探究，使用了 XRD、SEM 等测试方法对制得的锆石进行了表征及分析，得到如下结论。

(1) 运用熔盐法，氧化物与盐的物质的量的比为 1∶7 时，在烧结温度 1300 ℃下保温时间不短于 6 h 的条件下，可以得到高合成率的锆石基陶瓷固化体。

(2) 通过 SEM 图可以看出 1300 ℃样品形貌为块状晶粒，晶粒大小在 5 μm 左右，晶界较清晰，1500 ℃下样品为圆形颗粒。随着保温时间和烧结温度的增加，样品的晶粒更均匀。

(3) 通过 EDS 分析可以确定在样品中主要是 Zr、Si、O 元素，且 n(Zr)∶n(Si)∶n(O) 摩尔比约为 1∶1∶4，完全符合锆石的元素配比，且各元素在锆石中分布均匀。

(4) 在熔盐法制备锆石基陶瓷固化体过程中，对反应机理进行了分析。认为原料 ZrO_2、SiO_2 在熔盐中都具有一定溶解度。

参 考 文 献

[1] 熊兆贤. 无机材料研究方法[M]. 厦门: 厦门大学出版社, 2001.

[2] 刘海涛, 杨郦, 张树军, 等. 无机材料合成[M]. 北京: 化学工业出版社, 2004.

[3] 李雪冬, 朱伯铨. 熔盐法合成氧化物陶瓷粉体的研究进展[J]. 中国陶瓷, 2006, 42(3): 11-15.

[4] Singh N B. Preparation of metal oxides and chemistry of oxide ions in nitrate eutectic melt[J]. Cheminform, 2002, 44(3):183-188.

[5] 张克从, 张乐惠. 晶体生长[M]. 北京: 科学出版社, 1981.

[6] Arendt R H. Liquid-phase sintering of magnetically isotropic and anise by the reaction of $BaFe_2O_4$ with Fe_2O_3[J]. Journal of Solid State Chemistry, 1973, 8(4): 339.

[7] Liu X F, Fechler N, Antonietti M . Salt melt synthesis of ceramics, semiconductors and carbon nanostructures[J]. Chemical Society Reviews, 2013, 42(21): 8237.

[8] Xue P J, Hu Y, Xia W R, et al. Molten-salt synthesis of $BaTiO_3$ powders and their atomic-scale structural characterization[J]. Journal of Alloys and Compounds, 695(2017): 2870-2877.

[9] Porob D G, Maggard P A. Flux syntheses of La-doped $NaTaO_3$ and its photocatalytic activity[J]. Journal of Solid State Chemistry, 2006, 179(6): 1727-1732.

[10] Sun J, Chen G, Li Y X, et al. Novel (Na, K) TaO_3 single crystal nanocubes: Molten salt synthesis, invariable energy level doping and excellent photocatalytic performance[J]. Energy & Environmental Science, 2011, 4(10): 4052-4060.

[11] Photiadis G M, Maries A, Tyrer M, et al. Low energy synthesis of cement compounds in molten salt[J]. Advances in Applied Ceramics, 2011, 110(3): 137-141.

[12] Arendt R H. The molten salt synthesis of single magnetic domain $BaFe_{12}O_{19}$ and $SrFe_{12}O_{19}$ crystals[J]. Journal of Solid State Chemistry, 1973, 8(4): 339-347.

[13] Li C C, Chiu C C, Desu S B. Formation of lead niobates in molten salt systems[J]. Journal of the American Ceramic Society, 1991, 74(1): 42-47.

[14] Li Z S, Zhang S W, Lee W E. Molten salt synthesis of LaAlO powder at low temperatures[J]. Journal of the European Ceramic Society, 2007, 27(10):3201-3205.

[15] Li Z S, Lee W E, Zhang S W. Low-temperature synthesis of $CaZrO_3$ powder from molten salts[J]. Journal of the American Ceramic Society, 2007, 90(2): 364-368.

第 5 章　溶胶-凝胶法合成人工合成锆石固化体

5.1 概　　述

自从 Ewing 和 Weber 提出将人工合成锆石作为固化武器级核废料基材以来，人工合成锆石固化基材由于分解温度高、热膨胀系数小以及化学性质稳定而受到广泛的关注[1-5]。人工合成锆石(I41/amd；Z=4)为四方晶系的正硅酸盐，基本结构为 SiO_4 四面体和 ZrO_8 三角十二面体沿 c 轴共棱交替连接，在平行于 a 轴和 b 轴方向，SiO_4 四面体和 ZrO_8 三角十二面体共顶连接，ZrO_8 三角十二面体相互共棱连接[6,7]。

在人工合成锆石形成过程中，人工合成锆石在 ZrO_2 和 SiO_2 界面上形成结晶(图 5-1)，该过程为扩散控制过程[8,9]。人工合成锆石基固化体的常规制备方法为高温固相法。利用这种方法制备高合成率的人工合成锆石固化体通常需要在高温下保温很长的时间，这在很大程度上制约了人工合成锆石及固化体的实际运用。人工合成锆石烧结制备过程为扩散传质过程，因此烧结前使原料充分细化，会缩短烧结传质的路程，烧结温度可以较低，保温时间也可以缩短。

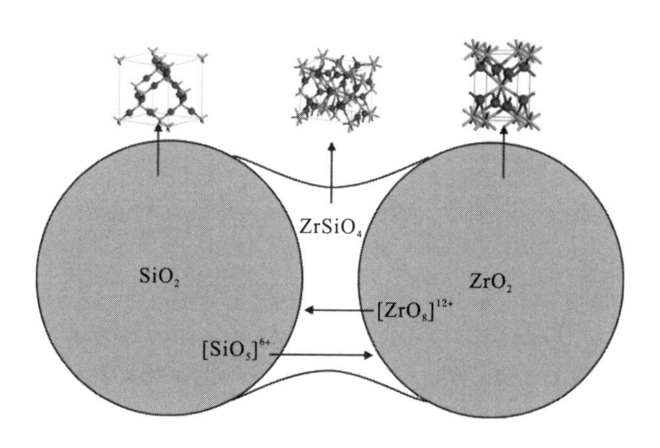

图 5-1　人工合成锆石合成机理图

在本章中，铈(Ce)被选择为四价锕系元素(Pu)的模拟元素。这是因为 Ce^{4+}与 Pu^{4+}的六配位半径相近($^{IX}R_{Pu}{}^{4+}$=0.96 Å 和$^{IX}R_{Ce}{}^{4+}$=0.97 Å [10])，且 Ce 的外部壳电子分布($4f^15d^16s^2$)与 Pu($5f^67s^2$)类似。在 1400～1600 ℃的条件下，以溶胶-凝胶粉末作为前驱体，对 ZrO_2-SiO_2 和 CeO_2-ZrO_2-SiO_2 进行研究，通过 XRD、拉曼光谱和 SEM 对其相和微观结构的演变进行研究。

5.2 实验部分

1. 固化体制备

实验中选取正硅酸乙酯(TEOS，AR，天津市科密欧化学试剂有限公司，SiO_2 含量≥28%)、氯氧化锆($ZrClO_2 \cdot 8H_2O$，AR，成都市科龙化工试剂厂，纯度≥99%)以及硝酸铈［$Ce(NO_3)_3 \cdot 6H_2O$，AR，成都市科龙化工试剂厂，纯度≥99%］作为制备溶胶-凝胶前驱体的原料，其物质的量比为 1∶(1−x)∶x(对于 ZrO_2-SiO_2 和 ZrO_2-CeO_2-SiO_2，x 分别为 0 和 0.1)，溶剂为50%(体积分数)乙醇溶液。

表 5-1 ZrO_2-SiO_2 与 ZrO_2-CeO_2-SiO_2 样品烧结参数

ZrO_2-SiO_2	ZS-1	ZS-2	ZS-3	ZS-4	ZS-5
ZrO_2-CeO_2-SiO_2	ZCS-1	ZCS-2	ZCS-3	ZCS-4	ZCS-5
烧结温度/℃	1400	1450	1500	1550	1600
加热速率/(℃/min)	5(<900 ℃)，3(900～1400 ℃)，2(>1400 ℃)				
冷却速率/(℃/min)	2(>1300 ℃)(1300 ℃保温 2 h，<1300 ℃随炉冷却)				

取适量的 TEOS 和 $ZrClO_2 \cdot 8H_2O$ 分别于50%乙醇溶液预水解 30 min。预水解后将两溶液混合，并加入适量 $Ce(NO_3)_3 \cdot 6H_2O$，利用磁力搅拌于 400 r/min 下搅拌 2 h，直至溶液完全透明，得到溶胶溶液。向得到的溶液中逐滴加入氨水，直至 pH=7。其间，溶液逐渐凝胶化，溶液透明度降低。将所得凝胶于 95 ℃干燥，并于 1000 ℃烧结 3 h。

将烧结后的样品于玛瑙研钵中研磨，并利用压片机压制成片，压力为 10 MPa。将压制成型的圆片于 1400 ℃、1450 ℃、1500 ℃、1550 ℃和 1600 ℃下烧结 10 h，并将样品编号为 ZS-1～ZS-5 和 ZCS-1～ZCS-5(表 5-1)。

2. 固化体表征

样品烧结完成后，利用 XRD 对样品的物相进行测试表征，所用仪器为荷兰帕兰特 X' Pert PRO 型 XRD，以 Cu-Kα 射线为入射射线，管压为 40 kV；采用的扫描方式为连续扫描；扫描步长为 0.0167°，每步停留时间为 10 s。

利用 SEM 对样品的微观结构进行表征，使用的仪器为德国蔡司 Ultra 55 型 SEM。

利用拉曼光谱对样品进行表征，测量波数为 100～1100 cm^{-1}，激发光为氩激光器(提供波长为 785 nm 激光)。

5.3　结果和讨论

5.3.1　固化体物相演变

图 5-2 给出了 ZS 和 ZCS 样品的 XRD 图。由图 5-2(a)和(b)可以看出，1400～1600 ℃烧结 10h 后，所有样品中具有人工合成锆石结构物相的合成率较高，质量分数均在 90 %以上(相组成由 Fullprof-2k 进行 Rietveld 结构精修计算得到，计算中不考虑非晶相)。图 5-2(a)和(b)中 ZS 和 ZCS 样品在 2θ=26.9°附近的 XRD 衍射峰对应人工合成锆石结构的(200)晶面，随着烧结温度的升高，ZS 样品的该衍射峰位置保持不变，而 ZCS 样品的该衍射峰位置向高角度移动。

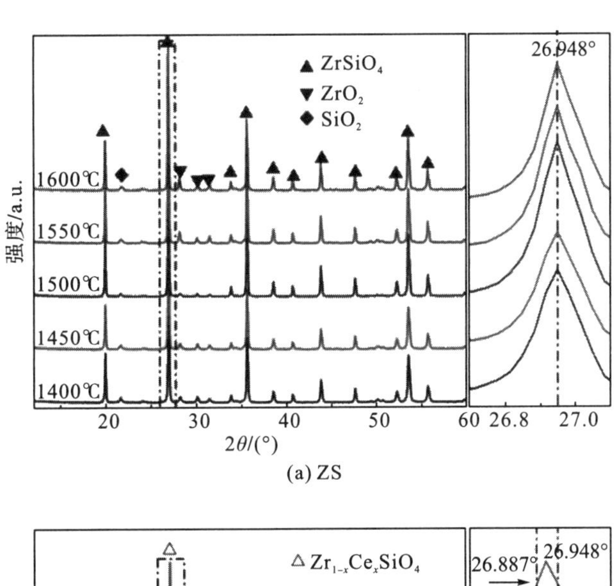

(a) ZS

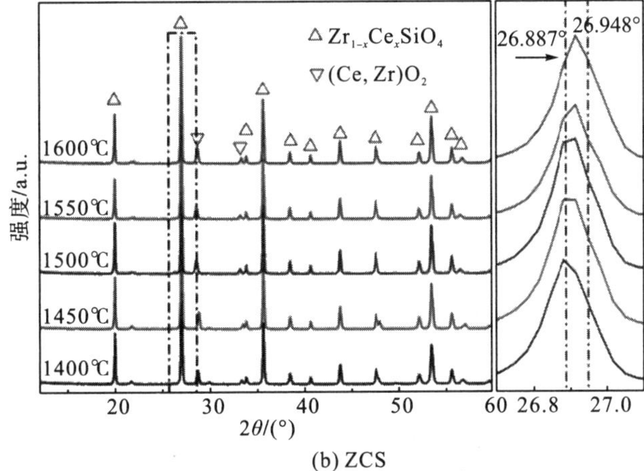

(b) ZCS

图 5-2　ZS 与 ZCS 样品的 XRD 图

ZCS样品的衍射峰位置向高角度方向移动的现象表明，随着烧结温度的升高，ZCS样品的晶胞参数减小。对XRD结果进行Rietveld结构精修，可以得到样品的晶胞参数，其结果如表5-2所示。晶胞参数变化趋势如图5-3(a)所示。利用Vegard定律近似估算了$ZrSiO_4$晶体晶格中Ce含量，Vegard定律可表示为

$$a_{Zr_{1-x}Ce_xSiO_4}=(1-x)\cdot a_{ZrSiO_4}+x\cdot a_{CeSiO_4}$$

其中，$a_{Zr_{1-x}Ce_xSiO_4}$、a_{ZrSiO_4}和a_{CeSiO_4}分别是$Zr_{1-x}Ce_xSiO_4$、$ZrSiO_4$和$CeSiO_4$的相应单元参数，a_{ZrSiO_4}=0.66007 nm[11]，a_{CeSiO_4}=0.69564 nm[12]。用Vegard定律计算的锆石中Ce含量如表5-2所示。Ce含量的变化趋势与Ushakov等[13]的报告一致，即与温度呈近似线性关系［图5-3(a)］。

表5-2 ZCS样品晶胞参数与相组成

样品	晶胞参数			Ce含量/%
	$a=b$/nm	c/nm	$\alpha=\beta=\gamma$/(°)	
ZCS-1	0.661214	0.598803	90	3.2162
ZCS-2	0.661167	0.598704	90	3.0841
ZCS-3	0.661063	0.59864	90	2.7917
ZCS-4	0.660931	0.598472	90	2.4206
ZCS-5	0.660756	0.598394	90	1.9286

注：Ce含量利用Vegard定律获得。

在ZS-1～ZS-5和ZCS-1～ZCS-5中也分别检测到了m-ZrO_2和$(Zr,Ce)O_2$的衍射峰，并利用Fullprof-2k计算了样品中物相组成，结果如图5-3(b)所示。结果表明，ZS-1～ZS-5中人工合成锆石的合成率随烧结温度的升高先升高后降低，在1500～1550 ℃时达到最大值，而ZCS-1～ZCS-5中掺铈人工合成锆石的合成率随温度升高(1400～1600 ℃)逐渐降低。因此，ZS-1～ZS-5中ZrO_2的含量随烧结温度的升高先升高后降低，而ZCS-1～ZCS-5中$(Zr,Ce)O_2$的含量随烧结温度的升高(1400～1600 ℃)呈上升趋势。产生这种现象的主要原因可能是锆石在一定的高温下分解。许多学者研究了锆石的热稳定性[8, 13-16]。Curtis和Sowman [14]的研究表明，实验中人工合成锆石的最低合成温度为1333 ℃，在1556 ℃时开始分解。Tartaj等[15]以非晶态原料为前驱体，在1350 ℃下观察了锆石的结晶。Anseau等[16]对澳大利亚天然锆石的热分解进行了研究，发现在1525～1550 ℃时，锆石样品开始以较低的速度分解。Kaiser 等[8]对锆石的热稳定性进行了较为全面的研究。他们揭示了ZrO_2的合成温度取决于初始ZrO_2的稳定性。实验中合成温度最低为1200 ℃，在1500～1550 ℃时得到了最大的人工合成锆石合成率，温度越高，人工合成锆石的合成率越低。

在1400、1500和1600 ℃烧结10 h的ZS和ZCS样品的拉曼光谱如图5-4所示。根据这些模式，356、386、438、974和1008 cm^{-1}左右的振动峰对应了锆石结构中SiO_4^{4-}离子的“内部”振动模式，而213(旋转振动模式)和224 cm^{-1}(旋转振动模式)以及201(平移振动模式)和287 cm^{-1}(平移振动模式)左右的振动峰对应外部模式[17,18]。

ZCS样品在475 cm^{-1}左右的振动峰对应于$(Zr,Ce)O_2$[19-21]立方结构典型的F2g振动模式，而ZS样品在同一区域的振动峰是四方氧化锆($T-ZrO_2$)[22]的Eg带或单斜氧化锆($M-ZrO_2$)的Ag带[23]。ZS样品在791 cm^{-1}左右的振动峰为ZrO_2的二阶拉曼散射[24]，330和538 cm^{-1}左右的振动峰为$m-ZrO_2$的Bg带[21, 23]。结合X射线衍射谱的结果可知，在ZS和ZCS体系中，在1400～1600 ℃下10 h可以得到锆石结构，随着Ce的加入，$M-ZrO_2$转变为立方$(Zr,Ce)O_2$结构。此外，与ZS的拉曼光谱相比，在相同温度下烧结的ZCS样品的1008 cm^{-1}振动峰(SiO_4^{4-}的ν4振动)观察到了红移现象，并且随着烧结温度的升高，ZCS的该振动峰逐渐蓝移。红移现象可归因于阳离子(Ce^{4+} + $ZrSiO_4$→$(Zr,Ce)SiO_4$+Zr^{4+})的置换，而ZCS的超深红位移表明铈在锆石结构中的负载随烧结温度的升高而降低，这与XRD实验结果一致。

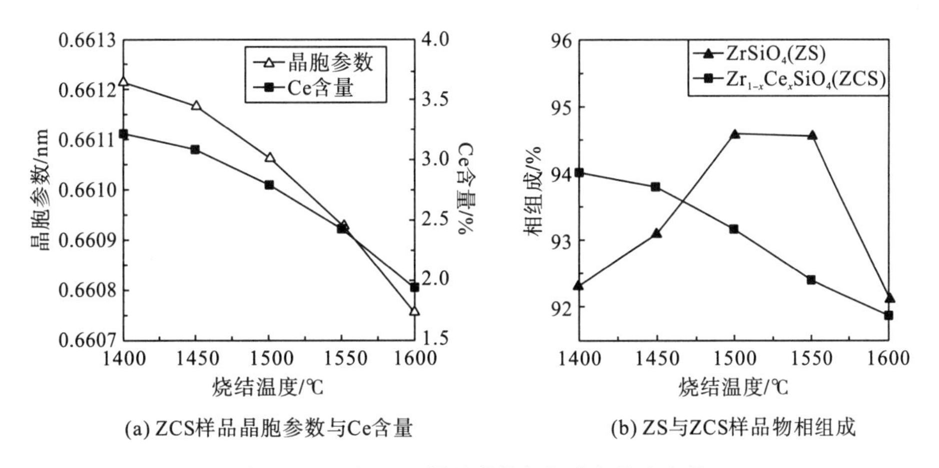

(a) ZCS样品晶胞参数与Ce含量　　(b) ZS与ZCS样品物相组成

图5-3 ZS和ZCS样品的物相组成与晶胞参数

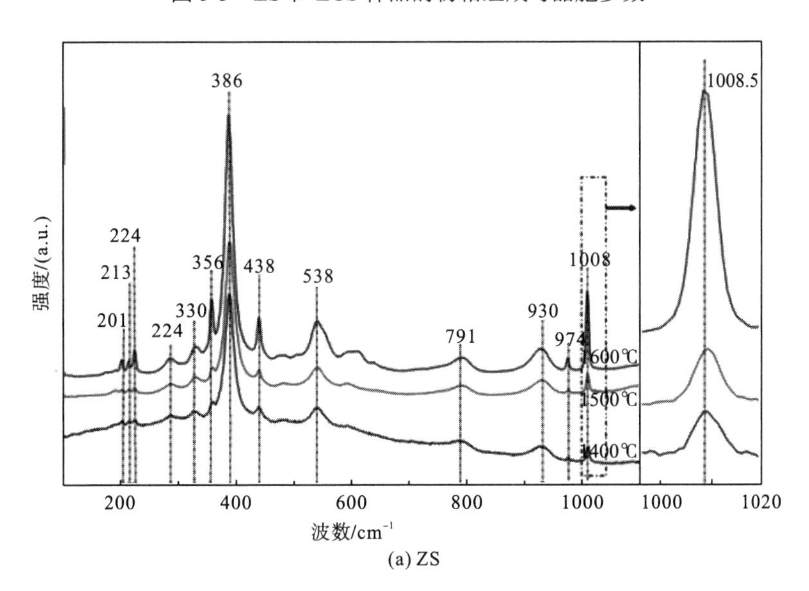

(a) ZS

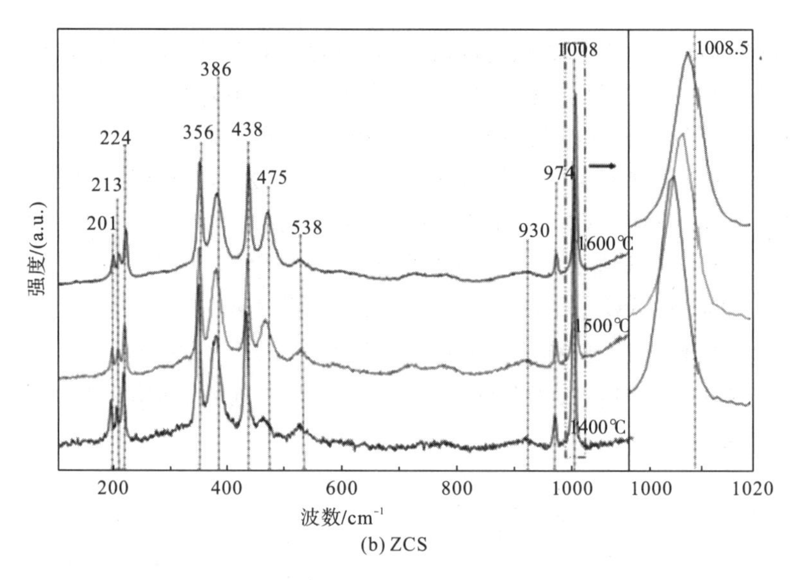

(b) ZCS

图 5-4 1400 ℃、1500 ℃与 1600 ℃下合成 ZS 和 ZCS 样品的拉曼图谱

5.3.2 固化体微观结构

在 1400 ℃(ZS-1 和 ZCS-1)、1500 ℃(ZS-3 和 ZCS-3)和 1600 ℃(ZS-5 和 ZCS-5)下烧结的 ZS 和 ZCS 样品的 SEM 图像如图 5-5 所示。可以看出，所有的样品都具有非常致密的结构，晶粒尺寸随着烧结温度的升高而增大，并且在相同温度下烧结的样品中加入铈可以获得较大的晶粒尺寸。这些结果表明，烧结温度的升高和铈的加入都有利于晶粒的生长。

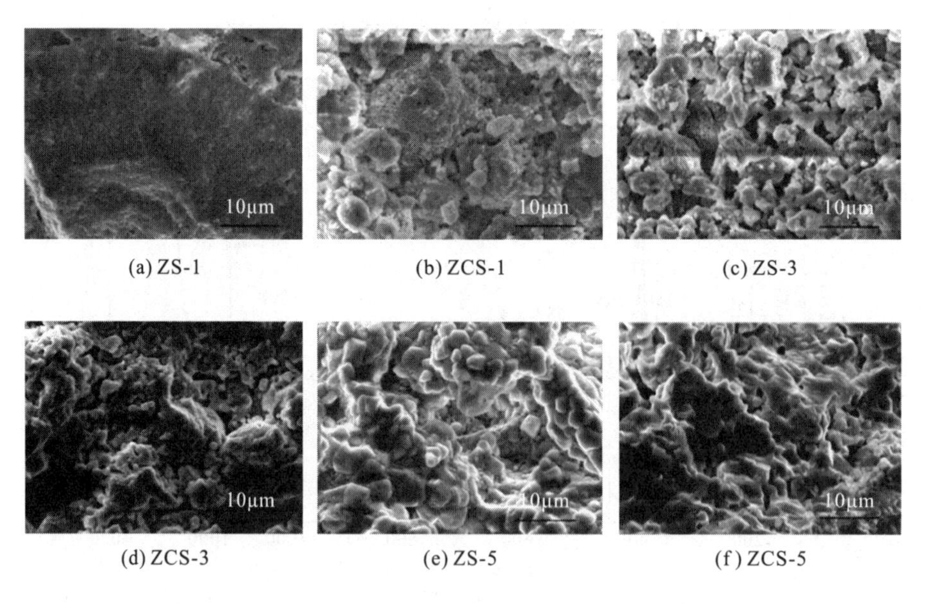

(a) ZS-1 (b) ZCS-1 (c) ZS-3

(d) ZCS-3 (e) ZS-5 (f) ZCS-5

图 5-5 在 1400 ℃［(a)和(b)］、1500 ℃［(c)和(d)］和 1600 ℃［(e)和(f)］下烧结的 ZS 和 ZCS 样品的 SEM 照片

5.4 小　结

总之，在 1400～1600 ℃下可制备出人工合成锆石和掺铈人工合成锆石。随着烧结温度的升高，人工合成锆石在 ZS 中及在 ZCS 中的合成速率先增大后减小，在 1500～1550 ℃时达到最大值，而掺铈人工合成锆石在 ZCS 中的形成速率随烧结温度的升高呈近似线性下降。XRD 和拉曼光谱分析结果表明，随着烧结温度由 1400 ℃升高到 1600 ℃，铈在锆石晶格中的含量逐渐减小。SEM 照片表明，溶胶-凝胶法制备的 CeO_2-ZrO_2-SiO_2 结构非常致密，烧结温度的升高和铈的加入都有利于晶粒的生长。

参 考 文 献

[1] Ewing R C, Lutze W, Weber W J. Zircon: A host-phase for the disposal of weapons plutonium[J]. Journal of Materials Research, 1995, 10(2): 243-246.

[2] Smye K M, Brigden C, Vance E R, et al. Quantification of alpha-particle radiation damage in zircon[J]. American Mineralogist, 2014, 99(10): 2095-2104.

[3] Tu H, Duan T, Ding Y, et al. Preparation of zircon-matrix material for dealing with high-level radioactive waste with microwave[J]. Materials Letters, 2014, 131: 171-173.

[4] Rendtorff N M, Grasso S, Hu C F, et al. Dense zircon ($ZrSiO_4$) ceramics by high energy ball milling and spark plasma sintering[J]. Ceramics International, 2012, 38(3): 1793-1799.

[5] Garrido L B, Aglietti E F. Zircon based ceramics by colloidal processing[J]. Ceramics International, 2001, 27(5): 491-499.

[6] Robinson K, Gibbs G V, Ribbe P H. The structure of zircon: a comparison with garnet[J]. American Mineralogist: Journal of Earth and Planetary Materials, 1971, 56(5-6): 782-790.

[7] Finch R J, Hanchar J M. Structure and chemistry of zircon and zircon-group minerals[J]. Reviews in Mineralogy and Geochemistry, 2003, 53(1): 1-25.

[8] Kaiser A, Lobert M, Telle R. Thermal stability of zircon ($ZrSiO_4$)[J]. Journal of the European Ceramic Society, 2008, 28(11): 2199-2211.

[9] Veytizou C, Quinson J F, Valfort O, et al. Zircon formation from amorphous silica and tetragonal zirconia: Kinetic study and modelling[J]. Solid State Ionics, Diffusion & Reactions, 2001, 139(3-4): 315-323.

[10] Shannon R D. Revised effective ionic radii and systematic studies of interatomic distances in halides and chalcogenides[J]. Acta Crystallographica, 1976, 32(1-2): 751-767.

[11] Chaplot S L, Mittal R, Busetto E, et al. Thermal expansion in zircon and almandine: Synchrotron X-ray diffraction and lattice dynamical study[J]. Physical Review B, 2002, 66(6): 064302.

[12] Skakle J M S, Dickson C L, Glasser F P. The crystal structures of $CeSiO_4$ and $Ca_2Ce_8(SiO_4)_6O_2$[J]. Powder Diffraction, 2000, 15(4): 234-238.

[13] Ushakov S V, Burakov B E, Garbuzov V M, et al. Synthesis of Ce-doped zircon by a sol-gel process[J]. MRS Proceedings, 1997, 506: 281.

[14] Curtis C E, Sowman H G. Investigation of the thermal dissociation, reassociation, and synthesis of zircon[J]. Journal of the American Ceramic Society, 1953, 36(6): 190-198.

[15] Kanno Y. Thermodynamic and crystallographic discussion of the formation and dissociation of zircon[J]. Journal of Materials Science, 1989, 24(7): 2415-2420.

[16] Anseau M R, Biloque J P, Fierens P. Some studies on the thermal solid state stability of zircon[J]. Journal of Materials Science, 1976, 11(3): 578-582.

[17] Dawson P, Hargreave M M, Wilkinson G R. The vibrational spectrum of zircon ($ZrSiO_4$)[J]. Journal of Physics C Solid State Physics, 1971, 4(2): 240-256.

[18] Zhang M, Boatner L A, Salje E K, et al. Micro-Raman and micro-infrared spectroscopic studies of Pb-and Au-irradiated $ZrSiO_4$: Optical properties, structural damage, and amorphization[J]. Physical Review B, 2008, 77(14): 144110.

[19] Luo M F, Lu G L, Zheng X M, et al. Redox properties of $CexZr_{1-x}O_2$ mixed oxides prepared by the sol-gel method[J]. Journal of Materials Science Letters, 1998, 17(18): 1553-1557.

[20] Fang P, Luo M F, Lu J Q, et al. Studies on the oxidation properties of nanopowder CeO_2-based solid solution catalysts for model soot combustion[J]. Thermochimica Acta, 2008, 478(1-2): 45-50.

[21] Li C, Li M J. UV Raman spectroscopic study on the phase transformation of ZrO_2, Y_2O_3-ZrO_2 and SO_4^{2-}/ZrO_2[J]. Journal of Raman Spectroscopy, 2002, 33(5): 301-308.

[22] Naumenko A P, Berezovska N I, Biliy M M, et al. Vibrational analysis and Raman spectra of tetragonal zirconia[J]. Phys. Chem. Solid State, 2008, 9(1): 121-125.

[23] Siu G G, Stokes M J, Liu Y L. Variation of fundamental and higher-order Raman spectra of ZrO_2 nanograins with annealing temperature[J]. Physical Review B, 1999, 59(4): 3173-3179.

[24] Carlone C. Raman spectrum of zirconia-hafnia mixed crystals[J]. Physical Review B, 1992, 45(5): 2079-2084.

第 6 章　水热辅助溶胶-凝胶法合成人工合成锆石三价模拟锕系核素固化体及其化学稳定性

6.1　概　述

人工合成锆石［硅酸锆($ZrSiO_4$)陶瓷］具有较高的热分解温度、良好的化学稳定性和较低的热膨胀系数，以及模拟锕系核素可被固定于其晶格中的能力，备受国内外学者的广泛关注[1-9]。因此，人工合成锆石被认为是固化高放废物的理想候选基材之一[6-10]。

人工合成锆石的合成非常困难[11]。这主要是由于在其制备过程中锆石相形成于 ZrO_2 相和 SiO_2 相之间，这是一个受扩散控制的过程[5,12]。当采用传统高温固相法合成锆石时，为了获得相对较高 $ZrSiO_4$ 相的合成率，高的烧结温度(1500～1700 ℃)和长的保温时间(48～72 h)是必不可少的[8, 9]。这严重制约了人工合成锆石在放射性废物固化中的实际应用。采用较高的烧结温度和较长的保温时间来制备高放废物固化体存在许多缺点。一方面，高的烧结温度会使低熔点的放射性核素挥发并产生气溶胶，导致对高放废物的固化失效；另一方面，烧结温度高、保温时间长，对烧结设备要求高、成本高。因此，需要开发一种相对快速有效的方法，在较低的温度和较短的时间内合成锆石固化体。

固有各种锕系元素或锕系元素替代物的人工合成锆石固化体通常采用高温固相方法制备[8,9,13-15]。与高温固相法相比，溶胶-凝胶法可以在分子水平上充分混合前驱体粉末，被认为是一种低温快速合成技术[16]。Zhang 等[17]采用溶胶-凝胶法在低温下合成了 $ZrSiO_4$ 陶瓷。Tu 等[18]研究发现采用溶胶-凝胶法可在较低温度(1400 ℃)、较短时间(10 h)下制备出结构致密、相合成率高的 Ce 掺杂 $ZrSiO_4$ 陶瓷。这些工作表明，溶胶-凝胶法是一种快速、有效的 $ZrSiO_4$ 陶瓷制备方法。然而，以往的研究大多集中在传统溶胶-凝胶法合成 $ZrSiO_4$ 上。水热法具有纯度高、均匀性好等优点，已成为控制合成纳米结构或微结构材料的有效工具[19-21]。水热过程利用溶剂自身产生的压力和温度加速反应[22]。在一个密封的容器中，溶剂通过加热产生的压力可达到远高于沸点的温度。因此，水热法以其简单、高效、低成本等优点被广泛用于纳米材料的合成[23]。作为一种新的制备氧化物粉末的方法，水热辅助溶胶-凝胶法具有溶胶-凝胶法和水热法的双重优点，获得的材料具有均一性好、纯度高、结晶度好、形貌可控、粒径分布窄等优点，近年来得到了广泛的关注[24]。例如，采用水热辅助溶胶-凝胶法可制备具有高光电和非线性光学系数的 $KNbO_3$ 粉末[25]。Zhang 等[26]采用水热辅助溶胶-凝胶法制备了 Li_2FeSiO_4/C 复合材料。采用简单的水热辅助溶胶-凝胶法可获得 Sc 和 Gd 共掺杂 $BaTiO_3$ 纳米晶体[27]。水热辅助溶胶-凝胶法的前期成功案例表明，采用该方法制备三价模拟锕系核素锆石基固化体是一种可行的方法。然而，鲜见水热辅助溶胶-凝胶法合成掺钕 $ZrSiO_4$ 陶瓷的相关研究报道。

根据文献[8]的研究结果，采用高温固相法，在 1550 ℃烧结 72 h 可成功制备锆石基三价模拟锕系核素系列固化体 $Zr_{1-x}Nd_xSiO_{4-x/2}$ $(0 \leqslant x \leqslant 0.1)$，钕(Nd)被用作三价模拟锕系核素的替代物[28-30]。本章主要研究合成条件(烧结温度和 pH)和 Nd 掺杂对 $ZrSiO_4$ 陶瓷相结构演变的影响，首次获得水热辅助溶胶-凝胶法制备的 $ZrSiO_4$ 陶瓷对 Nd 的固溶能力，以及锆石基三价模拟锕系核素固化体的化学稳定性数据；比较传统高温固相法和水热辅助溶胶-凝胶法所制得 $ZrSiO_4$ 陶瓷的性能，对水热辅助溶胶-凝胶法的优点进行分析；系统研究水热辅助溶胶-凝胶法制备的陶瓷的组成、烧结温度和 pH 对其相组成和微观结构演变的影响。此外，还对水热辅助溶胶-凝胶法制备的锆石基三价模拟锕系核素固化体的化学稳定性进行评价。

6.2 实验部分

1. 固化体制备

本实验所用化学试剂均为分析纯试剂，使用前未经纯化处理。以氯氧化锆($ZrOCl_2 \cdot 8H_2O$)、硝酸钕［$Nd(NO_3)_3 \cdot 6H_2O$］和正硅酸乙酯［TEOS，$(C_2H_5O)_4Si$］为原料制备溶胶-凝胶前驱体。图 6-1 为水热辅助溶胶-凝胶法合成人工合成锆石三价模拟锕系核素固化体的技术路线图。$ZrOCl_2 \cdot 8H_2O$、$Nd(NO_3)_3 \cdot 6H_2O$ 和 TEOS 的物质的量比为(0.9～1)∶(0～0.1)∶1，溶剂为 50%(体积分数)乙醇水溶液。首先在溶剂中对 TEOS 进行预水解，然后在水解液中加入 $ZrOCl_2 \cdot 8H_2O$ 和 $Nd(NO_3)_3 \cdot 6H_2O$。将所得溶液在室温下搅拌，同时使用氨水将 pH 调整为 4、7 或 9。混合物随后被转移到聚四氟乙烯内衬的不锈钢水热反应釜中，在 100 ℃下保温 20 h，所得凝胶在 80 ℃干燥，然后将干凝胶在 900 ℃空气气氛下热处理 4 h，得到前驱体粉末。在 15 MPa 的压力下，将前驱体粉末压制成直径为 12 mm、厚度为 0.5 mm 的圆片。在 1350 ℃、1400 ℃和 1450 ℃下空气中烧结 6 h，得到致密陶瓷，烧结升温速率约为 5 ℃/min。为了便于评价水热辅助溶胶-凝胶法的效益，采用传统的溶胶-凝胶法制备了部分混合物。水热辅助溶胶-凝胶法和溶胶-凝胶法制备的样品分别标记为 H-x-y-z 和 C-x-y-z，其中 x、y 和 z 分别表示烧结温度、保温时间和 pH。此外，采用高温固相法制备的样品标记为 S-a-b，其中 a 和 b 分别表示烧结温度和保温时间。采用相同的压制和烧结参数制备 H 系列、C 系列和 S 系列人工合成锆石样品。

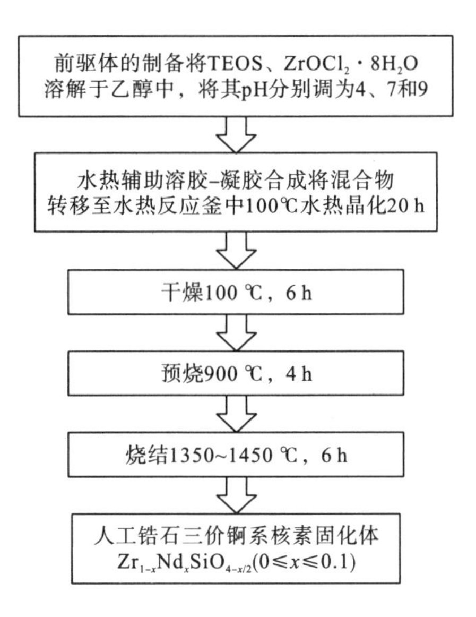

图 6-1　水热辅助溶胶-凝胶法合成人工合成锆石三价模拟锕系核素固化体的技术路线图

2. 固化体表征

(1) XRD 分析：采用 XRD 对掺 Nd 的 $ZrSiO_4$ 陶瓷进行表征，在 2θ =10°～80°内，扫描速度为 2 °/min，步长为 0.0167111°。利用 Fullprof-2k 软件包，采用 Rietveld 方法对 XRD 图谱进行精修分析。

(2) SEM 分析：用 SEM 分析烧结样品的微观结构。用 EDX 分析样品的元素组成和分布。

(3) 密度测试：以水为介质，采用阿基米德法测定所得人工合成锆石的密度。

3. 固化体浸出实验

根据 MCC-1 法[31,32]，对人工合成锆石三价模拟锕系核素固化体的化学稳定性进行评价。选定的圆片样品悬挂于一个体积为 50 mL 的聚四氟乙烯内衬的水热反应釜中，浸出剂为 pH=7 的去离子水。将水热反应釜置于电热恒温鼓风干燥箱中保持 40℃恒温。样品浸泡 1 d、3 d、7 d、14 d、21 d、28 d、35 d 和 42 d 后，用电感耦合等离子体质谱仪(inductively coupled plasma mass spectrometry，ICP-MS)测量浸出液中离子的浓度，并以式(6-1)计算元素归一化浸出率：

$$LR_i = \frac{C_i \cdot V}{S \cdot f_i \cdot t_n} \tag{6-1}$$

式中，C_i 为 i 元素的浓度(g/m^3)；V 为浸出液体积(m^3)；S 为样品表面积(m^2)；f_i 为 i 元素的质量分数(%)；t_n 为浸出时间。

6.3　结果与讨论

6.3.1　固化体物相演变

为了评价水热辅助溶胶-凝胶法的优越性，对高温固相法、溶胶-凝胶法和水热辅助溶胶-凝胶法制备的人工合成锆石样品进行 XRD 表征，并对其相结构进行比较分析。图 6-2 为 S-1823-72、H-1723-6-4 和 C-1723-6-4 样品的 XRD 图谱。从图 6-2 中可以看出，所有样品的主要物相均为 $ZrSiO_4$ 相［ICDD(国际衍射数据中心)：06-0266］。然而，在溶胶-凝胶法制得的 C-1723-6-4 样品中可观察到存在少量的原料相(SiO_2 相)。采用 Rietveld 精修方法对所制备的人工合成锆石的相组成进行计算。S-1823-72、H-1723-6-4 和 C-1723-6-4 样品的 $ZrSiO_4$ 相合成率分别为 98.62%、98.28%和 82.75%。结果表明，在相同的合成温度及 pH 下，水热辅助溶胶-凝胶法制备的 H-1723-6-4 样品的 $ZrSiO_4$ 相合成率高于溶胶-凝胶法制备的 C-1723-6-4 样品。这些结果表明，水热辅助溶胶-凝胶法可制得较高 $ZrSiO_4$ 相合成率的人工合成锆石固化体。

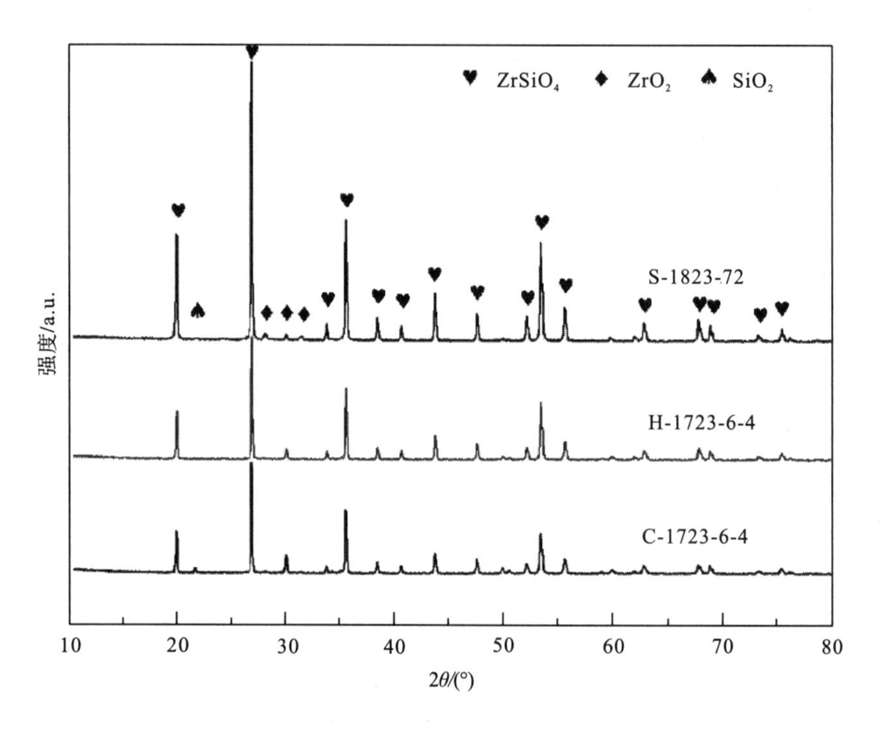

图 6-2 不同方法合成锆石固化体的 XRD 图谱

此外，水热辅助溶胶-凝胶法制得前驱体在较低温度(1723 K)及较短保温时间(6 h)下烧结与高温固相法在较高温度(1823 K)及较长保温时间(72 h)下烧结所得样品的 $ZrSiO_4$ 相合成率相当。结果表明，水热辅助溶胶-凝胶法可以在较短的时间内快速、有效地合成人工合成锆石。水热辅助溶胶-凝胶法作为一种新型的氧化物粉体制备方法，具有溶胶-凝胶法和水热法的双重优点(均匀性好、纯度高、结晶性好、可控性好等)，所得粉末形貌规则，粒径分布窄，近年来受到了广泛的关注[33,34]。众所周知，压力和温度在反应中起着重要的作用，水热辅助溶胶-凝胶过程利用一定压力和温度下的溶剂在封闭体系中加速反应。因此，水热辅助溶胶-凝胶法可以在较低的烧结温度和较短的保温时间内获得较高的 $ZrSiO_4$ 相合成率。

为了研究 pH 对人工合成锆石物相结构的影响，在 pH=4、7 和 9 条件下分别合成前驱体，并将前驱体压制成圆片，将其在空气中 1723K 烧结 6h，样品的 XRD 图谱如图 6-3 所示。由图 6-3 可知，在 pH=4 条件下合成的样品中，只观测到 $ZrSiO_4$ 相的特征衍射峰；而当 pH=7 和 9 时，样品的 XRD 图谱中存在 SiO_2 相的特征衍射峰。进一步对比 XRD 图谱发现，随着 pH 的升高，SiO_2 相的衍射峰强度增大。H-1723-6-4、H-1723-6-7 和 H-1723-6-9 样品的 $ZrSiO_4$ 相合成率分别为 98.28%、88.36%和 73.58%。这表明，$ZrSiO_4$ 的合成率与 pH 密切相关，酸性条件有利于 $ZrSiO_4$ 相的合成，这可能是由于正硅酸乙酯的水解和缩合速率随着 pH 的增加而降低[35]。

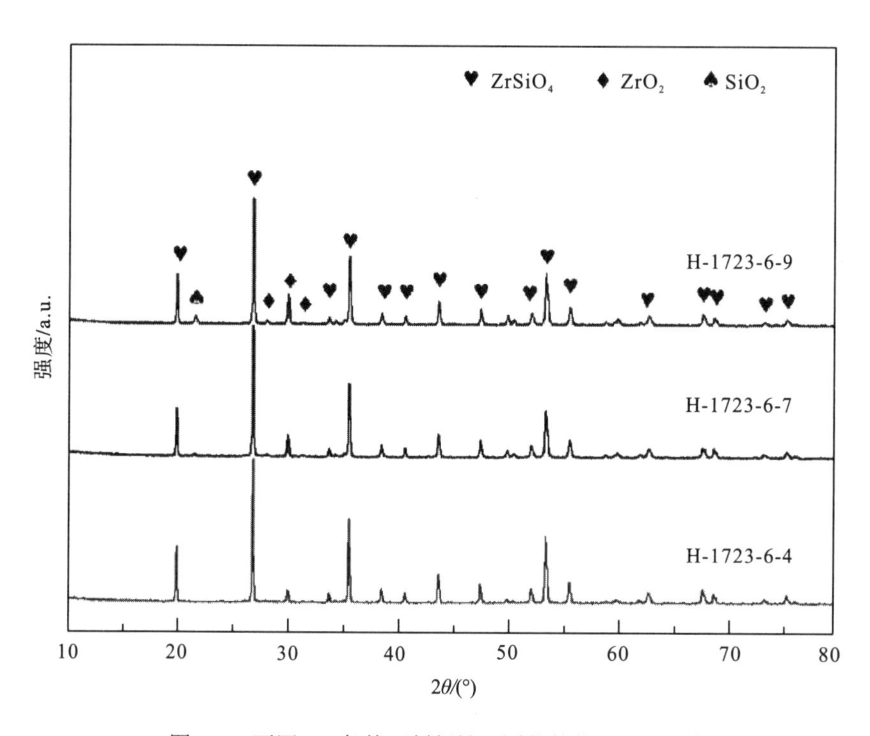

图 6-3　不同 pH 条件下制得锆石固化体的 XRD 图谱

图 6-4 为水热辅助溶胶-凝胶法在 pH=4 条件下获得的前驱体粉末在不同温度下烧结得到样品的 XRD 图谱。可以观察到，1723 K 烧结样品的 XRD 图谱中仅显示出 $ZrSiO_4$ 相的特征衍射峰，而 1623 K 和 1673 K 烧结的样品的图谱中可观察到原料相（SiO_2 相）的特征衍射峰。随着烧结温度的升高，SiO_2 相的衍射峰强度降低。H-1623-6-4、H-1673-6-4 和 H-1723-6-4 样品的 $ZrSiO_4$ 相合成率分别为 62.85%、80.93%和 98.28%。结果表明，随着烧结温度的升高，$ZrSiO_4$ 相合成率逐渐增大。这与 Tu 等[18]的报道一致。当前驱体制备体系 pH=4、烧结温度为 1723 K、保温时间为 6 h 时，可获得较高相纯度的人工合成锆石固化体（$ZrSiO_4$ 相合成率为 98.28%）。

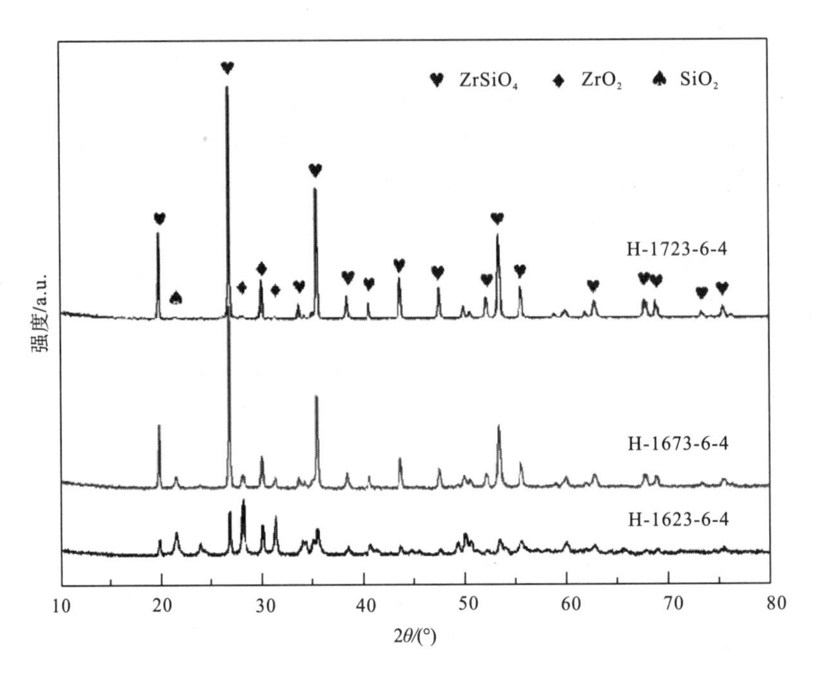

图 6-4 不同温度下制备锆石固化体的 XRD 图谱

图 6-5 为水热辅助溶胶-凝胶法制备的人工合成锆石［$Zr_{1-x}Nd_xSiO_{4-x/2}$(0≤x≤0.1)］样品的 XRD 图谱。在不同温度下(1623 K、1673 K 和 1723 K)烧结 6 h，所得样品的主要物相结构均为 $ZrSiO_4$ 相。如图 6-5(a)所示，当 x<0.1 时，1623K 烧结制得样品为均匀 $ZrSiO_4$ 相结构；当 x≥0.1 时，样品中发现少量的硅酸钕($Nd_2Si_2O_7$)相与 $ZrSiO_4$ 相共存。当烧结温度为 1673 K 时，若 x<0.08，样品为单一 $ZrSiO_4$ 相；若 0.08≤x≤0.10，样品为两相结构($Nd_2Si_2O_7$ 相与 $ZrSiO_4$ 相)［图 6-5(b)］。此外，当烧结温度升高到 1723 K 时［图 6-5(c)］，若 x<0.06，样品为单一的 $ZrSiO_4$ 相；若 x≥0.06，样品中出现了 $Nd_2Si_2O_7$ 结构相，且随着 Nd 固溶量的增加，$Nd_2Si_2O_7$ 相的衍射峰强度增加。综上所述，在 1623K、1673K 和 1723 K 的烧结温度下，水热辅助溶胶-凝胶法制备的人工合成锆石对 Nd 的固溶量(原子分数)分别为 10%、8% 和 6%。这表明，Nd 在 $ZrSiO_4$ 晶格中的最大固溶量与烧结温度密切相关，随着烧结温度的升高，最大固溶量降低。这种现象的主要原因可能是 $ZrSiO_4$ 相在较高烧结温度下的分解所致[16,36,37]。根据文献[8]的研究结果，高温固相法制备的人工合成锆石中 Nd 的固溶量约为 4%。该研究结果表明，水热辅助溶胶-凝胶法可提高人工合成锆石对 Nd 的固化能力。

进一步观察图 6-5 发现，在 2θ=27°附近对应 $ZrSiO_4$ 结构的(200)晶面的 XRD 衍射峰，其位置随着 Nd 固溶量的增加而向低 2θ 角度偏移。该衍射峰向低 2θ 角度偏移表明，随着 Nd 固溶量的增加，$ZrSiO_4$ 的晶胞参数增大。为了确定 $ZrSiO_4$ 晶胞参数随 Nd 固溶量的变化规律，利用 Fullprof-2k 对 XRD 图谱进行结构精修，得到样品的晶胞参数。在 1723 K 下制备人工合成锆石的晶胞参数如图 6-6 和表 6-1 所示。由结果可知，随着 Nd 固溶量的增加，晶胞参数 a、b 和 c 增加，这些变化导致 $ZrSiO_4$ 晶胞的膨胀。根据 Shannon 和 Prewitt[38] 所报道的研究结果，晶胞的膨胀可归因于晶格中的离子被更大的离子所取代。在我们的研究中，较小的 Zr^{4+}(六配位离子半径为 0.72Å)被较大的阳离子 Nd^{3+}(六配位离子半径为

0.983 Å) 取代。因此，晶胞参数随着 Nd 固溶量的增加而增加是由于 $ZrSiO_4$ 结构中 Zr^{4+} 被离子半径较大的 Nd^{3+} 取代，这与 Vegard[39] 提出的规则是一致的。随着 Nd 固溶量的增加，晶胞体积增大，这证明 Nd^{3+} 已被成功地固定于 $ZrSiO_4$ 晶体结构中。

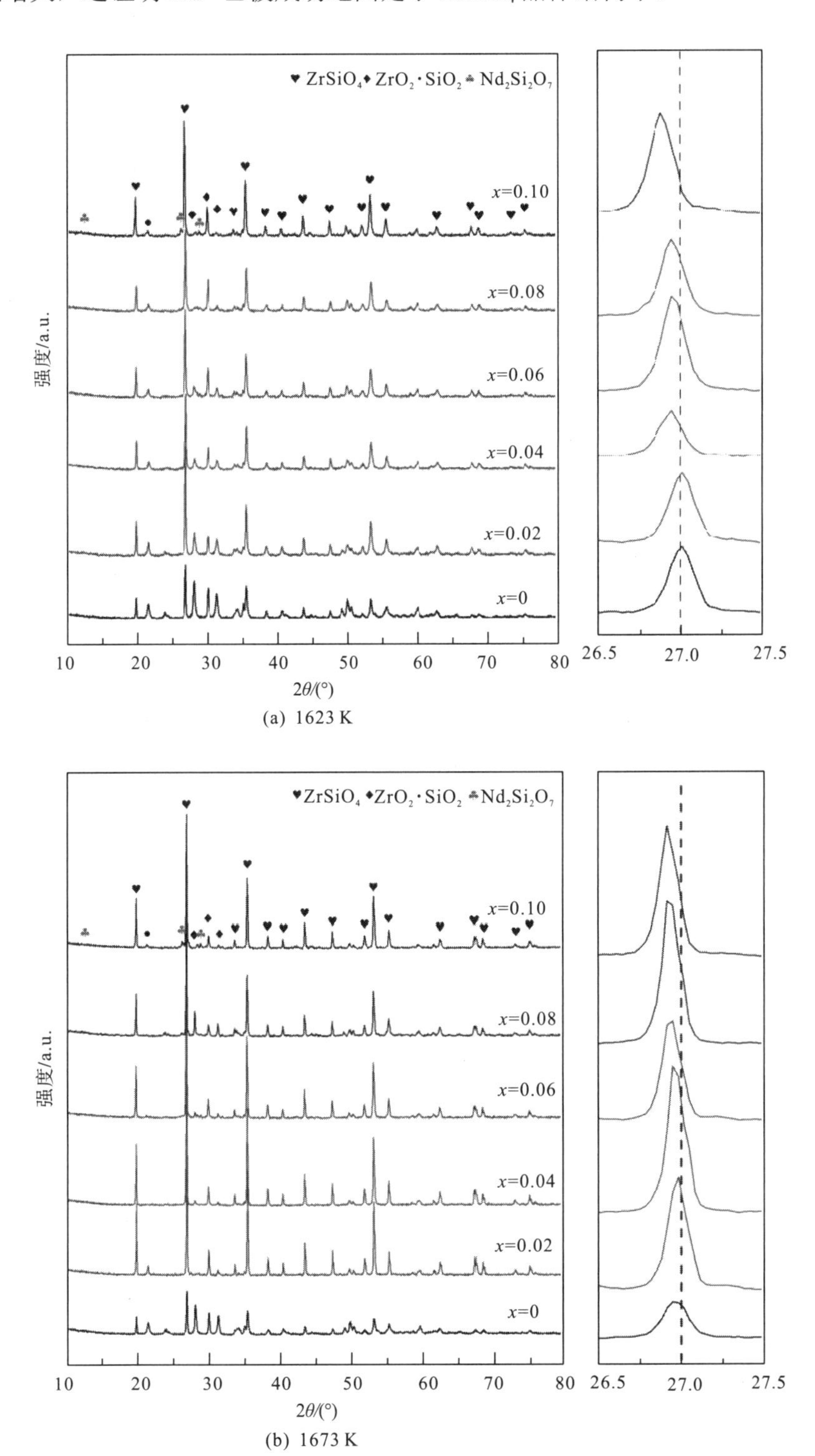

(a) 1623 K

(b) 1673 K

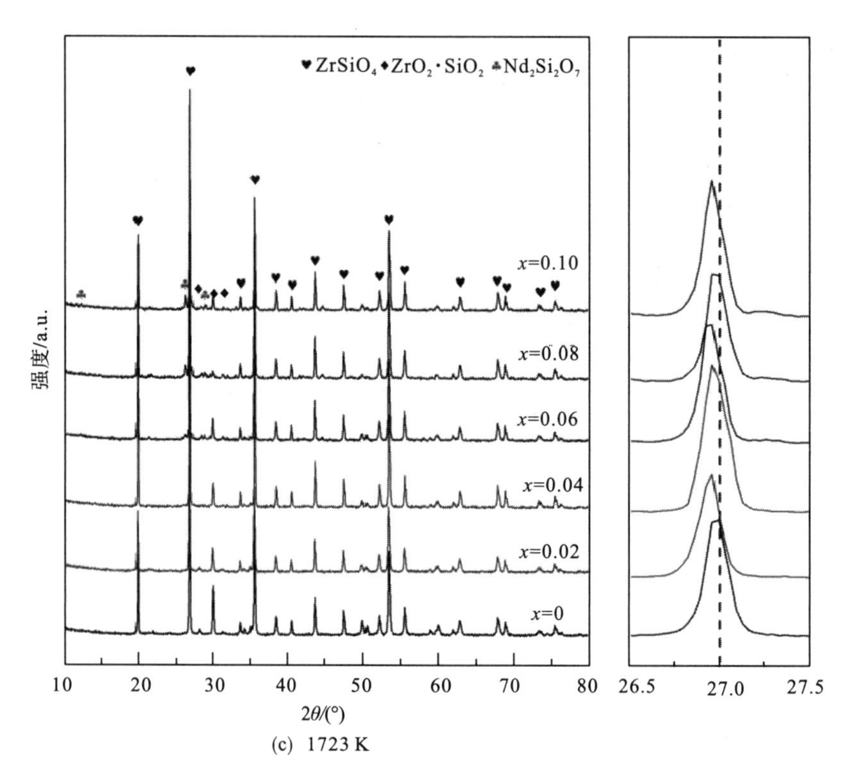

(c) 1723 K

图 6-5 不同温度下合成锆石系列固化体的 XRD 图谱

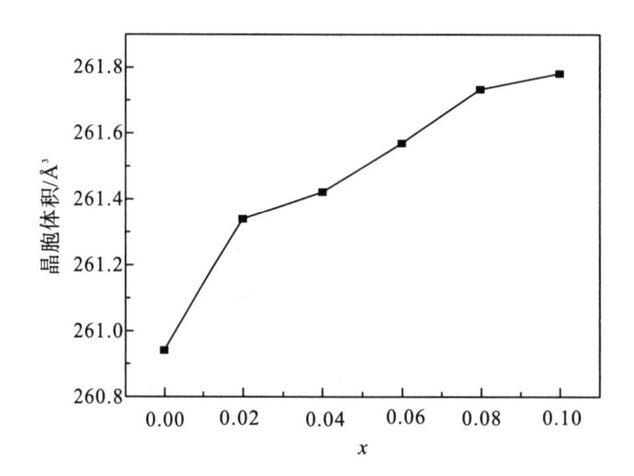

图 6-6 锆石固化体晶胞体积与 Nd 固溶量间的关系曲线

表 6-1 人工合成锆石固化体的晶胞参数

x	a/Å	b/Å	c/Å	V/Å^3
0	6.6044	6.6044	5.9824	260.9409
0.02	6.6075	6.6075	5.9859	261.3387
0.04	6.6082	6.6082	5.9865	261.4203
0.06	6.6096	6.6096	5.9873	261.5661
0.08	6.6114	6.6114	5.9878	261.7304
0.10	6.6118	6.6118	5.9882	261.7795

6.3.2 固化体形貌及微观结构

为了研究 pH 对人工合成锆石形貌及微观结构的影响，采用 SEM 对不同 pH 下制备的样品进行测试表征，其结果如图 6-7 所示。由图 6-7 可知，在 pH=4 下制备的人工合成锆石样品[图 6-7(a)]具有形貌规则的晶粒和较致密的微观结构，平均晶粒尺寸为 0.5～1 μm。然而，当 pH=7［图 6-7(b)］和 9［图 6-7(c)］时，获得的样品虽结构较致密，但晶粒尺寸较小，且形貌不规则。在 pH=4、7 和 9 时，水热辅助溶胶-凝胶法制备的 $ZrSiO_4$ 样品的密度分别为 4.45 g/cm^3±0.03 g/cm^3、4.12 g/cm^3±0.02 g/cm^3 和 4.35 g/cm^3±0.04 g/cm^3。值得注意的是，在 pH=4 时获得的样品密度为理论值的 97%，高于在 pH=7 和 9 时获得的样品密度。这表明，酸性条件(pH=4)有利于 $ZrSiO_4$ 晶粒的生长和人工合成锆石固化体的致密化。

为了研究 Nd 固溶量对人工合成锆石形貌及微观结构的影响，采用 SEM 测试不同 Nd 固溶量样品，其结果如图 6-8 所示。由图 6-8 可以看出，所有样品中晶粒形貌规则、晶界清晰，随着 Nd 固溶量的增加，晶粒尺寸变小且趋于均匀。观察发现，当 x=0 和 0.04 时，人工合成锆石($Zr_{1-x}Nd_xSiO_{4-x/2}$)样品中晶粒形貌均为颗粒状［图 6-8(a)和(b)］；然而，当 x=0.06 时，样品中出现了少量片状形貌晶粒［图 6-8(c)］。EDX 分析表明(图 6-9)，片状形貌晶粒含有 Nd、Si 和 O 元素。这些结果与 XRD 分析结果一致，即当 Nd 固溶量较低时，人工合成锆石为单一的 $ZrSiO_4$ 相；而在较高 Nd 固溶量下，生成第二相 $Nd_2Si_2O_7$ 相。图 6-10 为水热辅助溶胶-凝胶法制备 $Zr_{0.98}Nd_{0.02}SiO_{3.99}$ 样品的 EDX 结果及元素成像图。如图所示，Nd、ZrSi 和 O 均匀分布在样品中，这表明水热辅助溶胶-凝胶法制备人工合成锆石固化体的微观结构是均匀的。

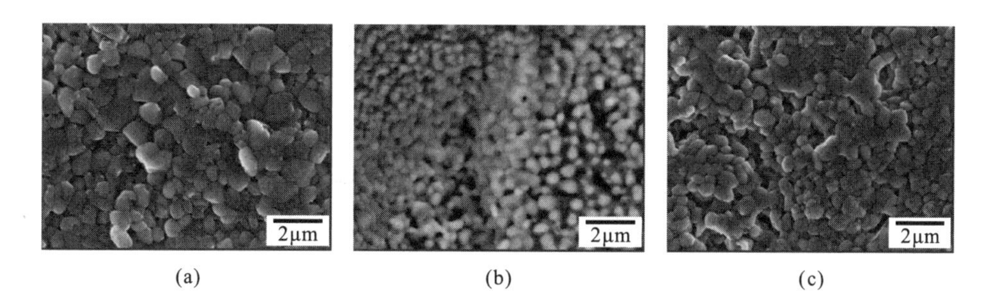

(a) (b) (c)

图 6-7 不同 pH 条件下制备锆石固化体的 SEM 照片

(a) (b)

(c) (d)

图 6-8 不同 Nd 固溶量锆石基固化体的 SEM 照片

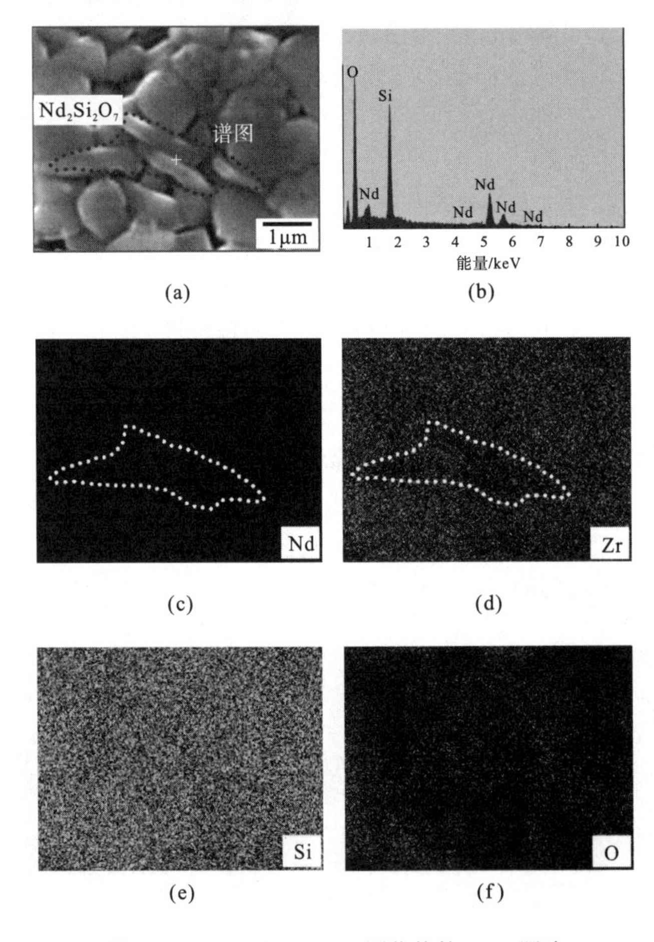

(a) (b)

(c) (d)

(e) (f)

图 6-9 $Zr_{0.92}Nd_{0.08}SiO_{3.96}$ 固化体的 EDX 照片

(a) (b)

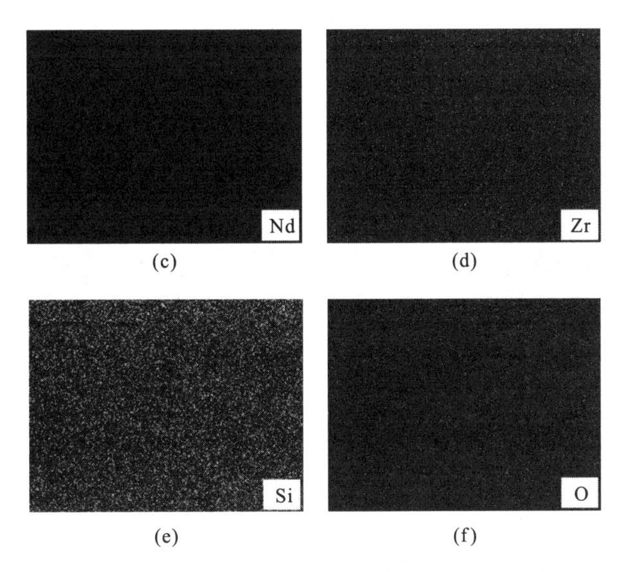

图 6-10　$Zr_{0.98}Nd_{0.02}SiO_{3.99}$ 固化体的 EDX 照片

采用水热辅助溶胶-凝胶法和高温固相法制备的人工合成锆石［$Zr_{1-x}Nd_xSiO_{4-x/2}$(x=0)］样品的密度与烧结温度之间的关系曲线如图 6-11 所示。由图可知，所有样品的密度都随着烧结温度的升高而增加。对于水热辅助溶胶-凝胶法合成的样品，随着烧结温度从 1623K 升高到 1723 K，样品的密度从 4.15 g/cm^3±0.03 g/cm^3 增加到 4.45 g/cm^3±0.03 g/cm^3。对于高温固相法，随着烧结温度由 1623K 升高到 1823K，样品的密度由 3.89 g/cm^3± 0.02 g/cm^3 增加到 4.35 g/cm^3± 0.03 g/cm^3。这些结果表明，采用水热辅助溶胶-凝胶法，在较低烧结温度(1723 K)和较短保温时间(6 h)下制备的人工合成锆石［$Zr_{1-x}Nd_xSiO_{4-x/2}$(x=0)］样品的密度为 4.45 g/cm^3(理论值的 97%)，该密度高于高温固相法在较高温度(1823 K)和较长保温时间(72 h)下所制备样品的密度(4.35 g/cm^3 ± 0.03 g/cm^3)。这些结果表明，水热辅助溶胶-凝胶法可以在较低的烧结温度和较短的保温时间内制备出致密度较高的人工合成锆石固化体。

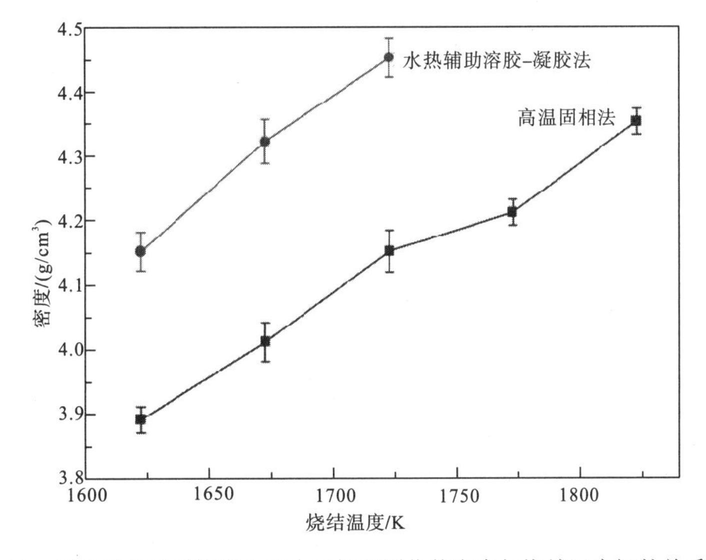

图 6-11　三价模拟锕系核素人工合成锆石固化体密度与烧结温度间的关系曲线

6.3.3 固化体化学稳定性

为了评价水热辅助溶胶-凝胶法制备人工合成锆石固化体的化学稳定性，采用 MCC-1 法对 $Zr_{0.98}Nd_{0.02}SiO_{3.99}$、$Zr_{0.96}Nd_{0.04}SiO_{3.98}$、$Zr_{0.94}Nd_{0.06}SiO_{3.97}$、$Zr_{0.92}Nd_{0.08}SiO_{3.96}$ 和 $Zr_{0.90}Nd_{0.10}SiO_{3.95}$ 样品开展浸出实验，获得被固化模拟核素 Nd 的归一化浸出率数据，结果如图 6-12 所示。从图中可以看出，随着时间的延长，各样品中 Nd 的归一化浸出率均逐渐降低，28d 后其值基本趋于稳定。42d 后，$Zr_{0.98}Nd_{0.02}SiO_{3.99}$、$Zr_{0.96}Nd_{0.04}SiO_{3.98}$、$Zr_{0.94}Nd_{0.06}SiO_{3.97}$、$Zr_{0.92}Nd_{0.08}SiO_{3.96}$ 和 $Zr_{0.90}Nd_{0.10}SiO_{3.95}$ 样品中 Nd 的归一化浸出率分别约为 0.8×10^{-4} g/(m^2·d)、1.1×10^{-4} g/(m^2·d)、1.6×10^{-4} g/(m^2·d)、2.1×10^{-4} g/(m^2·d) 和 3.5×10^{-4} g/(m^2·d)，该归一化浸出率与独居石［$10^{-4}\sim10^{-3}$ g/(m^2·d)］[40]、磷酸盐玻璃［约 10^{-3} g/(m^2·d)］[41]、榍石［约 10^{-3} g/(m^2·d)］[42]和富锆钛酸盐陶瓷［约 10^{-3} g/(m^2·d)］[43]的归一化浸出率相当。此外，所有样品中 Nd 的浸出率约为 10^{-5}%。这些结果表明，水热辅助溶胶-凝胶法制备的人工合成锆石固化体具有良好的化学稳定性。水热辅助溶胶-凝胶法制备的人工合成锆石是固化模拟锕系核素的理想基材。

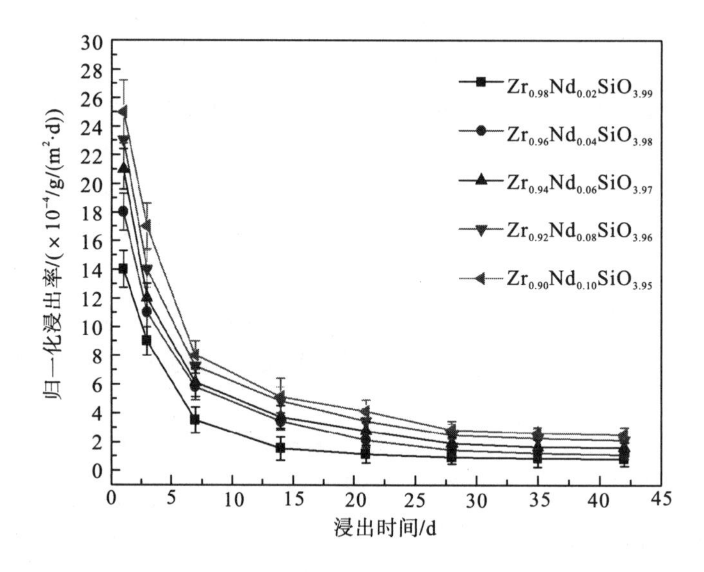

图 6-12 人工合成锆石三价模拟锕系核素固化体中 Nd 的归一化浸出率

6.4 小结

本章采用水热辅助溶胶-凝胶法开展了人工合成锆石固化体的合成研究，主要研究了成分、烧结温度及 pH 等对所制备人工合成锆石的物相及微观结构演变的影响，并对所制备的固化体的化学稳定性进行了评价。获得的初步结论如下：

(1) 采用水热辅助溶胶-凝胶法可以在较低烧结温度(1723 K)和较短保温时间(6 h)下制得具有较高合成率及良好致密度的人工合成锆石三价模拟锕系核素固化体；

(2)烧结温度和 pH 对人工合成锆石固化体的相组成与微观结构具有较大影响；

(3)水热辅助溶胶-凝胶法可以改善人工合成锆石固化体对核素的固溶量；

(4)人工合成锆石对核素的固溶量受合成温度影响较大，1623 K、1673 K 和 1723 K 烧结温度下，固溶量分别为 10%、8%和 6%；

(5)合成前驱体过程中，酸性条件(pH=4)有利于固化体合成；

(6)水热辅助溶胶-凝胶法制备的人工合成锆石固化体具有良好的化学稳定性［归一化浸出率约 10^{-4} g/(m^2·d)］。

参 考 文 献

[1] Labs S, Hennig C, Weiss S, et al. Synthesis of coffinite, $USiO_4$, and structural investigations of $U_xTh_{(1-x)}SiO_4$ solid solutions[J]. Environmental Science & Technology, 2014, 48(1): 854-860.

[2] Huang S F, Li Q G, Wang Z, et al. Effect of sintering aids on the microstructure and oxidation behavior of hot-pressed zirconium silicate ceramic[J]. Ceramics International, 2017, 43(1): 875-879.

[3] Rendtorff N M, Grasso S, Hu C F, et al. Zircon-zirconia ($ZrSiO_4$-ZrO_2) dense ceramic composites by spark plasma sintering[J]. Journal of the European Ceramic Society, 2012, 32(4): 787-793.

[4] Nakamori F, Ohishi Y, Muta H, et al. Mechanical and thermal properties of $ZrSiO_4$[J]. Journal of Nuclear Science and Technology, 2017, 54(11): 1267-1273.

[5] Kaiser A, Lobert M, Telle R. Thermal stability of zircon ($ZrSiO_4$)[J]. Journal of the European Ceramic Society, 2008, 28(11): 2199-2211.

[6] Rendtorff N M, Grasso S, Hu C F, et al. Dense zircon ($ZrSiO_4$) ceramics by high energy ball milling and spark plasma sintering[J]. Ceramics International, 2012, 38(3): 1793-1799.

[7] Tu H, Duan T, Ding Y, et al. Preparation of zircon-matrix material for dealing with high-level radioactive waste with microwave[J]. Materials Letters, 2014, 131: 171-173.

[8] Ding Y, Lu X R, Dan H, et al. Phase evolution and chemical durability of Nd-doped zircon ceramics designed to immobilize trivalent actinides[J]. Ceramics International, 2015, 41(8): 10044-10050.

[9] Ding Y, Lu X R, Tu H, et al. Phase evolution and microstructure studies on Nd^{3+} and Ce^{4+} co-doped zircon ceramics[J]. Journal of the European Ceramic Society, 2015, 35(7): 2153-2161.

[10] Ewing R C, Lutze W, Weber W J. Zircon: A host-phase for the disposal of weapons plutonium[J]. Journal of Materials Research, 1995, 10(2): 243-246.

[11] Geng K M, Qu Y F, Xu Y Q, et al. Sintering Properties of Zircon Refractories[J]. Rare Metal Mater. Eng. 2008, 37:160-163.

[12] Veytizou C, Quinson J F, Valfort O, et al. Zircon formation from amorphous silica and tetragonal zirconia: Kinetic study and modelling[J]. Solid State Ionics, 2001, 139(3-4): 315-323.

[13] Dahanayake U, Karunaratne B S B. Preparation of zircon ($ZrSiO_4$) ceramics via solid state sintering of ZrO_2 and SiO_2 and the effect of dopants on the zircon yield[M]//Solid State Ionics: Advanced Materials for Emerging Technologies, 2006: 146-153.

[14] Spearing D R, Huang J Y. Zircon synthesis via sintering of milled SiO_2 and ZrO_2[J]. Journal of the American Ceramic Society, 2005, 81(7): 1964-1966.

[15] Yadav A K, Ponnilavan V, Kannan S. Crystallization of $ZrSiO_4$ from a SiO_2-ZrO_2 binary system: the concomitant effects of heat treatment temperature and TiO_2 additions[J]. Crystal Growth & Design, 2016, 16(9): 5493-5500.

[16] Ushakov S V, Burakov B E, Garbuzov V M, et al. Synthesis of Ce-doped zircon by a sol-gel process[J]. MRS Proceedings, 1997, 506: 281-288.

[17] Zhang T, Pan Z, Wang Y. Low-temperature synthesis of zircon by soft mechano-chemical activation-assisted sol-gel method[J]. Journal of Sol-Gel Science and Technology, 2017, 84(1): 118-128.

[18] Tu H, Duan T, Ding Y, et al. Phase and microstructural evolutions of the CeO_2-ZrO_2-SiO_2 system synthesized by the sol-gel process[J]. Ceramics International, 2015, 41(6): 8046-8050.

[19] Dias A, Ciminelli V S T. Electroceramic materials of tailored phase and morphology by hydrothermal technology[J]. Chemistry of materials, 2003, 15(6): 1344-1352.

[20] Cabanas A, Darr J A, Lester E, et al. Continuous hydrothermal synthesis of inorganic materials in a near-critical water flow reactor; the one-step synthesis of nano-particulate $Ce_{1-x}Zr_xO_2$ (x=0~1) solid solutions Electronic supplementary information (ESI) available: microanalysis results, FT-IR spectra[J]. Journal of Materials Chemistry, 2001, 11(2): 561-568.

[21] Ciftci E, Rahaman M N, Shumsky M. Hydrothermal precipitation and characterization of nanocrystalline $BaTiO_3$ particles[J]. Journal of Materials Science, 2001, 36(20): 4875-4882.

[22] Sun C W, Li H, Zhang H R, et al. Controlled synthesis of CeO_2 nanorods by a solvothermal method[J]. Nanotechnology, 2005, 16(9): 1454.

[23] Zhu Y F, Du R G, Chen W, et al. Photocathodic protection properties of three-dimensional titanate nanowire network films prepared by a combined sol-gel and hydrothermal method[J]. Electrochemistry Communications, 2010, 12(11): 1626-1629.

[24] Kashinath L, Namratha K, Byrappa K. Sol-gel assisted hydrothermal synthesis and characterization of hybrid ZnS-RGO nanocomposite for efficient photodegradation of dyes[J]. Journal of Alloys and Compounds, 2017, 695: 799-809.

[25] Amini M M, Mirzaee M. Effect of solvent and temperature on the preparation of potassium niobate by hydrothermal-assisted sol-gel processing[J]. Ceramics International, 2009, 35(6): 2367-2372.

[26] Zhang Z, Liu X Q, Wang L P, et al. Synthesis of Li_2FeSiO_4/C nanocomposite via a hydrothermal-assisted sol-gel process[J]. Solid State Ionics, 2015, 276: 33-39.

[27] Yu D, Jin A M, Zhang Q L, et al. Scandium and gadolinium co-doped $BaTiO_3$ nanoparticles and ceramics prepared by sol-gel-hydrothermal method: Facile synthesis, structural characterization and enhancement of electrical properties[J]. Powder Technology, 2015, 283: 433-439.

[28] Lopez C, Deschanels X, Bart J M, et al. Solubility of actinide surrogates in nuclear glasses[J]. Journal of Nuclear Materials, 2003, 312(1): 76-80.

[29] Ding Y, Long X G, Peng S M, et al. Phase evolution and aqueous durability of $Zr_{1-x-y}Ce_xNd_yO_{2-y/2}$ ceramics designed to immobilize actinides with multi-valences[J]. Journal of Nuclear Materials, 2017, 487: 297-304.

[30] Ding Y, Lu X R, Tu H, et al. Phase evolution and microstructure studies on Nd^{3+} and Ce^{4+} co-doped zircon ceramics[J]. Journal of the European Ceramic Society, 2015, 35(7): 2153-2161.

[31] Carroll D F. The system PuO_2-ZrO_2[J]. Journal of the American Ceramic Society, 1963, 46(4): 194-195.

[32] Cohen I, Schaner B E. A metallographic and X-ray study of the UO_2-ZrO_2 system[J]. Journal of Nuclear Materials, 1963, 9(1): 18-52.

[33] Sun S T, Gebauer D, Cölfen H. A solvothermal method for synthesizing monolayer protected amorphous calcium carbonate

clusters[J]. Chemical Communications, 2016, 52(43): 7036-7038.

[34] Koo B, Patel R N, Korgel B A. Synthesis of $CuInSe_2$ nanocrystals with trigonal pyramidal shape[J]. Journal of the American Chemical Society, 2009, 131(9): 3134-3135.

[35] Impéror-Clerc M, Grillo I, Khodakov A Y, et al. New insights into the initial steps of the formation of SBA-15 materials: An in situ small angle neutron scattering investigation[J]. Chemical Communications, 2007(8): 834-836.

[36] Curtis C E, Sowman H G. Investigation of the thermal dissociation, reassociation, and synthesis of zircon[J]. Journal of the American Ceramic Society, 1953, 36(6): 190-198.

[37] Kanno Y. Thermodynamic and crystallographic discussion of the formation and dissociation of zircon[J]. Journal of Materials Science, 1989, 24(7): 2415-2420.

[38] Shannon R D, Prewitt C T. Revised values of effective ionic radii[J]. Acta Crystallographica Section B: Structural Crystallography and Crystal Chemistry, 1970, 26(7): 1046-1048.

[39] Vegard L. The constitution of the mixed crystals and the filling of space of the atoms[J]. Zeitschrift Fur Physik, 1921, 5: 17-26.

[40] Dacheux N, Clavier N, Podor R. Monazite as a promising long-term radioactive waste matrix: Benefits of high-structural flexibility and chemical durability[J]. American Mineralogist, 2013, 98(5-6): 833-847.

[41] Lutze W, Ewing R C. Radioactive Waste Forms for the Future [M], 1988.Amsterdam: North Holland.

[42] Teng Y C, Wu L, Ren X T, et al. Synthesis and chemical durability of U-doped sphene ceramics[J]. Journal of Nuclear Materials, 2014, 444(1-3): 270-273.

[43] Zhang Y, Stewart M W A, Li H, et al. Zirconolite-rich titanate ceramics for immobilisation of actinides-Waste form/HIP can interactions and chemical durability[J]. Journal of Nuclear Materials, 2009, 395(1-3): 69-74.

第7章 水热辅助溶胶-凝胶法合成人工合成锆石多核素固化体及其化学稳定性

7.1 概 述

将长寿命放射性核素固定在稳定的基体中是处理高放废物的主要策略之一[1-5]。在众多固化基体材料中，陶瓷(矿物)基材因具有诸多优良特性而备受关注[6]。研究陶瓷基材对核素的固溶量、固化体物相结构演变和化学稳定性等，已成为放射性废物处理处置领域的热点问题和极具挑战的课题[7,8]。

多种矿物基材［如烧绿石[9,10]、钙钛锆石[11,12]、独居石[13-17]、锆石[18,19]和斜锆石(氧化锆)[20,21]］因具有优良的物理化学性质，过去的几十年已经得到国内外学者的广泛研究。这些矿物可以基于各种氧化物体系制得，如Gd_2O_3、ZrO_2、La_2O_3、Nd_2O_3、CeO_2、CaO_2、TiO_2和SiO_2。在高放废物固化处理研究领域，因为其结晶结构与PuO_2和UO_2相同，二氧化铈(CeO_2)用于模拟锕系核素[22-25]。此外，Ce^{4+}与Pu^{4+}具有接近的离子半径[26]。同样，三氧化二钕(Nd_2O_3)也常用作模拟锕系核素氧化物(Am_2O_3和Cm_2O_3)的非放射性类替代物[27]。因此，目前相当多的工作致力于研究氧化物体系的合成和表征，氧化物体系可作为固化模拟锕系核素的矿物固化体的模型化合物。例如，Horlait 等[27-29]采用沉淀法制备了CeO_2-Ln_2O_3(Ln = La、Nd、Sm、Eu、Gd、Dy、Er 或 Yb)体系；研究了该体系的稳定性和结构演变，以及其成分、温度和酸度对Ce(Ⅳ)-La(Ⅲ)氧化物体系溶解行为的影响；采用SEM研究了CeO_2-Ln_2O_3(Ln = Nd、Er)体系在4 mol/L HNO_3中，在60 ℃和90 ℃下，溶解过程中的微观结构演变规律[29]。三种磷酸盐陶瓷［$Ca_9Nd_{1-x}An^{IV}_x(PO_4)_{5-x}(SiO_4)_{1+x}F_2$，$Ln^{III}_{1-2x}Ca_xAn^{IV}_xPO_4$和$\beta$-$Th_{4-x}An^{IV}_x(PO_4)_4P_2O_7$(-TPD)］对三价和四价模拟锕系核素的固化行为也得到了研究[13]。钍(Th)已被成功地固化入$Ca_xTh_xPr_{1-2x}PO_4\cdot nH_2O$磷酸盐陶瓷中[30]。

人工合成锆石的合成及固化核素行为也得到广泛研究。Hanchar 等[31]研究了锆石对Pu的固化行为。Zamoryanskaya 和 Burakov[32]研究了锆石、斜锆石和烧绿石对铈(替代钚)的固化行为。Burakov 等[33]成功合成了(Zr，Pu)SiO_4和(Hf，Pu)SiO_4系列固化体。Liao 等[12]合成了 SiO_2-Al_2O_3-CaO-TiO_2-ZrO_2 体系玻璃陶瓷。Tu 等[34]采用溶胶-凝胶法合成了CeO_2-ZrO_2-SiO_2体系陶瓷，研究了该体系随着组成和烧结温度的变化而发生的相变与微观结构演变。此外，高温固相法合成Nd_2O_3-ZrO_2[21]、CeO_2-ZrO_2[35]和Nd_2O_3-CeO_2-ZrO_2[20]体系的研究也见诸报道。在各种氧化物体系中，Nd_2O_3-CeO_2-ZrO_2-SiO_2是模拟含有多价(三价和四价)模拟锕系核素的锆石固化体的典型合成体系。然而，这类陶瓷的制备过程中存在低的模拟核素固溶量和苛刻的合成条件。

人工合成锆石可由 ZrO_2-SiO_2 体系制得，所制得的人工合成锆石因具有优异的机械、化学和辐照稳定性等，长期以来被认为是一种具有良好应用前景的高放废物固化基材[36-39]。一般而言，人工合成锆石的合成主要采用高温固相法。然而，据文献[18]和[19]报道，高的烧结温度(1550 ℃)和长的保温时间(72 h)是高温固相法必不可少的条件。这严重限制了人工合成锆石在固化高放废物中的实际应用。因此，探索一种快速高效的人工合成锆石合成新方法显得尤为重要。Ushakov 等[40]采用溶胶-凝胶法成功制备了 Ce 掺杂人工合成锆石。近年来，兼具溶胶-凝胶法和水热法合成锆石受到研究人员的广泛关注[41,42]。例如，Pointeau 等[43]采用水热法成功制备了 $USiO_4$，研究发现反应物浓度、pH 及合成温度等条件对 $USiO_4$ 的合成率具有较大影响。Mesbah 等[44]报道了在水热条件(250 ℃，7 d)下成功合成了属于锆石-磷钇矿类 $Th_{1-x}Er_x(SiO_4)_{1-x}(PO_4)_x$ 化合物。Estevenon 等[45]采用水热法合成了 $ThSiO_4$，研究发现合成体系中反应物的浓度、反应介质的 pH 和水热过程的温度显著影响了 $ThSiO_4$ 的形成速率和所得产物的形态。此外，采用水热法还可制备 $CeSiO_4$[46]和 $PuSiO_4$[47]陶瓷。水热辅助溶胶-凝胶法兼具溶胶-凝胶法和水热法的优点。Ding 等[48]发现采用水热辅助溶胶-凝胶法，在较低烧结温度(1450℃)和较短保温时间(6 h)条件下，可获得具有较高钕(Nd)固溶量的人工合成锆石固化体。结果表明，酸性条件(pH = 4)有利于 $ZrSiO_4$ 相的形成和人工合成锆石固化体的致密化。此外，水热辅助溶胶-凝胶法可改善 Nd 在人工合成锆石中的固溶量。这就表明水热辅助溶胶-凝胶法是制备人工矿物固化体的有效方法。然而，未见水热辅助溶胶-凝胶法用于合成 Nd_2O_3-CeO_2-ZrO_2-SiO_2 体系的报道。特别是合成路线和烧结温度对 Nd_2O_3-CeO_2-ZrO_2-SiO_2 体系中 Nd 和 Ce 的固溶量、相结构演变和化学稳定性等的影响规律尚不明确。

固化体的良好化学稳定性是其长期安全地质储存所必需的。为此，国内外学者对人工合成锆石固化体的化学稳定性开展了大量研究。Xie 等[49]研究了 pH 和温度对固化 Ce 的人工合成锆石固化体的化学稳定性的影响。结果表明，在 40 ℃下，42d 后，人工合成锆石固化体中 Ce 的归一化浸出率低于 10^{-5} g/(m^2·d)。此外，Ding 等[21]研究了高温固相法制备的人工合成锆石固化体的化学稳定性。浸出实验结果表明，人工合成锆石固化体中 Nd 的归一化浸出率随着浸出时间的延长而降低，14 d 后归一化浸出率基本保持不变，表现出较低的归一化浸出率［约 10^{-4} g/(m^2·d)］，该值低于钙钛锆石[50]、磷酸盐玻璃[5]和榍石[51]的。这些工作表明，人工合成锆石陶固化体具有优异的化学稳定性。因此，锆石成为优良的高放废物固化基材。然而，目前鲜见有关研究合成路线和烧结温度对锆石固化体的化学稳定性影响的报道。

本章致力于三个主要研究目标。第一，开发一种快速有效的人工合成锆石合成新方法；第二，研究合成路线和烧结温度对所得人工合成锆石的物相及微观结构演变的影响规律；第三，获得关于由水热辅助溶胶-凝胶法获得的 Nd_2O_3-CeO_2-ZrO_2-SiO_2 体系对 Nd 和 Ce 的固溶量，以及固化体的化学稳定性信息。采用水热辅助溶胶-凝胶法合成人工合成锆石多核素固化体［$Zr_{1-x-y}(Nd_xCe_y)SiO_{4-x/2}$ ($0 \leqslant x = y \leqslant 0.05$)］；研究合成路线和烧结温度对人工合成锆石固化体中 Nd 和 Ce 固溶量的影响；研究 Nd 和 Ce 的固入对人工合成锆石固化体的物相和微观结构演变的影响规律。此外，评价了水热辅助溶胶-凝胶法制备的 Nd_2O_3-CeO_2-ZrO_2-SiO_2 体系的化学稳定性，研究了合成路线和烧结温度对人工合成锆石固化体化学稳定性的影响。

7.2 实验部分

1. 固化体配方设计

根据类质同象理论，$ZrSiO_4$结构中的Zr^{4+}可以同时被Nd^{3+}和Ce^{4+}取代。因此，基于离子电荷平衡，根据式(7-1)，采用化学通式$Zr_{1-x-y}(Nd_xCe_y)SiO_{4-x/2}$ ($0\leqslant x = y\leqslant 0.05$)表示人工合成锆石多价态模拟锕系核素固化体。

$$(1-x-y)ZrO_2+xNdO_{1.5}+yCeO_2+SiO_2\rightarrow Zr_{1-x-y}(Nd_xCe_y)SiO_{4-x/2} \tag{7-1}$$

2. 固化体制备

以硝酸钕[$Nd(NO_3)_3\cdot 6H_2O$]、硝酸铈铵[$Ce(NH_4)_2(NO_3)_6$]、氯氧化锆($ZrOCl_2\cdot 8H_2O$)和正硅酸乙酯(TEOS)为原料合成Nd_2O_3-CeO_2-ZrO_2-SiO_2体系前驱体。$Nd(NO_3)_3\cdot 6H_2O$、$Ce(NH_4)_2(NO_3)_6$、$ZrOCl_2\cdot 8H_2O$和TEOS的摩尔比为$x:y:1-x-y:1$ ($0\leqslant x=y\leqslant 0.05$)。表7-1列出了制备$Zr_{1-x-y}(Nd_xCe_y)SiO_{4-x/2}$ ($0\leqslant x = y\leqslant 0.05$)固化体所需原料配方。

典型的合成过程如下：首先，将一定量的TEOS溶于60 mL 50%乙醇溶液中预水解；然后，在剧烈搅拌下，将一定量的$Nd(NO_3)_3\cdot 6H_2O$、$Ce(NH_4)_2(NO_3)_6$和$ZrOCl_2\cdot 8H_2O$加入该溶液中，将所得溶液在室温下搅拌2 h，用氨水将所得溶液的pH调整到4左右；接着，将混合物转移到聚四氟乙烯内衬不锈钢水热反应釜中，在100℃下晶化20 h；最后，将所得混合物在80 ℃下干燥后在900℃下预烧热处理4h。将热处理后的粉末在研钵中磨碎，然后采用压片机压制成圆片(直径约12 mm、厚度约0.5 mm)。将获得的圆片在不同温度(1350 ℃、1400 ℃和1450 ℃)下烧结6 h。所得样品的编号列于表7-1中。

表7-1 锆石基多核素固化体$Zr_{1-x-y}(Nd_xCe_y)SiO_{4-x/2}$ ($0\leqslant x = y\leqslant 0.05$)配方表

样品	x	y	组成	用量/g			
				$Nd(NO_3)_3\cdot 6H_2O$	$Ce(NH_4)_2(NO_3)_6$	$ZrOCl_2\cdot 8H_2O$	TEOS
ZS	0	0	$ZrSiO_4$	0	0	2.5780	1.7850
NCZS-01	0.005	0.005	$Zr_{0.99}(Nd_{0.005}Ce_{0.005})SiO_{3.9975}$	0.0175	0.0222	2.5522	1.7850
NCZS-02	0.010	0.010	$Zr_{0.98}(Nd_{0.010}Ce_{0.010})SiO_{3.9950}$	0.0351	0.0443	2.5264	1.7850
NCZS-03	0.015	0.015	$Zr_{0.97}(Nd_{0.015}Ce_{0.015})SiO_{3.9925}$	0.0526	0.0665	2.5007	1.7850
NCZS-04	0.020	0.020	$Zr_{0.96}(Nd_{0.020}Ce_{0.020})SiO_{3.9900}$	0.0701	0.0886	2.4749	1.7850
NCZS-05	0.025	0.025	$Zr_{0.95}(Nd_{0.025}Ce_{0.025})SiO_{3.9875}$	0.0877	0.1108	2.4491	1.7850
NCZS-06	0.030	0.030	$Zr_{0.94}(Nd_{0.030}Ce_{0.030})SiO_{3.9850}$	0.1052	0.1329	2.4233	1.7850
NCZS-07	0.035	0.035	$Zr_{0.93}(Nd_{0.035}Ce_{0.035})SiO_{3.9825}$	0.1227	0.1551	2.3975	1.7850
NCZS-08	0.040	0.040	$Zr_{0.92}(Nd_{0.040}Ce_{0.040})SiO_{3.9800}$	0.1403	0.1772	2.3718	1.7850
NCZS-09	0.045	0.045	$Zr_{0.91}(Nd_{0.045}Ce_{0.045})SiO_{3.9775}$	0.1578	0.1994	2.3460	1.7850
NCZS-10	0.050	0.050	$Zr_{0.90}(Nd_{0.050}Ce_{0.050})SiO_{3.9750}$	0.1753	0.2215	2.3202	1.7850

3. 固化体表征

(1) XRD 分析：为了研究 Nd_2O_3-CeO_2-ZrO_2-SiO_2 体系的物相结构，采用粉末 XRD 对得到的样品进行表征，2θ 为 10°～90°，所用靶为 Cu 靶，X 射线为 Cu-Kα 线，波长为 0.15406 nm (λ=1.5406 Å)，扫描步长为 0.02°，扫描速度为 0.8 s/步。借助 Fullprof-2k 软件[50]对 XRD 数据进行 Rietveld 精修。

(2) SEM 分析：借助 SEM 观察样品的微观形貌。采用 EDS 对样品的组成和元素分布进行测定。

(3) 拉曼分析：用 Leica DMLM 显微分光光度计记录 785 nm 下 100～1100 cm^{-1} 的拉曼光谱。将氩激光束聚焦到一个面积约 1 mm^2 的光斑上，将样品的激光功率设置为 50mW。对每个光谱的停留时间为 30 s。

(4) 密度测试：以水为浸泡介质，采用阿基米德法测定样品密度。

4. 固化体浸出实验

采用 MCC-1 法[51, 52]研究人工合成锆石多核素固化体 Nd_2O_3-CeO_2-ZrO_2-SiO_2 的化学稳定性。将选定的圆片样品悬挂于一个体积为 50mL 的聚四氟乙烯内衬的水热反应釜中，浸出剂为 pH=7 的去离子水。将水热反应釜置于烘箱中保持 40℃恒温。样品浸泡 1 d、3 d、7 d、14 d、21 d、28 d、35 d 和 42 d 后，用 ICP-MS 测量浸出液中离子的浓度，并以式(6-1)计算元素归一化浸出率。

7.3　结果与讨论

7.3.1　XRD 分析

为了探明 Nd 与 Ce 的固入和烧结温度对人工合成锆石多核素固化体的物相结构演变规律的影响，采用 XRD 对样品进行分析。图 7-1 为不同温度(1350 ℃、1400 ℃和 1450 ℃)下制备的 $Zr_{1-x-y}(Nd_xCe_y)SiO_{4-x/2}$ $(0\leqslant x=y\leqslant 0.05)$ 人工合成锆石固化体的 XRD 图谱。可以明显看出，所有样品的 XRD 图谱中均出现了 $ZrSiO_4$ 相的特征衍射峰(JCPDS(Joint Committee on Powder Diffraction Standards，粉末衍射标准联合委员会):06-0266)。结果表明，采用水热辅助溶胶-凝胶法可在低烧结温度(1350～1450 ℃)和短保温时间(6 h)下成功制备人工合成锆石固化体。水热辅助溶胶-凝胶法是制备人工合成锆石固化体的有效方法。这可能归因于：以水热辅助溶胶-凝胶法制得的前驱体具有良好的均匀性、高纯度、良好的反应活性及窄的粒径分布等[53,54]。水热辅助溶胶-凝胶法利用溶剂在一定压力和温度下加速封闭体系中的反应。众所周知，酸碱度、压力和温度在反应过程中起着重要作用[43]。水热辅助溶胶-凝胶法可以促进 $ZrSiO_4$ 相的形成。因此，采用水热辅助溶胶-凝胶法可在低烧结温度、短保温时间内制备 Nd_2O_3-CeO_2-ZrO_2-SiO_2 体系。

如图 7-1 所示，1350 ℃烧结的样品从 ZS 到 NCZS-07 $(0\leqslant x+y<0.08)$；1400 ℃烧结

的样品从 ZS 到 NCZS-06（$0 \leqslant x+y < 0.07$）；1450 ℃烧结的样品从 ZS 到 NCZS-04（$0 \leqslant x+y < 0.05$）：这均为单一锆石相。然而，如图 7-1(a)所示，1350 ℃烧结样品 NCZS-08（$x+y = 0.08$）的 XRD 图谱中出现了$(Nd, Ce)_2Si_2O_7$相的特征衍射峰；图 7-1(b)中，1400 ℃烧结样品 NCZS-07（$x+y = 0.07$）的 XRD 图谱中出现了$(Nd, Ce)_2Si_2O_7$相的特征衍射峰；图 7-1(c)中，1450 ℃烧结样品 NCZS-05（$x+y = 0.05$）的 XRD 图谱中出现了$(Nd, Ce)_2Si_2O_7$相的特征衍射峰。此外，还可发现随着 Nd+Ce 固溶量的增加，这些$(Nd, Ce)_2Si_2O_7$相特征衍射峰的强度增加。这些结果表明，当烧结温度为 1350 ℃时，$x+y \geqslant 0.08$；当烧结温度为 1400 ℃时，$x+y \geqslant 0.07$；当烧结温度为 1450 ℃时，$x+y \geqslant 0.05$：这些样品为两相结构［$ZrSiO_4$ 相和$(Nd, Ce)_2Si_2O_7$相］。根据该结果可推断：在 1350 ℃、1400 ℃和 1450 ℃的烧结温度下，Nd+Ce 在人工合成锆石中的固溶量(原子分数)分别约为 8%、7%和 5%。该结果与 Hanchar 等[31]和 Ushakov 等[55]所报道的一致。综上所述，在人工合成锆石多核素固化体 $Zr_{1-x-y}(Nd_xCe_y)SiO_{4-x/2}$ 中，烧结温度为 1350℃时，$x+y<0.08$；烧结温度为 1400 ℃时，$x+y<0.07$；烧结温度为 1450 ℃时，$x+y<0.05$：人工合成锆石固化体为单一锆石相结构，然而，其他成分则为两相结构。因此，随着烧结温度的降低，Nd+Ce 的固溶量增大。这些结果表明，不同烧结温度 1450 ℃、1400 ℃和 1350 ℃条件下合成的人工合成锆石固化体 $Zr_{1-x-y}(Nd_xCe_y)SiO_{4-x/2}$ 中 Nd+Ce 的固溶量分别为 5%、7%和 8%。之前的研究[18]表明，当采用高温固相法合成人工合成锆石固化体时，Nd+Ce 在人工合成锆石中的固溶量约为 4%。这些结果证实了 Nd 和 Ce 在人工合成锆石中的固溶量与烧结温度和合成路线密切相关。结果表明，随着烧结温度的降低，核素的固溶量增大。这可能是由于锆石在较高的烧结温度下会发生分解所致[56,57]。研究表明，水热辅助溶胶-凝胶法可以提高 Nd 和 Ce 在人工合成锆石结构中的固溶量。

图 7-1(a_1)、(b_1)和(c_1)为 $2\theta=26°\sim28°$锆石特征衍射峰的放大图。由图可看出，$2\theta=26.9$ ℃左右的衍射峰为锆石结构的(200)晶面，其位置随 Nd+Ce 固溶量的增加，逐渐向低 2θ 角度偏移。根据 Scherrer 方程，导致衍射峰位置向低角度偏移的现象是由晶胞参数的减小或增加引起的。本书晶胞参数随着 Nd+Ce 固溶量的增加而增加，其主要原因是由于较大的阳离子 Nd^{3+}(8 配位离子半径为 1.109 Å)和 Ce^{4+}(8 配位离子半径为 0.97 Å)取代锆石结构中较小的阳离子 Zr^{4+}(8 配位离子半径为 0.84 Å)。1450 ℃、1400 ℃和 1350 ℃烧结的人工合成锆石固化体 $Zr_{1-x-y}(Nd_xCe_y)SiO_{4-x/2}$($0 \leqslant x=y \leqslant 0.05$)的晶胞参数列于表 7-2～表 7-4 中。图 7-2 展示了不同温度(1350 ℃、1400 ℃和 1450 ℃)下烧结的样品的晶胞体积与 Nd+Ce 固溶量间的关系曲线。从图 7-2、表 7-2～表 7-4 中可以看出，随着 Nd+Ce 固溶量的增加，晶胞参数(a、b、c)和晶胞体积(V)增大。根据这些结果可以得出结论：Nd 和 Ce 被成功地固定于人工合成锆石结构中。

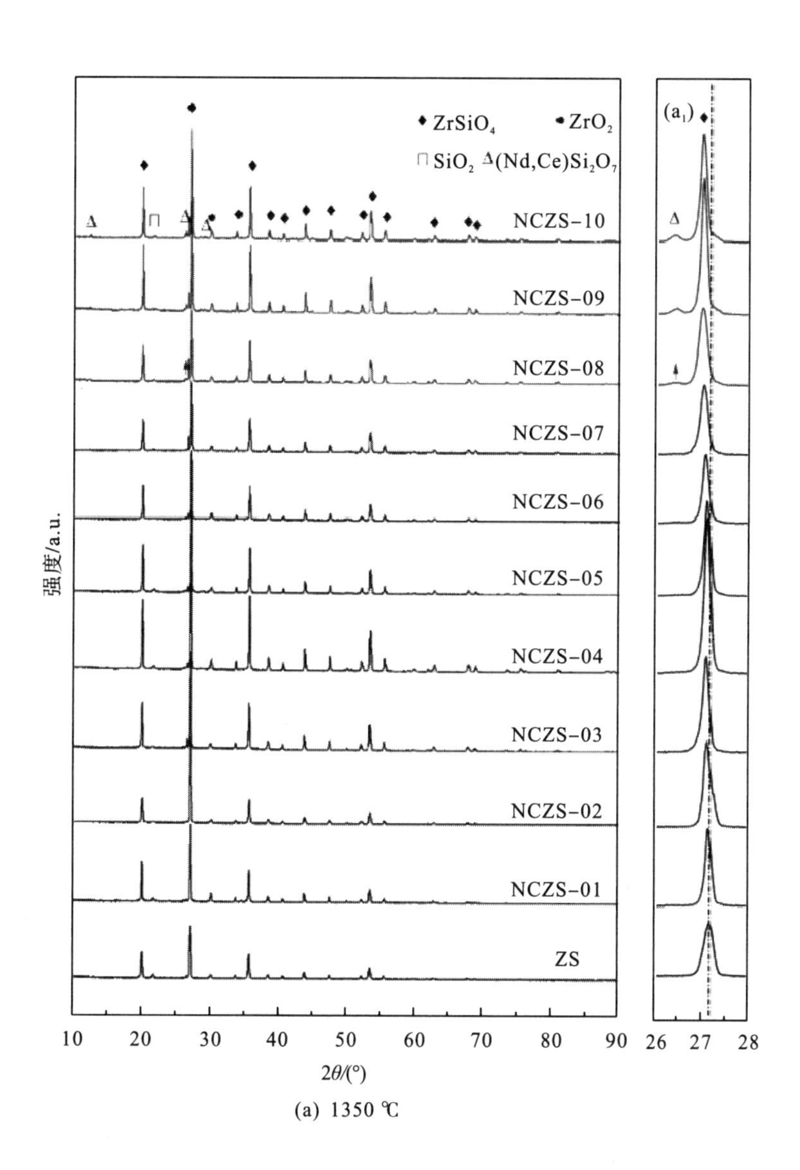
ZrSiO4
ZrO2
SiO2
(Nd,Ce)Si2O7
NCZS-10
NCZS-09
NCZS-08
NCZS-07
NCZS-06
NCZS-05
NCZS-04
NCZS-03
NCZS-02
NCZS-01
ZS
强度/a.u.
10 20 30 40 50 60 70 80 90
2θ/(°)
(a1)
26 27 28

(a) 1350 ℃

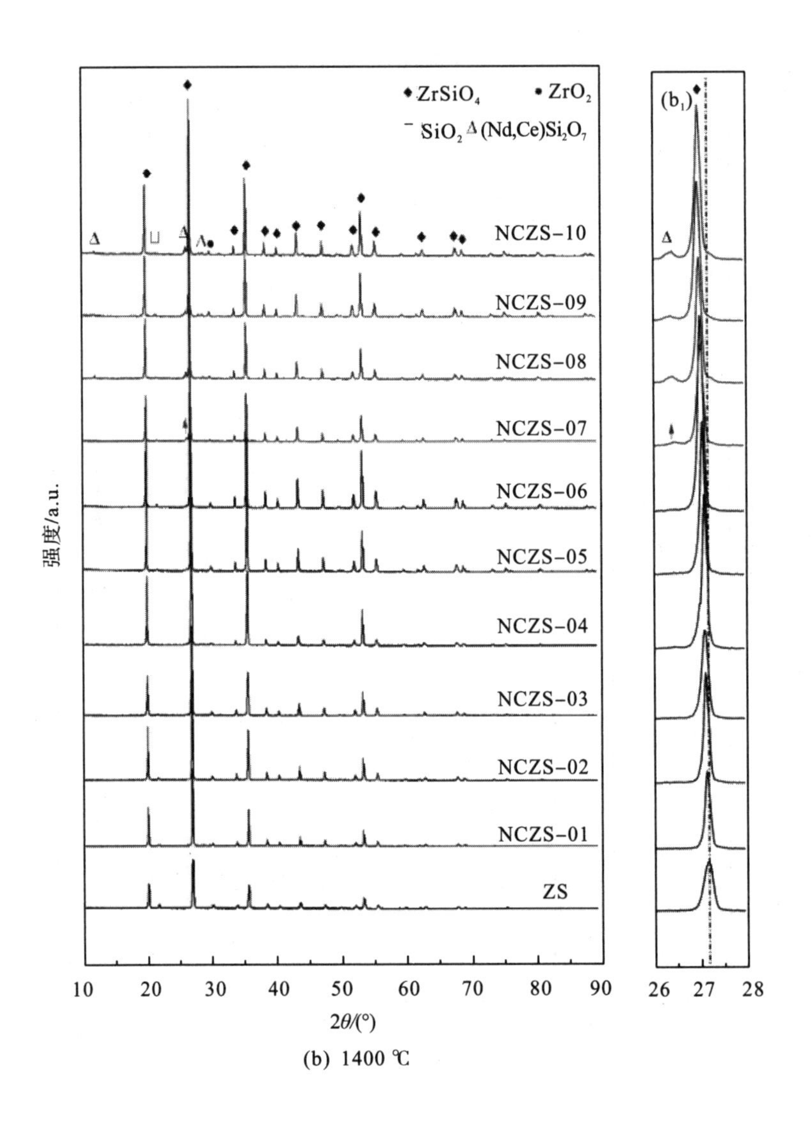
ZrSiO4
ZrO2
SiO2
(Nd,Ce)Si2O7
(b1)
NCZS-10
NCZS-09
NCZS-08
NCZS-07
NCZS-06
NCZS-05
NCZS-04
NCZS-03
NCZS-02
NCZS-01
ZS
强度/a.u.
10 20 30 40 50 60 70 80 90
26 27 28
2θ/(°)

(b) 1400 ℃

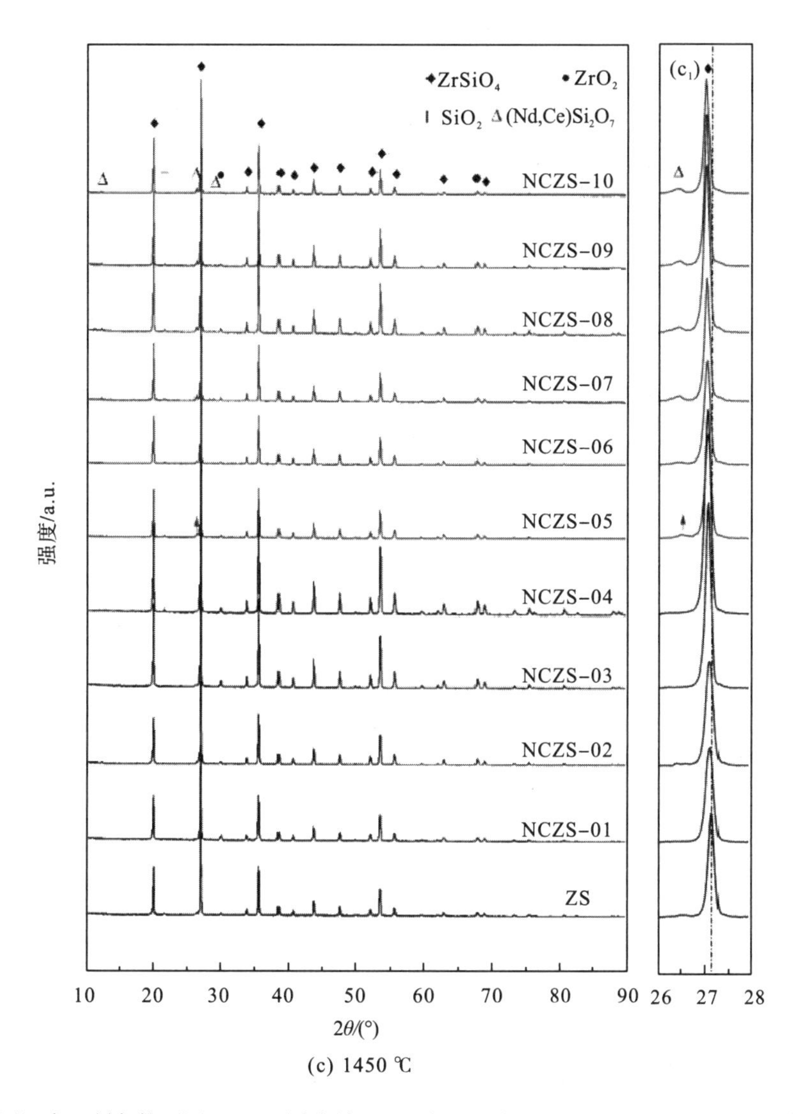

(c) 1450 ℃

图 7-1　不同温度下制备的不同 Nd+Ce 固溶量 $Zr_{1-x-y}(Nd_xCe_y)SiO_{4-x/2}$ $(0 \leqslant x = y \leqslant 0.05)$ 组分的 XRD 图

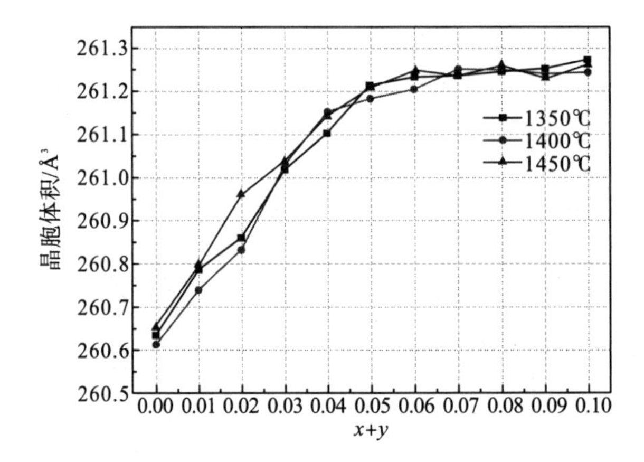

图 7-2 人工合成锆石固化体 $Zr_{1-x-y}(Nd_xCe_y)SiO_{4-x/2}$ 晶胞体积与 $x+y$ 间的关系曲线

表 7-2 1450 ℃烧结人工合成锆石 $Zr_{1-x-y}(Nd_xCe_y)SiO_{4-x/2}$ $(0\leqslant x=y\leqslant 0.05)$ 的晶胞参数

样品	组成	a/Å	c/Å	V/Å³
JCPDS:06-0266	$ZrSiO_4$	6.6040	5.9790	260.8000
ZS	$ZrSiO_4$	6.6027(2)	5.9789(3)	260.6540(8)
NCZS-01	$Zr_{0.99}(Nd_{0.005}Ce_{0.005})SiO_{3.9975}$	6.6038(4)	5.9802(2)	260.7976(7)
NCZS-02	$Zr_{0.98}(Nd_{0.010}Ce_{0.010})SiO_{3.9950}$	6.6045(3)	5.9827(4)	260.9619(9)
NCZS-03	$Zr_{0.97}(Nd_{0.015}Ce_{0.015})SiO_{3.9925}$	6.6051(5)	5.9834(5)	261.0399(5)
NCZS-04	$Zr_{0.96}(Nd_{0.020}Ce_{0.020})SiO_{3.9900}$	6.6054(3)	5.9852(2)	261.1421(6)
NCZS-05	$Zr_{0.95}(Nd_{0.025}Ce_{0.025})SiO_{3.9875}$	6.6067(4)	5.9843(3)	261.2056(8)
NCZS-06	$Zr_{0.94}(Nd_{0.030}Ce_{0.030})SiO_{3.9850}$	6.6071(2)	5.9845(5)	261.2460(9)
NCZS-07	$Zr_{0.93}(Nd_{0.035}Ce_{0.035})SiO_{3.9825}$	6.6068(5)	5.9849(3)	261.2397(5)
NCZS-08	$Zr_{0.92}(Nd_{0.040}Ce_{0.040})SiO_{3.9800}$	6.6069(2)	5.9852(4)	261.2607(7)
NCZS-09	$Zr_{0.91}(Nd_{0.045}Ce_{0.045})SiO_{3.9775}$	6.6067(4)	5.9849(2)	261.2318(8)
NCZS-10	$Zr_{0.90}(Nd_{0.050}Ce_{0.050})SiO_{3.9750}$	6.6070(3)	5.9851(3)	261.2643(7)

注：括号内为偏差，下同。

表 7-3 1400 ℃烧结人工合成锆石 $Zr_{1-x-y}(Nd_xCe_y)SiO_{4-x/2}$ $(0\leqslant x=y\leqslant 0.05)$ 的晶胞参数

样品	组成	a/Å	c/Å	V/Å³
JCPDS:06-0266	$ZrSiO_4$	6.6040	5.9790	260.8000
ZS	$ZrSiO_4$	6.6028(3)	5.9778(4)	260.6140
NCZS-01	$Zr_{0.99}(Nd_{0.005}Ce_{0.005})SiO_{3.9975}$	6.6041(4)	5.9783(2)	260.7386
NCZS-02	$Zr_{0.98}(Nd_{0.010}Ce_{0.010})SiO_{3.9950}$	6.6044(2)	5.9799(3)	260.8319
NCZS-03	$Zr_{0.97}(Nd_{0.015}Ce_{0.015})SiO_{3.9925}$	6.6053(5)	5.9828(3)	261.0299
NCZS-04	$Zr_{0.96}(Nd_{0.020}Ce_{0.020})SiO_{3.9900}$	6.6052(4)	5.9858(4)	261.1521
NCZS-05	$Zr_{0.95}(Nd_{0.025}Ce_{0.025})SiO_{3.9875}$	6.6065(5)	5.9842(3)	261.1856
NCZS-06	$Zr_{0.94}(Nd_{0.030}Ce_{0.030})SiO_{3.9850}$	6.6070(4)	5.9838(5)	261.2060

续表

样品	组成	a/Å	c/Å	V/Å^3
NCZS-07	$Zr_{0.93}(Nd_{0.035}Ce_{0.035})SiO_{3.9825}$	6.6075(3)	5.9839(4)	261.2497
NCZS-08	$Zr_{0.92}(Nd_{0.040}Ce_{0.040})SiO_{3.9800}$	6.6079(4)	5.9832(5)	261.2507
NCZS-09	$Zr_{0.91}(Nd_{0.045}Ce_{0.045})SiO_{3.9775}$	6.6072(3)	5.9842(3)	261.2418
NCZS-10	$Zr_{0.90}(Nd_{0.050}Ce_{0.050})SiO_{3.9750}$	6.6067(5)	5.9852(5)	261.2443

表 7-4 1350 ℃烧结人工合成锆石 $Zr_{1-x-y}(Nd_xCe_y)SiO_{4-x/2}$ $(0\leqslant x=y\leqslant 0.05)$ 的晶胞参数

样品	组成	a/Å	c/Å	V/Å^3
JCPDS:06-0266	$ZrSiO_4$	6.6040	5.9790	260.8000
ZS	$ZrSiO_4$	6.6025(3)	5.9788(3)	260.6340
NCZS-01	$Zr_{0.99}(Nd_{0.005}Ce_{0.005})SiO_{3.9975}$	6.6032(3)	5.9811(4)	260.7876
NCZS-02	$Zr_{0.98}(Nd_{0.010}Ce_{0.010})SiO_{3.9950}$	6.6041(4)	5.9811(3)	260.8619
NCZS-03	$Zr_{0.97}(Nd_{0.015}Ce_{0.015})SiO_{3.9925}$	6.6048(3)	5.9834(5)	261.0199
NCZS-04	$Zr_{0.96}(Nd_{0.020}Ce_{0.020})SiO_{3.9900}$	6.6055(3)	5.9841(1)	261.1021
NCZS-05	$Zr_{0.95}(Nd_{0.025}Ce_{0.025})SiO_{3.9875}$	6.6066(4)	5.9847(6)	261.2156
NCZS-06	$Zr_{0.94}(Nd_{0.030}Ce_{0.030})SiO_{3.9850}$	6.6073(5)	5.9839(3)	261.2360
NCZS-07	$Zr_{0.93}(Nd_{0.035}Ce_{0.035})SiO_{3.9825}$	6.6071(3)	5.9843(3)	261.2370
NCZS-08	$Zr_{0.92}(Nd_{0.040}Ce_{0.040})SiO_{3.9800}$	6.6068(4)	5.9851(5)	261.2487
NCZS-09	$Zr_{0.91}(Nd_{0.045}Ce_{0.045})SiO_{3.9775}$	6.6070(3)	5.9848(6)	261.2538
NCZS-10	$Zr_{0.90}(Nd_{0.050}Ce_{0.050})SiO_{3.9750}$	6.6079(4)	5.9837(4)	261.2743

7.3.2 拉曼分析

在不同温度(1350 ℃、1400 ℃和 1450 ℃)下烧结人工合成锆石固化体 $Zr_{1-x-y}(Nd_xCe_y)SiO_{4-x/2}$ 的拉曼光谱如图 7-3 所示。所有样品的图谱中均能观察到锆石特征峰。在锆石结构中，439 cm^{-1}、975 cm^{-1} 和 1008 cm^{-1} 附近的振动峰为[SiO_4^{4-}]的内部振动模式，而 202 cm^{-1}、214 cm^{-1}、225 cm^{-1} 和 355 cm^{-1} 附近的振动带则对应于[SiO_4^{4-}]的外部振动模式[58-60]。结合 XRD 表征结果，进一步表明采用水热辅助溶胶-凝胶法制备人工合成锆石固化体时，在烧结温度为 1350～1450 ℃及保温时间为 6 h 合成条件下可成功制备出人工合成锆石固化体。如图 7-3(a_1)、(b_1)和(c_1)所示，随着 Nd+Ce 固溶量的增加，在 1008 cm^{-1}(SiO_4^{4-} 的 v_4 带)附近也可以观察到深变色。Bathochromic 位移可归因于较大的 Nd^{3+}和 Ce^{4+}掺入 [$Nd^{3+}+Ce^{4+}+ZrSiO_4 \longrightarrow (Zr,Nd,Ce)SiO_4$] 引起的晶格膨胀。这也可能是由于锆石结构中含有更多的钕和铈。这些发现进一步证实了钕和铈成功地固定在锆石结构中。

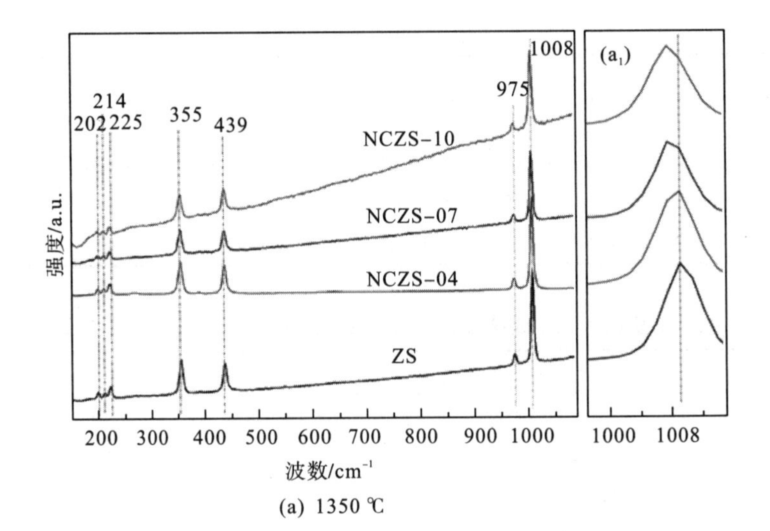

(a) 1350 ℃

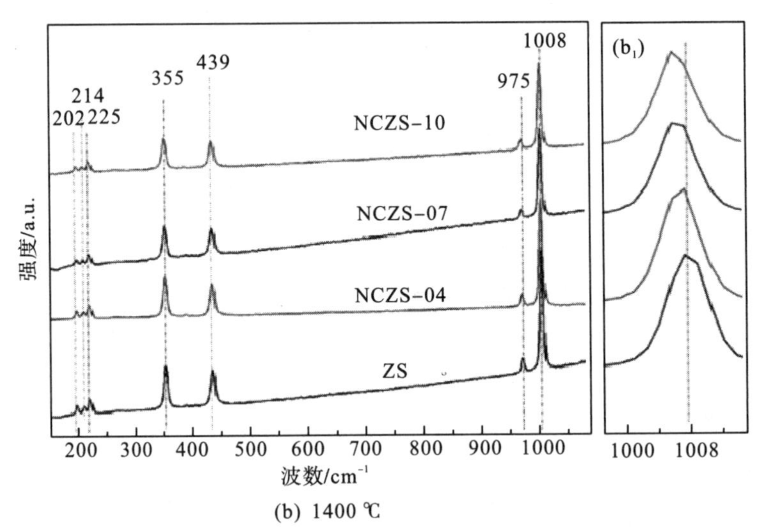

(b) 1400 ℃

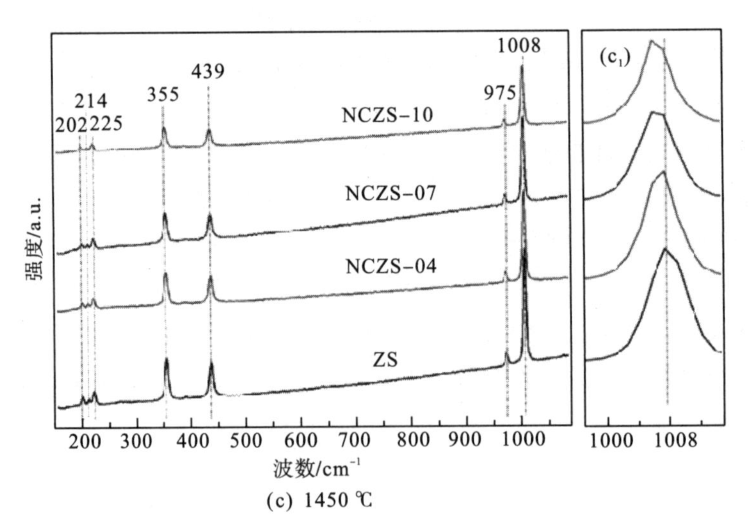

(c) 1450 ℃

图 7-3 $Zr_{1-x-y}(Nd_xCe_y)SiO_{4-x/2}$ 样品在不同温度下烧结的拉曼光谱

7.3.3　微观形貌分析

图 7-4 为不同温度(1350 ℃、1400 ℃和 1450 ℃)下烧结 6 h 的 NCZS-04 样品的 SEM 照片，可观察到晶粒尺寸随烧结温度的升高而增大。如图 7-4(c)所示，在最高烧结温度(1450 ℃)下获得了粒径更大(约 1 μm)、更均匀且结构更致密的人工合成锆石固化体。水热辅助溶胶-凝胶法所得样品的粒径小于高温固相法所得样品的粒径(2～3 μm)[18]。这可能是由于从水热辅助溶胶-凝胶路径获得的前驱体具有良好的均匀性、较小的粒径和良好的反应性，从而降低了烧结温度和保温时间。烧结温度低及保温时间短，导致晶粒尺寸小。此外，还研究了 Nd 和 Ce 固溶量对制备的人工合成锆石微观结构的影响。图 7-5 给出了不同 Nd+Ce 固溶量的样品在 1450 ℃烧结 6 h 后的 SEM 照片，观察到在相同的烧结温度下，随着 Nd+Ce 固溶量的增加，晶粒尺寸增大，致密性增强。图 7-6 为在不同温度下制备的具有不同 Nd+Ce 固溶量的人工合成锆石固化体的体积密度曲线。结果表明，随着 Nd 和 Ce 量($x+y$)的增加和烧结温度的升高，体积密度增大，与 SEM 分析得到的规律一致。体积密度随着 Nd+Ce 固溶量的增加而增加，这主要是由于较轻的 Zr^{4+}(91.22 u)被较重的 Nd^{3+}(144.24 u)+Ce^{4+}(140.12 u)所取代。当 $x+y$=0.1、烧结温度为 1450 ℃时，所制备的人工合成锆石固化体的体积密度最高，约为 4.58 g/cm^3，达到理论值的 96%。这些结果表明，烧结温度的升高和 Nd、Ce 的掺入都有利于人工合成锆石的晶粒生长和致密化。而$(Nd,Ce)_2Si_2O_7$相也有利于人工合成锆石固化体的致密化。

通过元素组成及分布分析，进一步阐明人工合成锆石固化体对 Nd 和 Ce 的固化行为。对 1450℃烧结的 NCZS-04 样品进行分析，样品的元素组成如图 7-7 所示。结果表明，$Zr_{0.96}(Nd_{0.020}Ce_{0.020})SiO_{3.9900}$组成的 NCZS-04 样品中 Nd、Ce、Zr、Si 和 O 的原子分数分别为 0.28%、0.31%、16.09%、16.64%和 66.8%，与设计的理论值(0.33%、0.33%、16.03%、16.69%和 66.62%)一致。理论值和实验值之间的良好一致性证实了所有元素都被定量沉淀，然后通过加热转化为预期的混合氧化物前驱体。NCZS-04 样品的元素分布情况如图 7-8 所示。从图中可以明显看出，所有考虑的元素 Nd、Ce、Zr 和 Si 都能在 NCZS-04 样品中检测到。这证实了 Nd 和 Ce 已被成功固化于人工合成锆石固化体中。此外，还可以观察到样品中的 Nd、Ce、Zr 和 Si 是均匀分布的。结果表明，所合成的人工合成锆石固化体的微观结构是均匀的。

(a) 1350 ℃　(b) 1400 ℃　(c) 1450 ℃

图 7-4　不同温度下烧结样品 NCZS-04 的 SEM 照片

(a) ZS　(b) NCZS-04

(c) NCZS-07　(d) NCZS-10

图 7-5　1450 ℃烧结不同 Nd+Ce 固溶量样品的 SEM 照片

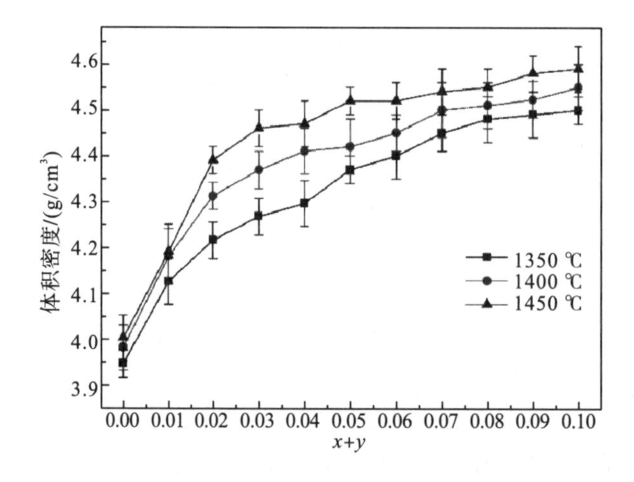

图 7-6　$Zr_{1-x-y}(Nd_xCe_y)SiO_{4-x/2}$ 固化体体积密度与固溶量及温度间的关系曲线

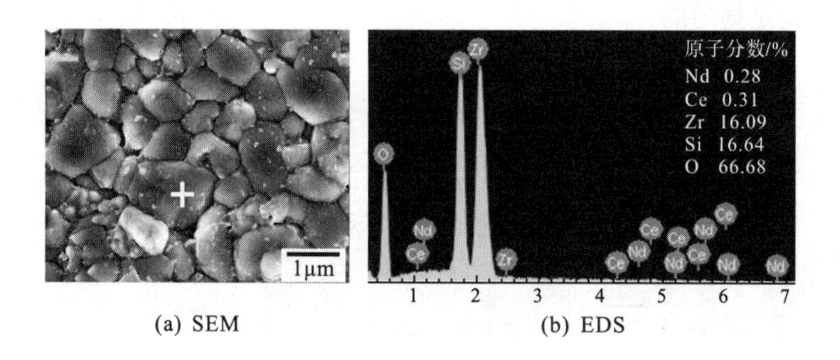

(a) SEM　(b) EDS

图 7-7　NCZS-04 样品的 SEM 照片和 EDS 结果

(a) SEM　(b) Nd

(c) Ce　(d) Zr　(e) Si

图 7-8　1450 ℃烧结 NCZS-04 样品的元素分布照片

7.3.4　化学稳定性分析

采用静态浸出法对水热辅助溶胶-凝胶法制备的人工合成锆石固化体的化学稳定性进行评价。选择不同温度烧结的 NCZS-01、NCZS-04、NCZS-07 和 NCZS-10 样品进行浸出实验。1450 ℃、1400 ℃和 1350 ℃烧结样品的 Nd 和 Ce 归一化浸出率分别如图 7-9～图 7-11 所示。结果表明，随着浸出时间的延长，所有人工合成锆石固化体的归一化浸出率均呈下降趋势，28d 后几乎保持不变。对于 1450℃烧结的 NCZS-01、NCZS-04、NCZS-07 和 NCZS-10 样品，42d 后的 Nd 归一化浸出率分别为$(0.73\pm0.4)\times10^{-4}$ g/(m^2·d)、$(0.84\pm0.3)\times10^{-4}$ g/(m^2·d)、$(1.11\pm0.6)\times10^{-4}$ g/(m^2·d)和$(1.48\pm0.5)\times10^{-4}$ g/(m^2·d)，Ce 归一化浸出率分别为$(0.64\pm0.3)\times10^{-4}$ g/(m^2·d)、$(0.79\pm0.2)\times10^{-4}$ g/(m^2·d)、$(1.07\pm0.3)\times10^{-4}$ g/(m^2·d)和$(1.39\pm0.5)\times10^{-4}$ g/(m^2·d)。这些数据表明，水热辅助溶胶-凝胶法合成的人工合成锆石固化体中模拟核素的归一化浸出率低于富锆钛酸盐［约 10^{-3} g/(m^2·d)］[61]、磷酸盐玻璃［约 10^{-3} g/(m^2·d)］[5]和榍石［约 10^{-3} g/(m^2·d)］[62]等。此外，还发现随着 Nd+Ce 固溶量的增加，Nd 和 Ce 归一化浸出率增大。主要原因如下：实际上，由于化学价相同，用 Ce^{4+}取代 Zr^{4+}不会形成氧空位；但是，由于化学价的不同，当 Nd^{3+}取代 Zr^{4+}时会形成氧空位。有研究表明，氧空位会导致结合能的降低[28, 63]。因此，Nd 和 Ce 归一化浸出率随 Nd+Ce 固溶量的增加而变大。

不同烧结温度获得的 NCZS-04 样品中 Nd 和 Ce 的归一化浸出率如图 7-12 所示。结果显示，人工合成锆石固化体的归一化浸出率与烧结温度密切相关。随着烧结温度的升高，Nd 和 Ce 归一化浸出率逐渐减小。有研究表明，固化体的密度对浸出率有显著影响。因此，这种现象可能是由于在较高的烧结温度下获得的固化体具有较高的密度。结果表明，在较高的烧结温度下，可以获得化学稳定性较好的人工合成锆石固化体。浸出实验后样品的

XRD 图谱如图 7-13 所示。从图 7-13 中可以看出，浸出实验后样品的 XRD 图谱中主要衍射峰仍为锆石或$(Nd,Ce)_2Si_2O_7$结构相。这些结果表明，水热辅助溶胶-凝胶法制备的人工合成锆石固化体具有良好的化学稳定性。

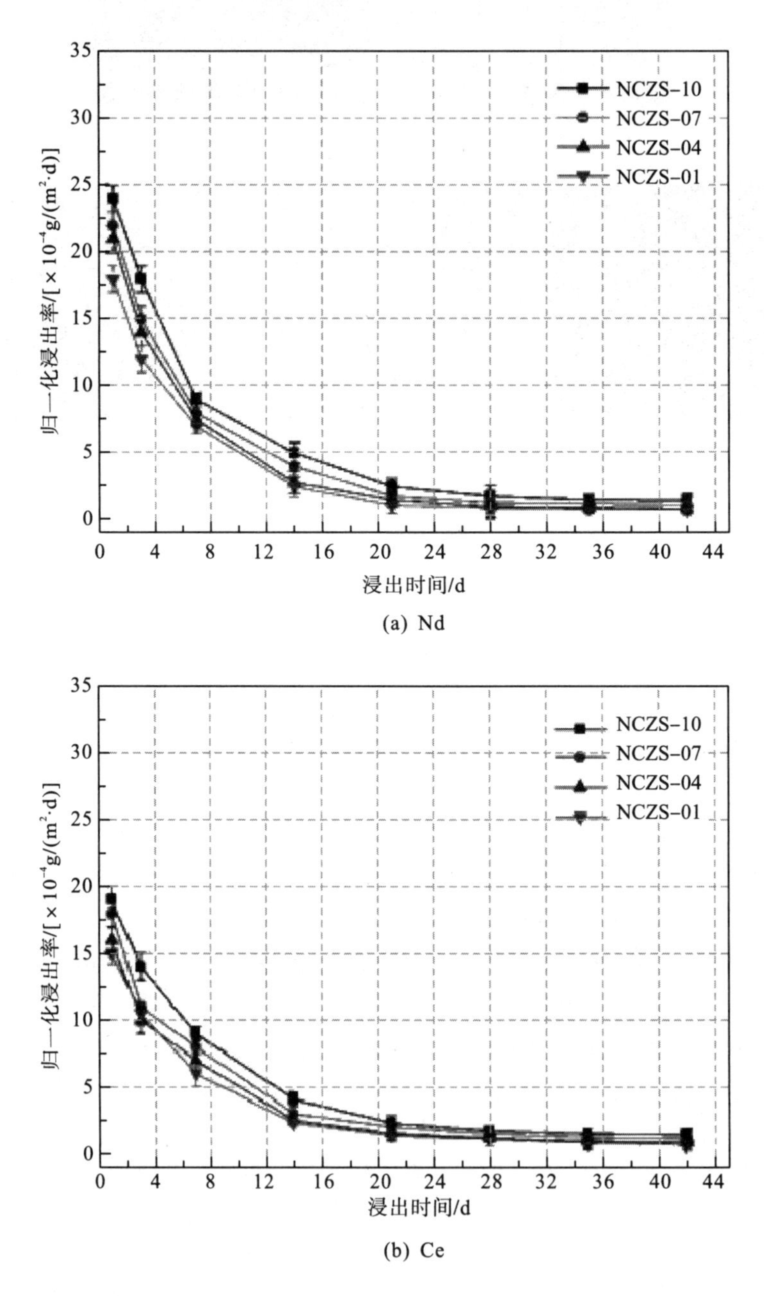

(a) Nd

(b) Ce

图 7-9 1450 ℃烧结人工合成锆石固化体中 Nd 和 Ce 的归一化浸出率

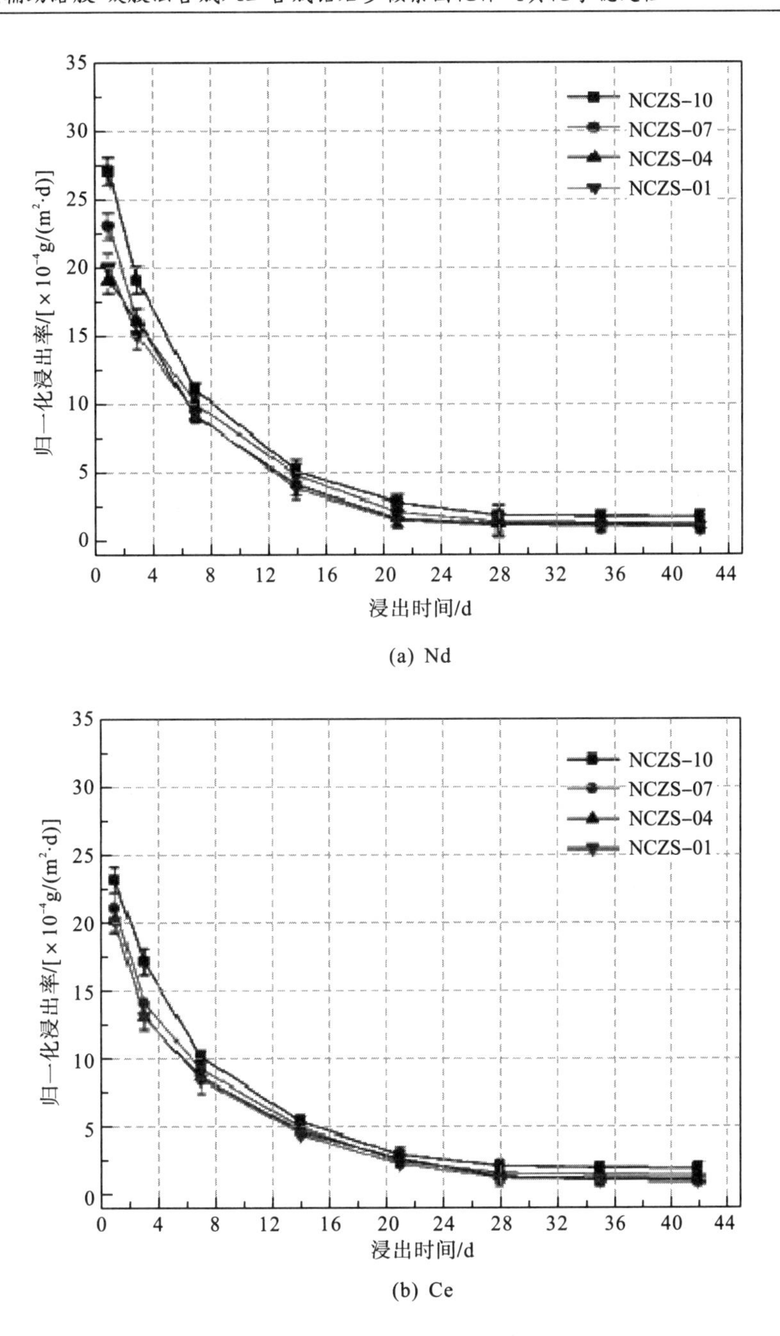

图 7-10　1400 ℃烧结人工合成锆石固化体中 Nd 和 Ce 的归一化浸出率

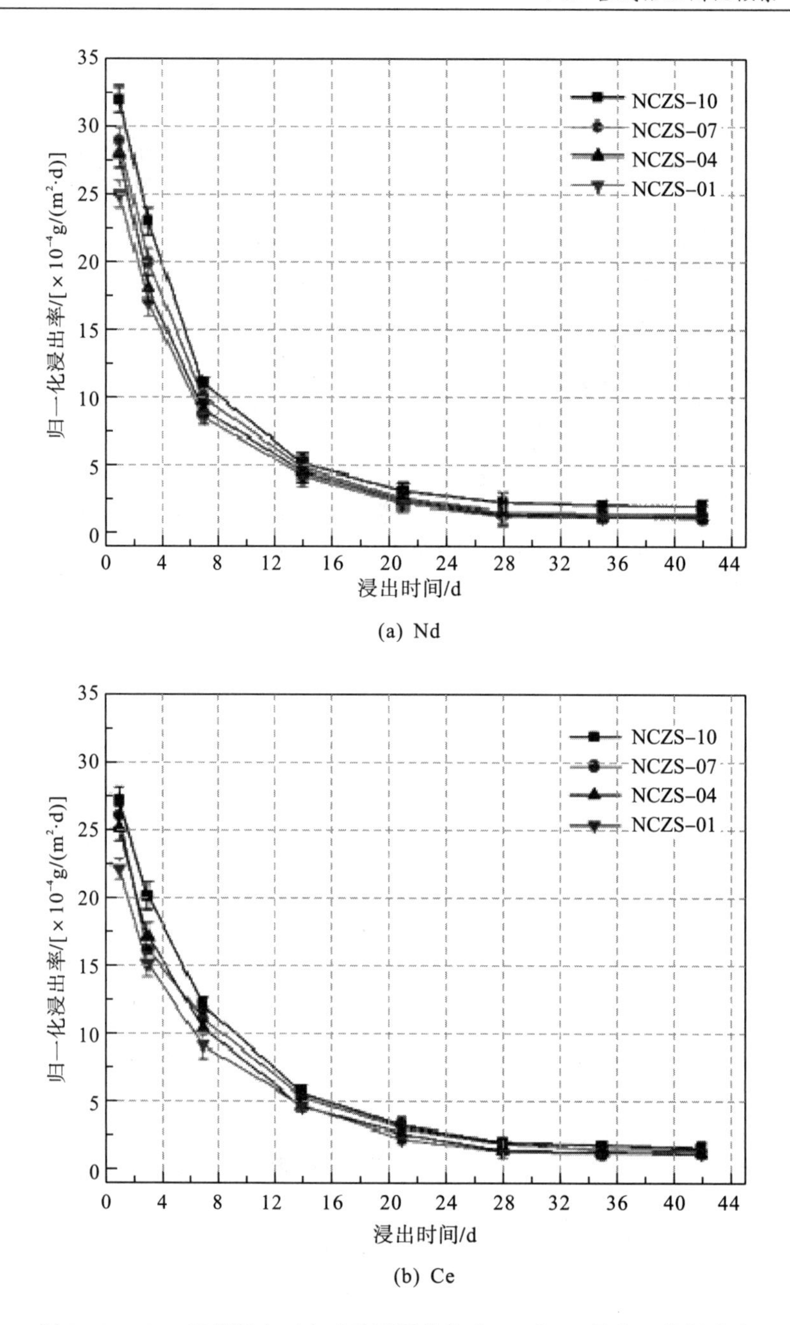

(a) Nd

(b) Ce

图 7-11 1350 ℃烧结人工合成锆石固化体中 Nd 和 Ce 的归一化浸出率

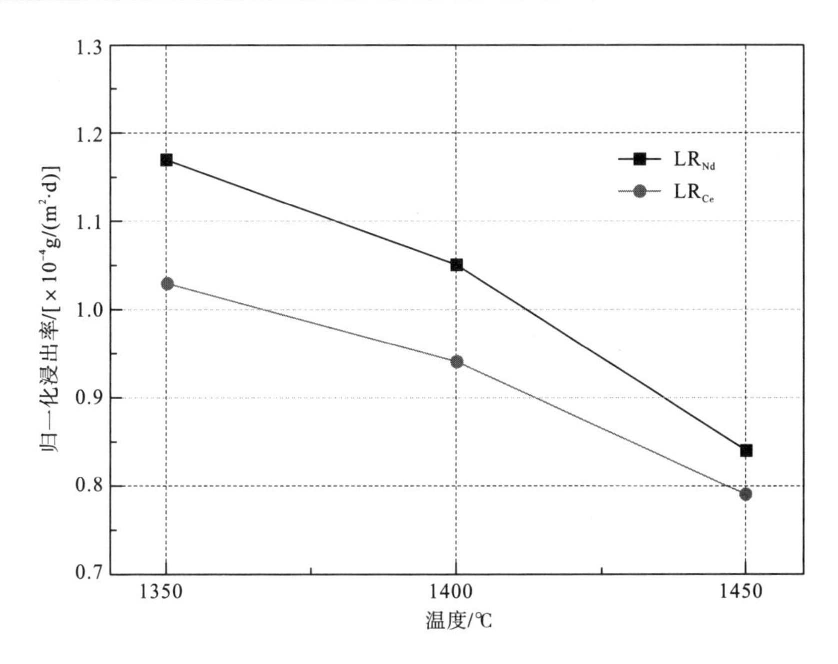

图7-12 人工合成锆石固化体中Nd和Ce的归一化浸出率随烧结温度的变化曲线(以NCZS-04样品为例)

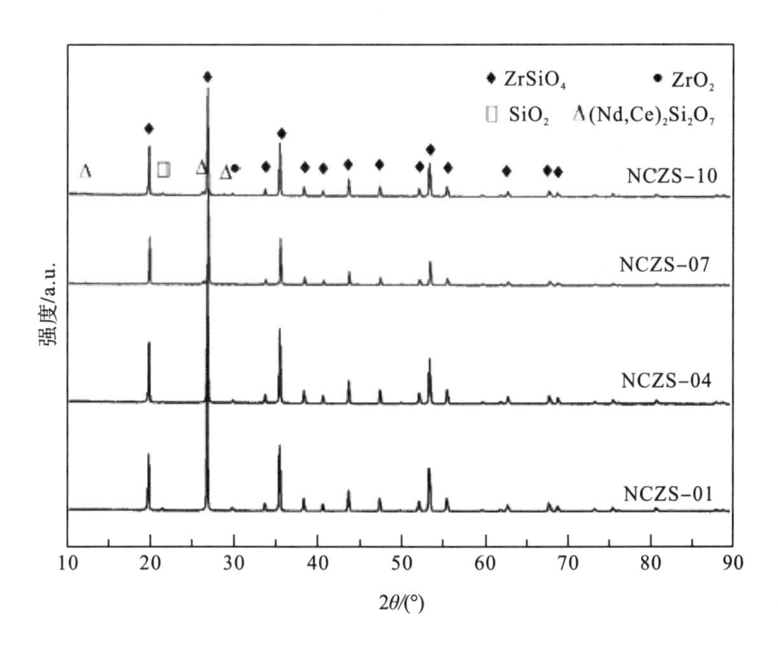

图7-13 浸出实验后人工合成锆石固化体的XRD图谱

7.4 小结

本章采用水热辅助溶胶-凝胶法开展了人工合成锆石多核素固化体 $Zr_{1-x-y}(Nd_xCe_y)SiO_{4-x/2}$ $(0\leqslant x=y\leqslant 0.05)$ 的合成及其化学稳定性研究，获得的初步结论如下：

(1)在较低的烧结温度(1350～1450 ℃)和较短的保温时间(6 h)下，可成功合成人工合成锆石多核素固化体；

(2)合成路线和烧结温度对人工合成锆石的物相结构、Nd+Ce 的固溶量及其化学稳定性具有较大影响；

(3)不同烧结温度(1450 ℃、1400 ℃和 1350 ℃)下合成的人工合成锆石固化体 $Zr_{1-x-y}(Nd_xCe_y)SiO_{4-x/2}$ 中 Nd+Ce 的固溶量分别为 5%、7%和 8%；

(4)采用水热辅助溶胶-凝胶法合成的人工合成锆石固化体具有良好的化学稳定性［归一化浸出率约 10^{-4} g/(m^2·d)］。

参 考 文 献

[1] Zhu L, Xiao C, Dai X, et al. Exceptional perrhenate/pertechnetate uptake and subsequent immobilization by a low-dimensional cationic coordination polymer: Overcoming the hofmeister bias selectivity[J]. Environmental Science & Technology Letters, 2017, 4(7): 316-322.

[2] Liao C Z, Shih K, Lee W E. Crystal structures of Al-Nd codoped zirconolite derived from glass matrix and powder sintering[J]. Inorganic Chemistry, 2015, 54(15): 7353-7361.

[3] Orlova A I, Volgutov V Y, Castro G R, et al. ChemInform Abstract: Synthesis and crystal structure of NZP-type thorium-zirconium phosphate[J]. Inorganic Chemistry, 2009, 48: 9046-9047.

[4] El-Kamash A M, El-Naggar M R, El-Dessouky M I. Immobilization of cesium and strontium radionuclides in zeolite-cement blends[J]. Journal of Hazardous Materials, 2006, 136(2): 310-316.

[5] Lutze W, Ewing R C. Radioactive Waste Forms for the Future [M], 1988. Amsterdam: North Holland.

[6] Burakov B E, Ojovan M I, Lee W E, Crystalline Materials for Actinide Immo-bilisation [M]. Imperial College Press, London, UK, 2011.

[7] Caurant D, Loiseau P, Majérus O, et al. Glasses, Glass-Ceramics and Ceramics for Immobilization of Highly Radioactive Nuclear Wastes[M]. New York: Nova Science, 2007.

[8] Chen T Y, Maddrell E R, Hyatt N C, et al. A potential wasteform for Cs immobilization: synthesis, structure determination, and aqueous durability of $Cs_2TiNb_6O_{18}$[J]. Inorganic Chemistry, 2016, 55(24): 12686-12695.

[9] Lu X, Ding Y, Dan H, et al. Rapid synthesis of single phase $Gd_2Zr_2O_7$ pyrochlore waste forms by microwave sintering[J]. Ceramics International, 2014, 40(8): 13191-13194.

[10] Kong L, Zhang Y, Karatchevtseva I. Preparation of $Y_2Ti_2O_7$ pyrochlore glass-ceramics as potential waste forms for actinides: The effects of processing conditions[J]. Journal of Nuclear Materials, 2018, 500: 11-14.

[11] Sun S K, Stennett M C, Corkhill C L, et al. Reactive spark plasma synthesis of $CaZrTi_2O_7$ zirconolite ceramics for plutonium disposition[J]. Journal of Nuclear Materials, 2018, 500: 11-14.

[12] Liao C Z, Liu C, Su M, et al. Quantification of the partitioning ratio of minor actinide surrogates between zirconolite and glass in glass-ceramic for nuclear waste disposal[J]. Inorganic Chemistry, 2017, 56(16): 9913-9921.

[13] Clavier N, Dacheux N, Podor R. Synthesis, characterization, sintering, and leaching of β-TUPD/monazite radwaste matrices[J]. Inorganic Chemistry, 2006, 45(1): 220-229.

[14] Terra O, Dacheux N, Audubert F, et al. Immobilization of tetravalent actinides in phosphate ceramics[J]. Journal of Nuclear Materials, 2006, 352(1-3): 224-232.

[15] Bregiroux D, Terra O, Audubert F, et al. Solidstate synthesis of monazite-type compounds containing tetravalent elements[J]. Inorganic Chemistry, 2007, 46(24): 10372-10382.

[16] Dacheux N, Clavier N, Podor R. Versatile Monazite: Resolving geological records and solving challenges in materials science: Monazite as a promising long-term radioactive waste matrix: Benefits of high-structural flexibility and chemical durability[J]. American Mineralogist, 2013, 98(5-6): 833-847.

[17] Arinicheva Y, Gausse C, Neumeier S, et al. Influence of temperature on the dissolution kinetics of synthetic $LaPO_4$-monazite in acidic media between 50 and 130 ℃[J]. Journal of Nuclear Materials, 2018, 509: 488-495.

[18] Ding Y, Lu X, Tu H, et al. Phase evolution and microstructure studies on Nd^{3+} and Ce^{4+} co-doped zircon ceramics[J]. Journal of the European Ceramic Society, 2015, 35(7): 2153-2161.

[19] Ding Y, Lu X, Dan H, et al. Phase evolution and chemical durability of Nd-doped zircon ceramics designed to immobilize trivalent actinides[J]. Ceramics International, 2015, 41(8): 10044-10050.

[20] Ding Y, Long X, Peng S, et al. Phase evolution and aqueous durability of $Zr_{1-x-y}Ce_xNd_yO_{2-y/2}$ ceramics designed to immobilize actinides with multi-valences[J]. Journal of Nuclear Materials, 2017, 487: 297-304.

[21] Ding Y, Dan H, Lu X, et al. Phase evolution and chemical durability of $Zr_{1-x}Nd_xO_{2-x/2}$ ($0 \leqslant x \leqslant 1$) ceramics[J]. Journal of the European Ceramic Society, 2017, 37(7): 2673-2678.

[22] Kim H S, Joung C Y, Lee B H, et al. Applicability of CeO_2 as a surrogate for PuO_2 in a MOX fuel development[J]. Journal of Nuclear Materials, 2008, 378(1): 98-104.

[23] WoŁcyrz M, Kepinski L. Rietveld refinement of the structure of CeOCl formed in Pd/CeO_2 catalyst: Notes on the existence of a stabilized tetragonal phase of La_2O_3 in La-Pd-O system[J]. Journal of Solid State Chemistry France, 1992, 99: 409-413.

[24] Dedov N V, Bagryantsev V F. X-ray diffraction analysis of plutonium dioxide prepared by plasmochemical method[J]. Radiochemistry, 1996, 38(1): 24-26.

[25] Cooper M J. The analysis of powder diffraction data[J]. Acta Crystallographica Section A: Crystal Physics, Diffraction, Theoretical and General Crystallography, 1982, 38(2): 264-269.

[26] Shannon R D. Revised effective ionic radii and systematic studies of interatomic distances in halides and chalcogenides[J]. Acta Crystallographica Section A: crystal Physics, Diffraction, Theoretical and General Crystallography, 1976, 32(5): 751-767.

[27] Horlait D, Claparede L, Clavier N, et al. Stability and structural evolution of $Ce^{IV}_{1-x}Ln^{III}_xO_{2-x/2}$ solid solutions: A coupled μ-Raman/XRD approach[J]. Inorganic Chemistry, 2011, 50(15): 7150-7161.

[28] Horlait D, Clavier N, Szenknect S, et al. Dissolution of cerium(IV)-lanthanide(III) oxides: Comparative effect of chemical composition, temperature, and acidity[J]. Inorganic Chemistry, 2012, 51(6): 3868-3878.

[29] Horlait D, Claparede L, Tocino F, et al. Environmental SEM monitoring of $Ce_{1-x}Ln_xO_{2-x/2}$ mixed-oxide microstructural evolution during dissolution[J]. Journal of Material Chemistry A, 2014, 2(15): 5193-5203.

[30] Qin D, Mesbah A, Gausse C, et al. Incorporation of thorium in the rhabdophane structure: Synthesis and characterization of $Pr_{1-2x}Ca_xTh_xPO_4 \cdot nH_2O$ solid solutions[J]. Journal of Nuclear Materials, 2017, 492: 88-96.

[31] Hanchar J M, Burakov B E, Zamoryanskaya M V, et al. Investigation of Pu incorporation into zircon single crystal[J]. MRS Proceedings, 2004, 824: 225-230.

[32] Zamoryanskaya M V, Burakov B E. Feasibility limits in using cerium as a surrogate for plutonium incorporation in zircon,

zirconia and pyrochlore[J]. MRS Proceedings, 2000, 663: 301-306.

[33] Burakov B E, Anderson E B, Zamoryanskaya M V, et al. Synthesis and study of ^{239}Pu-doped ceramics based on zircon (Zr, Pu) SiO_4, and hafnon (Hf, Pu) SiO_4[J]. Materials Research Society, Symposium Proceeding, 2001, 663: 307-313.

[34] Tu H, Duan T, Ding Y, et al. Phase and microstructural evolutions of the CeO_2-ZrO_2-SiO_2 system synthesized by the sol-gel process[J]. Ceramics International, 2015, 41 (6): 8046-8050.

[35] Ding Y, Long X, Peng S, et al. Phase evolution and chemical durability of $Zr_{1-x}Ce_xO_2$ ($0 \leqslant x \leqslant 1$) ceramics[J]. International Journal of Applied Ceramic Technology, 2018, 15 (3): 783-791.

[36] Harker A B, Flintoff J F. Polyphase ceramic for consolidating nuclear waste compositions with high Zr–Cd–Na content[J]. Journal of the American Ceramic Society, 1990, 73 (7): 1901-1906.

[37] Ewing R C, Lutze W, Weber W J. Zircon: A host-phase for the disposal of weapons plutonium[J]. Journal of Materials Research, 1995, 10 (2): 243-246.

[38] Gong W L, Lutze W, Ewing R C. Zirconia ceramics for excess weapons plutonium waste[J]. Journal of Nuclear Materials, 2000, 277 (2-3): 239-249.

[39] Weber W J, Ewing R C, Catlow C R A, et al. Radiation effects in crystalline ceramics for the immobilization of high-level nuclear waste and plutonium[J]. Journal of Materials Research, 1998, 13 (6): 1434-1484.

[40] Ushakov S V, Burakov B E, Garbuzov V M, et al. Synthesis of Ce-doped zircon by a sol-gel process[J]. MRS Proceedings, 1997, 506: 281-288.

[41] Zhu Y F, Du R G, Chen W, et al. Photocathodic protection properties of three-dimensional titanate nanowire network films prepared by a combined sol-gel and hydrothermal method[J]. Electrochemistry Communications, 2010, 12 (11): 1626-1629.

[42] Kashinath L, Namratha K, Byrappa K. Sol-gel assisted hydrothermal synthesis and characterization of hybrid ZnS-RGO nanocomposite for efficient photodegradation of dyes[J]. Journal of Alloys and Compounds, 2017, 695: 799-809.

[43] Pointeau V, Deditius A P, Miserque F, et al. Synthesis and characterization of coffinite[J]. Journal of Nuclear Materials, 2009, 393 (3): 449-458.

[44] Mesbah A, Clavier N, Lozano-Rodriguez M J, et al. Incorporation of thorium in the zircon structure type through the $Th_{1-x}Er_x(SiO_4)_{1-x}(PO_4)_x$ thorite-Xenotime solid solution[J]. Inorganic Chemistry, 2016, 55 (21): 11273-11282.

[45] Estevenon P, Welcomme E, Szenknect S, et al. Multiparametric study of the synthesis of $ThSiO_4$ under hydrothermal conditions[J]. Inorganic Chemistry, 2018, 57 (15): 9393-9402.

[46] Dickson C L, Glasser F P. Cerium (III, IV) in cement: Implications for actinide (III, IV) immobilisation[J]. Cement and Concrete Research, 2000, 30 (10): 1619-1623.

[47] Keller C. Untersuchungen über die Germanate und Silikate des Typs ABO_4 der vierwertigen elemente Thorium bis Americium[J]. Gesellschaft für Kernforschung mbh, 1963, 5: 41-48.

[48] Ding Y, Li Y, Jiang Z, et al. Phase evolution and chemical stability of the Nd_2O_3-ZrO_2-SiO_2 system synthesized by a novel hydrothermal-assisted sol-gel process[J]. Journal of Nuclear Materials, 2018, 510: 10-18.

[49] Xie Y, Fan L, Shu X Y, et al. Chemical stability of Ce-doped zircon ceramics: Influence of pH, temperature and their coupling effects[J]. Journal of Rare Earths, 2017, 35 (2): 164-171.

[50] Frontera C, Rodríguez-Carvajal J. FullProf-2k as a new tool for flipping ratio analysis[J]. Physica B: Condensed Matter, 2003, 335 (1-4): 219-222.

[51] Carroll D F. The system PuO_2-ZrO_2[J]. Journal of the American Ceramic Society, 1963, 46 (4): 194-195.

[52] Cohen I, Schaner B E. A metallographic and X-ray study of the UO_2-ZrO_2 system[J]. Journal of Nuclear Materials, 1963, 9(1): 18-52.

[53] Sun S, Gebauer D, Cölfen H. A solvothermal method for synthesizing monolayer protected amorphous calcium carbonate clusters[J]. Chemical Communications, 2016, 52(43): 7036-7038.

[54] Koo B, Patel R N, Korgel B A. Synthesis of $CuInSe_2$ nanocrystals with trigonal pyramidal shape[J]. Journal of the American Chemical Society, 2009, 131(9): 3134-3135.

[55] Ushakov S V, Gong W, Yagovkina M M, et al. Solid solutions of Ce, U, and Th in zircon[J]. Ceramic Transactions, 1999, 93: 357-364.

[56] Curtis C E, Sowman H G. Investigation of the thermal dissociation, reassociation, and synthesis of zircon[J]. Journal of the American Ceramic Society, 1953, 36(6): 190-198.

[57] Kanno Y. Thermodynamic and crystallographic discussion of the formation and dissociation of zircon[J]. Journal of Materials Science, 1989, 24(7): 2415-2420.

[58] Dawson P, Hargreave M M, Wilkinson G R. The vibrational spectrum of zircon ($ZrSiO_4$)[J]. Journal of Physics C: Solid State Physics, 1971, 4(2): 240.

[59] Zhang M, Boatner L A, Salje E K, et al. Micro-Raman and micro-infrared spectroscopic studies of Pb-and Au-irradiated $ZrSiO_4$: optical properties, structural damage, and amorphization[J]. Physical Review B, 2008, 77(14): 144110.

[60] Syme R W G, Lockwood D J, Kerr H J. Raman spectrum of synthetic zircon ($ZrSiO_4$) and thorite ($ThSiO_4$)[J]. Journal of Physics C: Solid State Physics, 1977, 10(8): 1335-1348.

[61] Zhang Y, Stewart M W A, Li H, et al. Zirconolite-rich titanate ceramics for immobilisation of actinides-Waste form/HIP can interactions and chemical durability[J]. Journal of Nuclear Materials, 2009, 395(1-3): 69-74.

[62] Teng Y, Wu L, Ren X, et al. Synthesis and chemical durability of U-doped sphene ceramics[J]. Journal of Nuclear Materials, 2014, 444(1-3): 270-273.

[63] Veilly E, Du Fou de Kerdaniel E, Roques J, et al. Comparative behavior of britholites and monazite/brabantite solid solutions during leaching tests: a combined experimental and DFT approach[J]. Inorganic Chemistry, 2008, 47(23): 10971-10979.

第8章　人工合成锆石对三价模拟锕系核素的固化行为及其化学稳定性

8.1　概　　述

由于高放废物中的模拟锕系核素和次模拟锕系核素具有较高的放射毒性和较长的半衰期，对其进行固化处理是目前核工业关心的主要问题之一[1]。硼硅酸盐玻璃被视为可工业化固化高放废物的主要基材[2]。然而，玻璃较低的化学稳定性和介稳相结构大大限制其应用[3,4]。为了克服这些问题，Ringwood 等[5]提出了以一种钛酸盐矿物人造岩石作为高放废物的备选固化基材。可用于固化锕系元素的基材中，最有发展前景的矿物包括烧绿石[6]、锆石[7]、独居石[8]、锆[9]和氧化锆[10]。其中，锆石(硅酸锆)长期以来被认为是一种高稳定性及天然存在的相，因此较适宜于固化锕系元素[9,11]。

天然锆石中铀和钍的浓度可高达 5000ppm。锆石是一种非常稳定的矿物[12]，是沉积岩中主要的矿物，并且即使远距离运输后它也只会产生有限的化学变化或物理磨损[13]。事实上，因为它常用于 U/Pb 矿物鉴年，可追溯到 45 亿年前的矿相，所以锆石已被广泛研究[14,15]。大量研究表明 U/Pb 衰变可能由于辐射损伤、热反应或蚀变等条件被扰乱 [16-18]。

锆石结构中 Zr 与 Si 沿 c 轴相间排列成四方体心晶胞，晶体结构可视为由$[SiO_4]$四面体和$[ZrO_8]$三角十二面体联结而成。$[ZrO_8]$三角十二面体在 b 轴方向以共棱方式紧密连接[19]，四面体的 SiO_4 和 ZrO_8 基团交替连接形成 c 轴方向上的共棱[20]。在天然锆石中，较低浓度的铀和钍一般会替代锆的位置。此外，$ASiO_4$ 结构中 A^{4+}=Zr、Hf、Th、Pa、U、Np、Pu 及 Am 系列人工合成锆石已经被合成[21,22]。晶胞体积随着 A 位阳离子离子半径的增加而增加证实了它们的拓扑结构。这些组分化合物中的铪石($HfSiO_4$)、锆石、铀石($USiO_4$)和钍石($ThSiO_4$)四种均天然存在。结构精修[23]和结构分析[24,25]的结果表明 $ZrSiO_4$ 和 $HfSiO_4$ 之间可完全混溶，但在 $ZrSiO_4$-$USiO_4$-$ThSiO_4$ 的混溶之间存在间隙[26]。含 9.2%(原子分数)钚的锆石已经被合成[27,28]，这相当于 10%质量分数的钚，但钚在锆石中的固溶量尚未确定。纯 $PuSiO_4$ 被合成的事实表明钚完全取代锆石结构中锆存在可能性[23]。但是，以往的研究主要集中在锆石对四价模拟锕系核素的固溶能力上[23-26]。目前还未见锆石对三价模拟锕系核素的固溶能力及固核机理相关研究报道。

本章以 Nd 作为三价模拟锕系核素的模拟替代物质，采用锆石对其进行固化处理，采用高温固相法合成系列锆石基三价模拟锕系核素固化体 $Zr_{1-x}Nd_xSiO_{4-x/2}$ $(0\leqslant x\leqslant 0.1)$；研究 Nd 掺杂对锆石的物相结构演变的影响，获得关于锆石基三价模拟锕系核素固化体化学稳定性相关信息；采用 XRD、SEM 和 EDS 等方法对获得的系列固化体进行表征；考察 Nd

固溶量对固化体的物相和微观结构的影响规律。此外，在 40 ℃条件下，采用 MCC-1 法对锆石基三价模拟锕系核素固化体的化学稳定性进行了评价。

8.2 实 验 部 分

1. 固化体配方设计

根据类质同象原理，推测在硅酸锆($ZrSiO_4$)结构中的 Zr^{4+}可以被 Nd^{3+}(Nd^{3+}为三价模拟锕系核素元素)取代。此外，考虑到离子电荷平衡，采用的化学通式为 $Zr_{1-x}Nd_xSiO_{4-x/2}$ ($0 \leqslant x \leqslant 0.1$)。

2. 固化体制备

以氧化锆(ZrO_2，阿拉丁试剂(上海)有限公司，纯度 99.99%)、二氧化硅(SiO_2，成都市科龙化工试剂厂，纯度 99.9%)和氧化钕(Nd_2O_3，阿拉丁试剂(上海)有限公司，纯度 99.99%)作为原料。采用高温固相法合成锆石基三价模拟锕系核素固化体 $Zr_{1-x}Nd_xSiO_{4-x/2}$ ($0 \leqslant x \leqslant 0.1$)。在使用前，所有原料在 120 ℃下烘干除去吸附水。按配方设计称取各种原材料，然后将称好的原料与乙醇(纯度为 99.7%，乙醇和粉末的质量比为 3∶1)混合。以氧化锆为研磨介质，采用球磨机在 200 r/min 下研磨 6 h。将研磨好的粉末干燥后，在 10 MPa 压力下压制成直径为 12 mm、厚度为 0.5 mm 的圆片。最后，在 1550 ℃下空气中烧结 72 h，即得系列固化体样品。温度升高速率大约 5 ℃/min。

3. 固化体浸出实验

采用静态浸出实验获得三价模拟锕系核素固化体的浸出率数据。合成的锆石基三价模拟锕系核素固化体被悬挂于 100 mL 装有去离子水的聚四氟乙烯内衬不锈钢水热反应釜中，然后在炉中加热一定时间。使用 MCC-1 法，在 40 ℃的水热反应釜内以规则的间隔(1 d、3 d、7 d、14 d、21 d、28 d、35 d 和 42 d)进行固化体浸出实验。Nd^{3+}浓度(C_i)用 ICP-MS 进行分析。每个元素的归一化浸出率由式(6-1)计算。

4. 固化体表征

(1) XRD 分析：将获得的锆石基系列固化体采用 XRD 进行分析，扫描范围为 10°～90°，扫描速度为 2°/min，步宽为 0.02°，使用 Cu-Kα(λ= 1.5406 Å、1.5444 Å)辐射记录样品的 XRD 图谱。采用 Rietveld 和 LeBail 精修方法利用 Fullprof-2k 软件分析 XRD 图谱[28]。

(2) SEM 分析：采用 SEM 观察样品的微观形貌。EDS 被用来确定样品中相的化学组成。

(3) 密度测试：采用阿基米德方法测量锆石样品的密度。

8.3 结果与讨论

为了研究 Nd 固溶量对锆石固化体相结构的影响规律，采用 XRD 对锆石基三价模拟锕系核素系列固化体 $Zr_{1-x}Nd_xSiO_{4-x/2}$ $(0 \leqslant x \leqslant 0.1)$ 的结构进行表征，结果如图 8-1 所示。从图谱中可以看出，所有样品均以锆石相为主。在 XRD 图谱中可以观察到 t-ZrO_2 或 m-ZrO_2 相的微弱特征峰。因此，掺钕锆石陶瓷能在 1550 ℃下烧结 72 h 成功合成。此外，在 $x = 0$ 时，同样能观察到非常弱的单斜 $Nd_2Si_2O_7$ 相的特征峰。在 $Zr_{1-x}Nd_xSiO_{4-x/2}$ $(0 \leqslant x \leqslant 0.1)$ 系列固化体的 XRD 图谱中，当 $x < 0.04$ 时，样品显示单一的锆石相，而当 $x \geqslant 0.04$ 时，XRD 图谱中除了锆石结构特征峰外，在 $2\theta=13.5°$ 和 27.5° 附近还有 $Nd_2Si_2O_7$ 特征峰(JCPDS: 48-0056)[29]。这表明，当 $x \geqslant 0.04$ 时，固化体为两相结构(锆石相和 $Nd_2Si_2O_7$ 相)。此外，还可以观察到，$Nd_2Si_2O_7$ 特征峰的强度随着 Nd 固溶量的增加而增强。

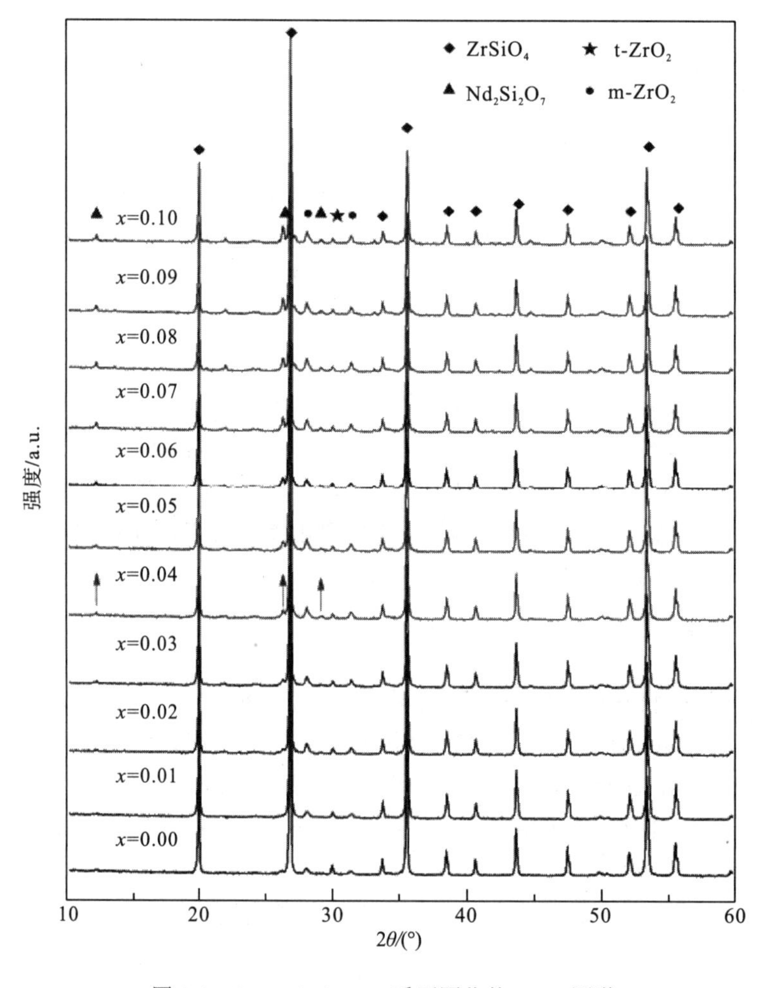

图 8-1 $Zr_{1-x}Nd_xSiO_{4-x/2}$ 系列固化体 XRD 图谱

为了确定 Nd 的固溶量对三价模拟锕系核素固化体的晶胞参数的影响规律，对获得固化体的晶胞参数进行计算。不同 Nd 固溶量固化体的晶胞参数见表 8-1。晶胞体积与 Nd 固溶量的关系曲线如图 8-2 所示。从表 8-1 中可以看出，随着 Nd 固溶量的增加，晶胞参数 a 和 b 有增大的趋势，而 c 几乎保持不变。晶胞参数 a 和 b 的增大导致锆石结构晶胞膨胀。晶胞体积随 Nd 固溶量的增加而增加，这表明 Nd 成功掺入锆石晶格中，并形成了固溶体。晶胞体积的增大可能归因于较大离子的替代[30]。在本实验中，$ZrSiO_4$ 的结构中较小的 Zr^{4+}(6 配位离子半径为 0.72 Å)被较大的 Nd^{3+}(6 配位离子半径为 0.983 Å)替代。这与 Vegard[31]提出的规则一致。此外，当 Nd^{3+}取代 Zr^{4+}时，引入氧空位用于电荷补偿[32]，氧空位使晶胞参数减小[33]，但是，离子半径效应起主导作用。因此，晶胞体积的增加主要是由于离子半径效应的贡献。这种情况下 Nd^{3+}相比 Zr^{4+}更大，从而覆盖了氧空位。锆石结构由$[SiO_4]$四面体和$[ZrO_8]$三角十二面体联结而成。$[ZrO_8]$三角十二面体在 b 轴方向以共棱方式紧密连接[19]，四面体的 SiO_4 和 ZrO_8 基团交替连接形成 c 轴方向上的共棱[20]。晶胞参数 a、b 和晶胞体积 V 的增加可能归因于 Nd 在锆石结构的十二面体中替代了 Zr。因此，可以得出 Nd 成功地进入锆石晶格中的结论。

表 8-1　$Zr_{1-x}Nd_xSiO_{4-x/2}$ ($0\leqslant x\leqslant 0.1$)系列固化体的晶胞参数

x	a/Å	b/Å	c/Å	V/Å^3
0.01	6.6021(2)	6.6021(2)	5.9791(1)	260.6154(3)
0.02	6.6022(1)	6.6022(1)	5.9794(3)	260.6363(5)
0.03	6.6023(3)	6.6023(3)	5.9795(2)	260.6486(4)
0.04	6.6028(5)	6.6028(5)	5.9797(5)	260.6968(2)
0.05	6.6027(2)	6.6027(2)	5.9799(2)	260.6976(1)
0.06	6.6030(2)	6.6030(2)	5.9799(2)	260.7213(3)
0.07	6.6031(4)	6.6031(4)	5.9797(1)	260.7205(6)
0.08	6.6029(2)	6.6029(2)	5.9802(2)	260.7265(4)
0.09	6.6031(1)	6.6031(1)	5.9796(3)	260.7161(2)
0.10	6.6028(6)	6.6028(6)	5.9801(2)	260.7142(7)

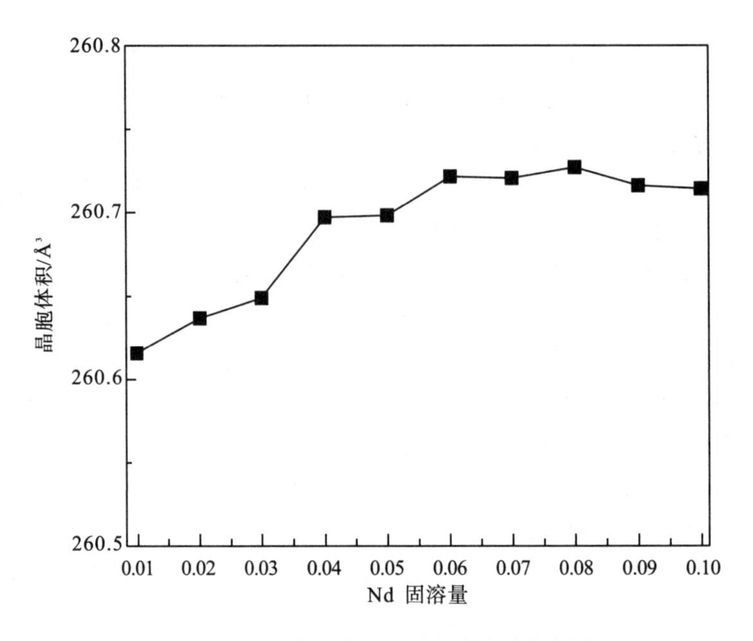

图 8-2 晶胞体积与 Nd 固溶量关系曲线图

为了考察 Nd 固溶量对固化体密度的影响，对不同 Nd 固溶量样品的密度进行测定和比较。$Zr_{1-x}Nd_xSiO_{4-x/2}$ 系列固化体的密度与 Nd 固溶量的关系曲线如图 8-3 所示。结果显示，所有样品的密度为 4.34～4.55 g/cm^3，均显示出较高密度值，达到理论密度的 94%以上。此外，固化体的密度随 Nd 固溶量的增加而增加。其中样品 x= 0.1 ($Zr_{0.9}Nd_{0.1}SiO_{3.95}$) 的密度达到 4.55 g/cm^3，达到理论密度的 98%。这可能是由于低熔点 $Nd_2Si_2O_7$ 相的形成，从而促进了材料的致密化[34]。

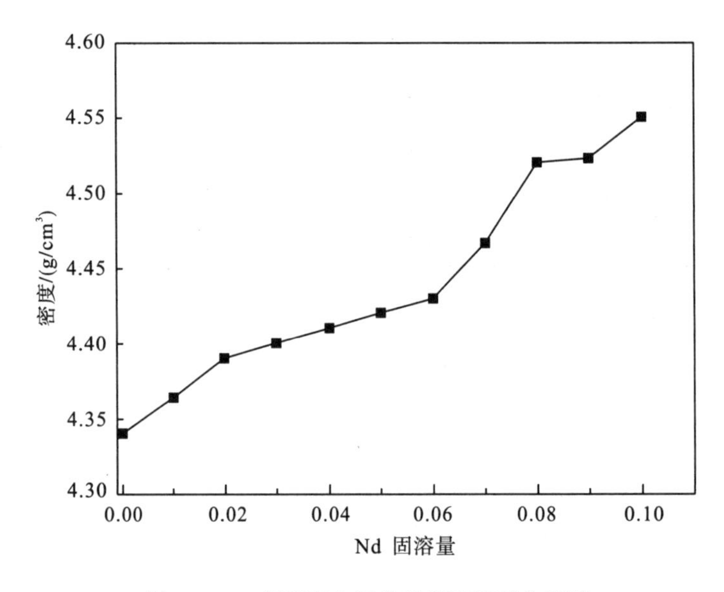

图 8-3 Nd 固溶量与固化体密度关系曲线图

为了研究 Nd 固溶量对固化体的微观形貌的影响，使用 SEM 对样品进行观察分析。图 8-4 为 $Zr_{1-x}Nd_xSiO_{4-x/2}$ (0≤x≤0.1) 样品的 SEM 照片。从图 8-4 中可以看出，所有样品中晶粒均为颗粒状形貌，晶界非常清晰，平均晶粒尺寸为 1～3 μm。然而，随 Nd 固溶量的增加，晶粒大小变得更加均匀，这主要是由于钕的掺入导致晶粒均匀生长。图 8-4(a)～(c)中的晶粒为单一的颗粒状形貌。结合 XRD 结果，这表明固化体为单一锆石相结构。EDS 分析的结果证实 Nd、Zr、Si 和 O 存在于这些形貌颗粒中，这表明 Nd 按照配方设计成功地固溶入锆石晶格中。然而，如图 8-4(d)所示，在 $x = 0.04$ 的样品中，可观察到两种形貌(颗粒状和板状)的晶粒。结合 XRD 结果，这表明该样品为两相结构。根据 EDS 分析结果，颗粒状和板状形貌晶粒为锆石和 $Nd_2Si_2O_7$。此外，仔细观察图 8-4(d)可以发现，$Nd_2Si_2O_7$ 相主要形成于锆石晶粒的晶界处，固化体的致密度随 Nd 固溶量的增加而增加，这与密度测试的结果一致。

采用背散射电子(backscatter electron，BSE)技术进一步研究了 Nd 固溶量对 $Zr_{1-x}Nd_xSiO_{4-x/2}$ 系列固化体物相结构的影响。典型组分的 BSE 照片如图 8-5 所示。从所有 BSE 照片中可以观察到锆石相。样品 $Zr_{0.97}Nd_{0.03}SiO_{3.985}$ ($x = 0.03$) 的 BSE 照片如图 8-5(a)所示，结果显示该样品为单一锆石相结构。样品 $Zr_{0.96}Nd_{0.04}SiO_{3.98}$ ($x = 0.04$) 的 BSE 照片如图 8-5(b)所示，照片显示出锆石相和 $Nd_2Si_2O_7$ 相两相结构。图中对比度较暗的相为锆石相，而 $Nd_2Si_2O_7$ 相在 BSE 照片中呈现出较亮的对比度。这些结果与 XRD 分析结果是一致的。

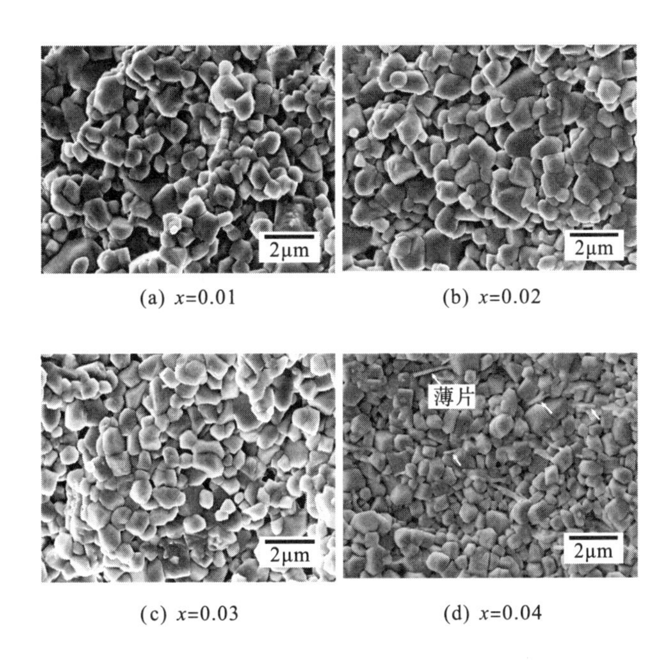

(a) x=0.01 (b) x=0.02

(c) x=0.03 (d) x=0.04

图 8-4 $Zr_{1-x}Nd_xSiO_{4-x/2}$ 系列固化体的 SEM 照片

(a) x=0.03 (b) x=0.04

图 8-5 $Zr_{1-x}Nd_xSiO_{4-x/2}$ 组分的 BSE 照片

为了评价锆石基三价模拟锕系核素固化体的化学稳定性，对其进行浸出实验。图 8-6 为 Nd 元素分别在 $Zr_{0.99}Nd_{0.01}SiO_{3.995}$、$Zr_{0.98}Nd_{0.02}SiO_{3.990}$ 和 $Zr_{0.97}Nd_{0.03}SiO_{3.985}$ 固化体中的归一化浸出率。数据表明，Nd 的归一化浸出率在前 7d 呈大幅降低趋势；当达到 14d 时，趋于一恒定值。从图 8-6 中可以观察到，所有样品中 Nd 的归一化浸出率都随时间延长而降低，并且在 14d 后趋于稳定。此外，归一化浸出率随 Nd 固溶量的增加而略有增加。42d 后，$Zr_{0.99}Nd_{0.01}SiO_{3.995}$、$Zr_{0.98}Nd_{0.02}SiO_{3.990}$ 及 $Zr_{0.97}Nd_{0.03}SiO_{3.985}$ 固化体的归一化浸出率分别大约为 1.5×10^{-4} g/(cm^2·d)、1.6×10^{-4} g/(cm^2·d) 及 2.4×10^{-4} g/(m^2·d)，堪比独居石[35]、磷酸盐玻璃[36]、榍石[37]和富钙钛锆石[38]基固化体。采用 EDS 和 XRD 对浸出后的固化体的稳定性进行评价。EDS 的结果表明，样品中物相的组分在浸出前后几乎不变。图 8-7 为浸出后样品的 XRD 图谱。从图谱中可以发现，所有浸出后的固化体仍为锆石相结构。以上结果表明，所制备的锆石基三价模拟锕系核素固化体具有高的化学稳定性。

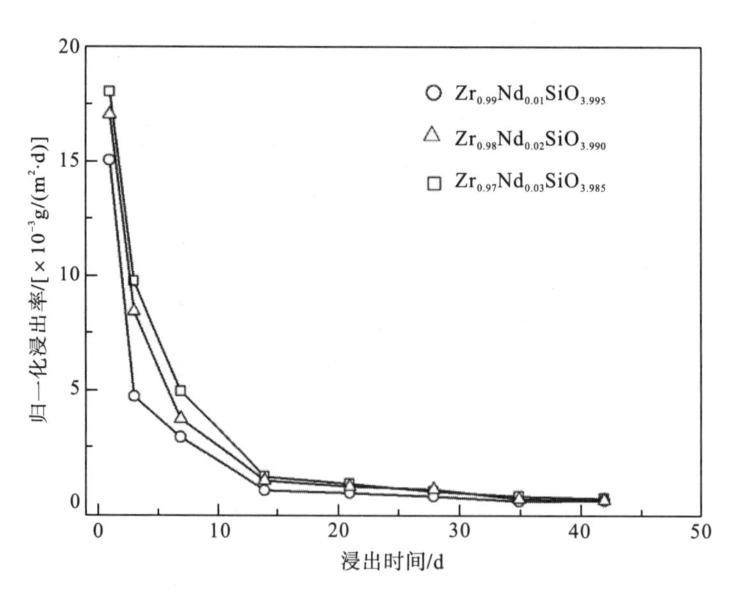

图 8-6 锆石基三价模拟锕系核素固化体归一化浸出率

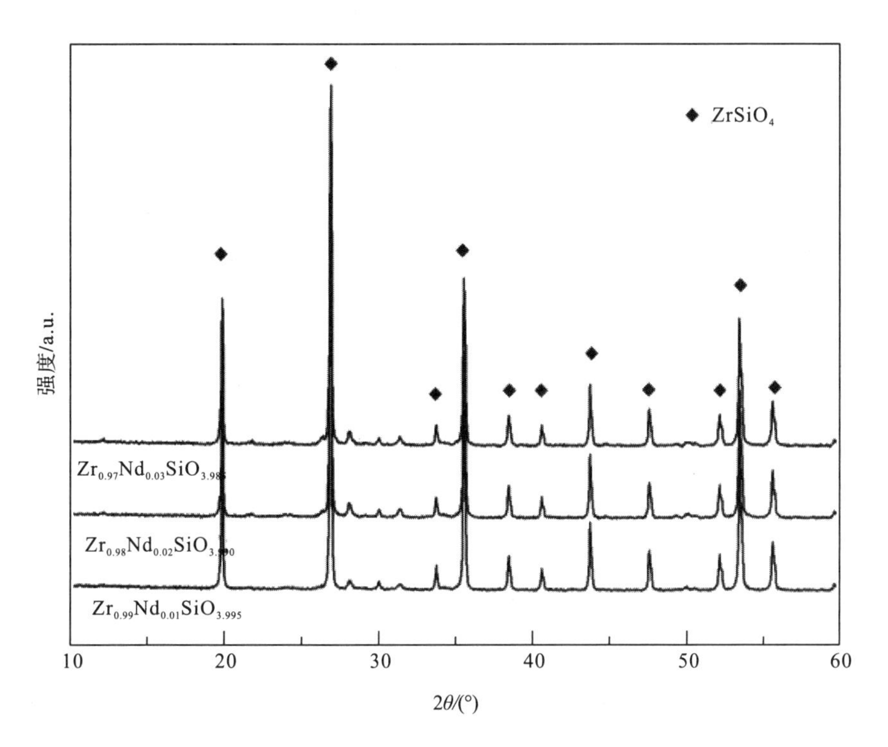

图 8-7 锆石基三价模拟锕系核素固化体浸出实验后 XRD 图谱

8.4 小　结

本章采用高温固相法，在 1550℃烧结 72h 合成锆石基三价模拟锕系核素系列固化体 $Zr_{1-x}Nd_xSiO_{4-x/2}$（$0\leqslant x\leqslant 0.1$）。通过研究获得的初步结论如下：

(1) 当 $x<0.04$ 时，固化体为单一锆石相结构，而当 $x\geqslant 0.04$ 时，固化体为锆石和 $Nd_2Si_2O_7$ 两相结构；

(2) 固化体的密度随 Nd 固溶量的增加而增大；

(3) 固化体中 Nd 元素的归一化浸出率在 14 d 左右达到稳定，42 d 后，$Zr_{0.99}Nd_{0.01}SiO_{3.995}$、$Zr_{0.98}Nd_{0.02}SiO_{3.990}$ 和 $Zr_{0.97}Nd_{0.03}SiO_{3.985}$ 固化体的归一化浸出率分别大约为 1.5×10^{-4} g/(m²·d)、1.6×10^{-4} g/(m²·d) 和 2.4×10^{-4} g/(m²·d)，这表明锆石基三价模拟锕系核素固化体具有良好的化学稳定性。

总之，本章结果证明人工合成锆石是一种三价模拟锕系核素理想的固化基材。

参 考 文 献

[1] Loiseau P, Majerus O, Aubin-Chevaldonnet V, et al. Glasses, Glass-ceramics and Ceramics for Immobilization of Highly Radioactive Nuclear Wastes[M]. New York: Nova Science, 2009.

[2] Ojovan M I, Lee W E. An introduction to nuclear waste immobilization[M]. Amsterdam: Elsevier, 2013.

[3] Loiseau P, Caurant D, Majerus O, et al. Crystallization study of (TiO_2, ZrO_2)-rich SiO_2-Al_2O_3-CaO glasses Part I Preparation and characterization of zirconolite-based glass-ceramics[J]. Journal of Materials Science, 2003, 38(4): 843-852.

[4] Caurant D, Majérus O, Loiseau P, et al. Crystallization of neodymium-rich phases in silicate glasses developed for nuclear waste immobilization[J]. Journal of Nuclear Materials, 2006, 354(1): 143-162.

[5] Ringwood A E, Kesson S E, Ware N G, et al. Immobilisation of high level nuclear reactor wastes in SYNROC[J]. Nature, 1979, 278: 219-223.

[6] Lu X, Ding Y, Dan H, et al. High capacity immobilization of TRPO waste by $Gd_2Zr_2O_7$ pyrochlore[J].Materials Letters, 2014, 136: 1-3.

[7] Jafar M, Sengupta P, Achary S N, et al. Phase evolution and microstructural studies in $CaZrTi_2O_7$(zirconolite)-$Sm_2Ti_2O_7$(pyrochlore) system[J]. Journal of the European Ceramic Society, 2014, 34: 4373-4381.

[8] Yang H, Teng Y, Ren X, et al. Synthesis and crystalline phase of monazite-type $Ce_{1-x}Gd_xPO_4$ solid solutions for immobilization of minor actinide curium[J]. Journal of Nuclear Materials, 2014, 444: 39-42.

[9] Ewing R C, Lutze W, Weber W J. Zircon: A host-phase for the disposal of weapons plutonium[J]. Journal of Materials Research, 1995, 10: 243-246.

[10] Gong W L, Lutze W, Ewing R C. Zirconia ceramics for excess weapons plutonium waste[J]. Journal of Nuclear Materials, 2000, 277: 239-249.

[11] Harker A B, Flintoff J F. Polyphase ceramic for consolidating nuclear waste compositions with high Zr-Cd-Na content[J]. Journal of the American Ceramic Society, 1990, 73: 1901-1906.

[12] Hanchar J M, Miller C F. Zircon zonation patterns as revealed by cathodoluminescence and backscattered electron images: Implications for interpretation of complex crustal histories[J]. Chemical Geology, 1993, 110: 1-13.

[13] Hutton C O. Studies of heavy detrital minerals[J]. Geological Society of America Bulletin, 1950, 61: 635-710.

[14] Mueller P A, Heatherington A L, Wooden J L, et al. Precambrian zircons from the Florida basement: A Gondwanan connection[J]. Geology, 1994, 22: 119-122.

[15] Barton E S, Altermann W, Williams I S, et al. U-Pb zircon age for a tuff in the campbell group, griqualand west sequence, south africa: Implications for early proterozoic rock accumulation rates[J]. Geology, 1994, 22: 343-346.

[16] Pidgeon R T, O' Neil J R, Silver L T. Uranium and lead isotopic stability in a metamict zircon under experimental hydrothermal conditions[J]. Science, 1966, 154: 1538-1540.

[17] Krogh T E, Davis G L. The production and preparation of zospb for use as a tracer for isotope dilution analyses[J]. Carnegie Institute of Washington Yearbook, 1975, 74: 619-623.

[18] Suzuki K. Discordant distribution of U and Pb in zircon of Naegi granite: A possible indication of Rn migration through radiation damage[J]. Geochemical Journal, 1987, 21: 173-182.

[19] Robinson K, Gibbs G V, Ribbe P H. The structure of zircon: a comparison with garnet[J]. American Mineralogist, 1971, 56: 782-789.

[20] Taylor M, Ewing R C. The crystal structures of the $ThSiO_4$ polymorphs: Huttonite and thorite[J]. Acta Crystallographica Section B: Structural Crystallography and Crystal Chemistry, 1978, 34: 1074-1079.

[21] Rendtorff N M, Grasso S, Hu C, et al. Dense zircon ($ZrSiO_4$) ceramics by high energy ball milling and spark plasma sintering[J].Ceramics International, 2012, 38(3): 1793-1799.

[22] Suárez G, Acevedo S, Rendtorff N M, et al. Colloidal processing, sintering and mechanical properties of zircon ($ZrSiO_4$) [J].Ceramics International, 2015, 41(1): 1015-1021.

[23] Keller C. Untersuchungen ueber die germanate und silicate des typs ABO_4 der vierwertigen elemente Thorium bis Americium[J]. Nukleonika, 1963, 5: 41-48.

[24] Spear J A. The actinide orthosilicates[J]. Reviews in Mineralogy, Mineralogical Society of America, 1982, 5: 113-135.

[25] Speer J A, Cooper B J. Crystal structure of synthetic hafnon, $HfSiO_4$, comparison with zircon and the actinide orthosilicates[J]. American Mineralogist, 1982, 67: 804-808.

[26] Mumpton F A, Roy R. Hydrothermal stability studies of the zircon-thorite group[J]. Geochimica et Cosmochimica Acta, 1961, 21: 217-238.

[27] Weber W J. Radiation-induced defects and amorphization in zircon[J]. Journal of Materials Research, 1990, 5: 2687-2697.

[28] Weber W J. Self-radiation damage and recovery in Pu-doped zircon[J]. Radiation Effects and Defects in Solids, 1991, 115: 341-349.

[29] JCPDS Nos. 34-0392; 41-1089; 48-0056; 42-1121. International Center for Diffraction Data: Newton Square, PA, 2001.

[30] Shannon R D, Prewitt C T. Revised values of effective ionic radii[J]. Acta Crystallographica. B, 1970, 26: 1046-1048.

[31] Vegard L. Die konstitution der mischkristalle und die raumfüllung deratome[J]. Zeitschrift für Physik A Hadrons and Nuclei, 1921, 5: 17-26.

[32] Veal B W, McKale A G, Paulikas A P, et al. EXAFS study of yttria stabilized cubic zirconia[J]. Physica B+C, 1988, 150(1): 234-240.

[33] Vasundhara K, Achary S N, Tyagi A K. Structure, thermal and electrical properties of calcium doped pyrochlore type praseodymium zirconate[J]. International Journal of Hydrogen Energy, 2015, 40(11): 4252-4262.

[34] Thomas S, Sayoojyam B, Sebastian M T. Microwave dielectric properties of novel rare earth based silicates: $Re_2Ti_2SiO_9$[RE= La, Pr and Nd][J]. Journal of Materials Science: Materials in Electronics, 2011, 22: 1340-1345.

[35] Dacheux N, Clavier N, Podor R. Monazite as a promising long-term radioactive waste matrix: Benefits of high-structural flexibility and chemical durability[J]. American Mineralogist, 2013, 98: 833-847.

[36] Lutze W, Ewing R C. Radioactive Waste Forms for the Future[M]. New York: Elsevier Science Public, 1988.

[37] Teng Y, Wu L, Ren X, et al. Synthesis and chemical durability of U-doped sphene ceramics[J]. Journal of Nuclear Materials, 2014, 444: 270-273.

[38] Zhang Y, Stewart M W A, Li H, et al. Zirconolite-rich titanate ceramics for immobilisation of actinides-Waste form/HIP can interactions and chemical durability[J]. Journal of Nuclear Materials, 2009, 395: 69-74.

第9章 锆石基四价模拟锕系核素固化体的物相演变及其化学稳定性

9.1 概 述

作为锕系放射性废物的典型代表，Pu 在自然界的稳定价态为+4。当前，人工合成锆石成为固化 Pu 的理想候选基材。在该固化体中，Pu^{4+}占据的 Zr^{4+}位，与周围 8 个氧离子的配位形成三角十二面体配位体。

影响离子在晶格中进行类质同象替代的主要因素为离子配位半径与离子的电负性。Pu^{4+}八配位的离子半径为$r_{Pu^{4+}}$=0.96 Å[1]，同时，Pu 的轨道电子结构为 $5f^6 7s^2$。基于这种情况，选取八配位半径为 0.97 Å，原子轨道电子结构为 $4f^1 5d^1 6s^2$ 的 Ce^{4+}作为 Pu^{4+}的模拟核素离子，利用微波烧结技术制备模拟+4 价模拟锕系核素固化体，并利用 XRD、SEM、BSE 以及元素成像(element mapping)对样品进行表征和分析。

9.2 实 验 部 分

1. 固化体配方设计

根据类质同象原理，推测在人工合成锆石($ZrSiO_4$)结构中的 Zr^{4+}可以被 Ce^{4+}(Ce^{4+}为四价锕系模拟元素)取代。此外，考虑到离子电荷平衡，采用的化学通式为 $Zr_{1-x}Ce_xSiO_4$($0 \leqslant x \leqslant 0.1$)。

2. 固化体制备

以氧化锆(ZrO_2，阿拉丁试剂(上海)有限公司，纯度 99.99%)、二氧化硅(SiO_2，成都市科龙化工试剂厂，纯度 99.9%)和氧化铈(CeO_2，阿拉丁试剂(上海)有限公司，纯度 99.99%)作为原料。采用高温固相法合成锆石基四价模拟锕系核素固化体 $Zr_{1-x}Ce_xSiO_4$($0 \leqslant x \leqslant 0.1$)。在使用前，所有的原料在 120 ℃下烘干除去吸附水。按配方设计称取各种原料，然后将称好的原材料与乙醇(纯度为 99.7%，乙醇和粉末的比例为 3∶1)混合。以氧化锆为研磨介质，采用球磨机在 200 r/min 下研磨 6 h。将研磨好的粉末干燥后，在 10 MPa 压力下压制成直径为 12 mm、厚度为 0.5 mm 的圆片。最后，在 1550 ℃烧结，即得系列固化体样品。

3. 固化体表征

将获得的锆石基系列固化体采用 XRD 进行分析，扫描范围为 10°～90°，扫描速度为

2°/min，步宽为 0.02°，使用 Cu-Kα(λ= 1.5406 Å、1.5444 Å)辐射记录样本的 XRD 图谱。利用 Fullprof-2k 软件实现对 XRD 图谱进行 Rietveld 结构精修[2]。采用 SEM 观察样品的微观形貌。采用 EDS 确定样品中相的化学组成。采用阿基米德方法测量人工合成锆石样品的密度。

4. 固化体浸出实验

采用静态浸出试验获得四价模拟锕系核素固化体的浸出率数据。合成的锆石基四价模拟锕系核素固化体被悬挂于 100 mL 装有浸出液(pH=4, 7, 10)的聚四氟乙烯内衬不锈钢水热反应釜中，然后在炉中加热一定时间。使用 MCC-1 法，在 90℃的水热反应釜内以规则的间隔(1 d、3 d、7 d、14 d、21 d、28 d、35 d 和 42 d)进行固化体浸出实验。Nd^{3+}浓度(C_i)用 ICP-MS 进行分析。每个元素的归一化浸出率由式(6-1)计算。

9.3　结果与讨论

9.3.1　Ce 固溶量对固化体 $Zr_{1-x}Ce_xSiO_4$(0≤x≤0.1)物相结构的影响

图 9-1 给出了 $Zr_{1-x}Ce_xSiO_4$(x=0.01～0.10)系列固化体的 XRD 图。由图可知，样品物相主要由人工合成锆石结构构成，同时各物相中仍存在少量的残余的氧化锆。关于物相中存在的残余氧化锆，在前面讨论中已经进行了论述，主要是由于高温下，合成人工合成锆石的过程中伴随着人工合成锆石的分解，温度升高有利于人工合成锆石的合成，但同时也加剧了人工合成锆石的分解。此外随着 Ce^{4+}固溶量的增加，晶格衍射峰逐渐向低角度方向偏移。这主要是由于八配位的 Ce^{4+}比人工合成锆石结构中八配位的 Zr^{4+}的原子半径大($r_{Ce^{4+}}$=0.97 Å; $r_{Zr^{4+}}$=0.84 Å)，当 Ce^{4+}替代 Zr^{4+}位时，晶胞发生膨胀。

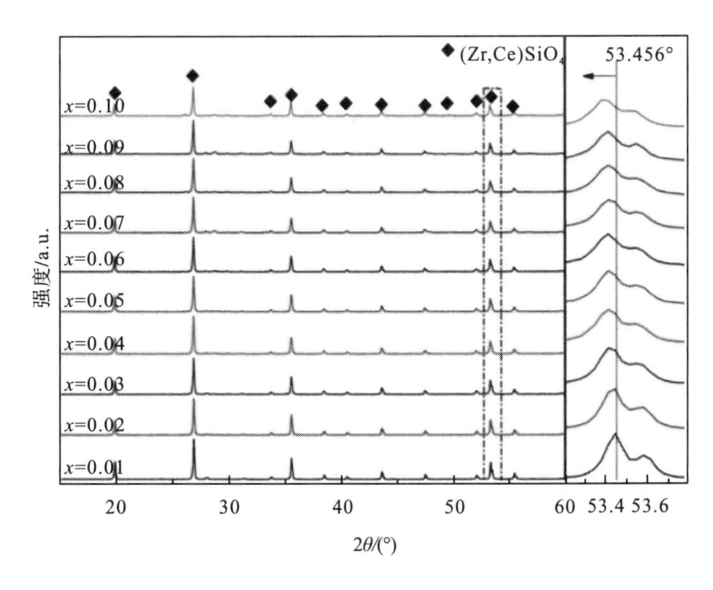

图 9-1　$Zr_{1-x}Ce_xSiO_4$ 系列固化体的 XRD 图谱

$Zr_{1-x}Ce_xSiO_4$(x=0.01～0.10)系列固化体的局部 XRD 图(图 9-2)显示，物相中的氧化锆衍射峰随着 x 的增大逐渐向小角度方向移动。这表明 Ce^{4+}不但进入人工合成锆石的锆位，同时进入氧化锆的锆位。当 x>5%时，物相中出现了 $Ce_2Si_2O_7$ 结构的物质，此时随着 x 的增大，人工合成锆石结构晶格继续膨胀。这说明当 x>5%时，Ce^{4+}虽然继续进入 Zr^{4+}位，但进入难度增加，Ce^{4+}更趋向于与硅氧四面体连接，形成 $Ce_2Si_2O_7$ 结构。

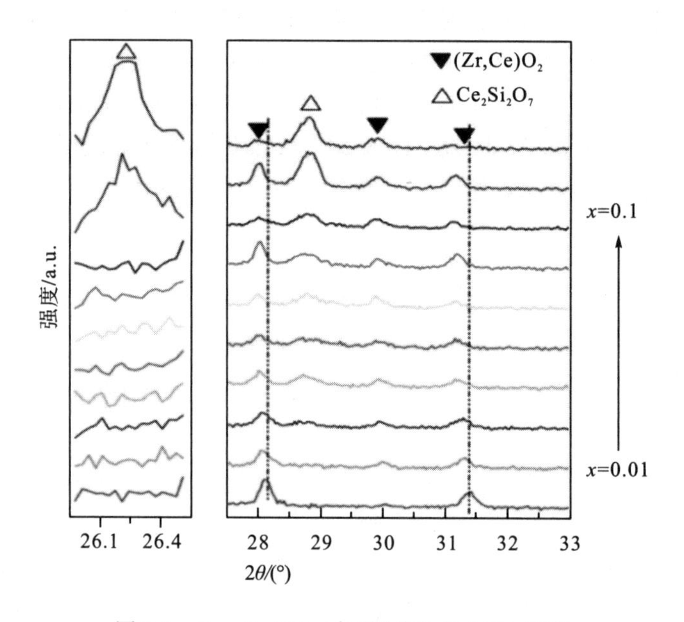

图 9-2 $Zr_{1-x}Ce_xSiO_4$ 系列固化体的 XRD 图谱

利用 Fullprof-2k 对材料的晶体结构进行精修，精修过程选取的标准结构为 ICSD 的 69644($ZrSiO_4$)和 658755(ZrO_2)结构。精修后的图谱如图 9-3 所示，各样品中人工合成锆石结构的晶胞参数如表 9-1 所示。由结果可知，随着 Ce 固溶量的增加，人工合成锆石结构的晶胞参数有逐渐增大的趋势。当 x<0.05 时，人工合成锆石结构的晶胞参数随着 Ce 固溶量的增加近似呈线性增加；当 x>0.05 时，人工合成锆石结构的晶胞参数增加的速率趋于平缓，主要是由于当 x>0.05 时物相中生成 $Ce_2Si_2O_7$，形成 Ce 的富集相。

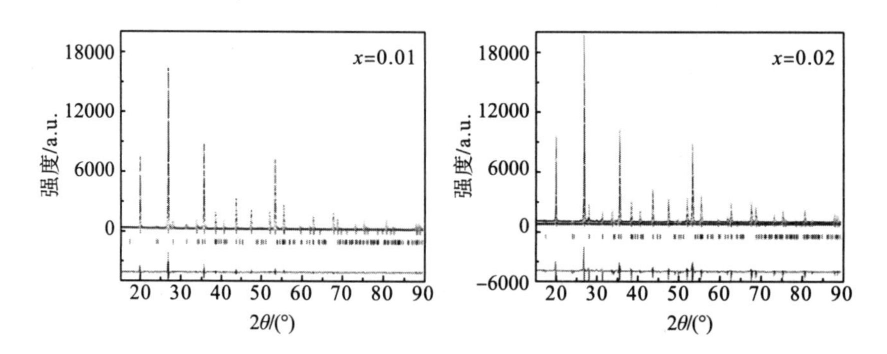

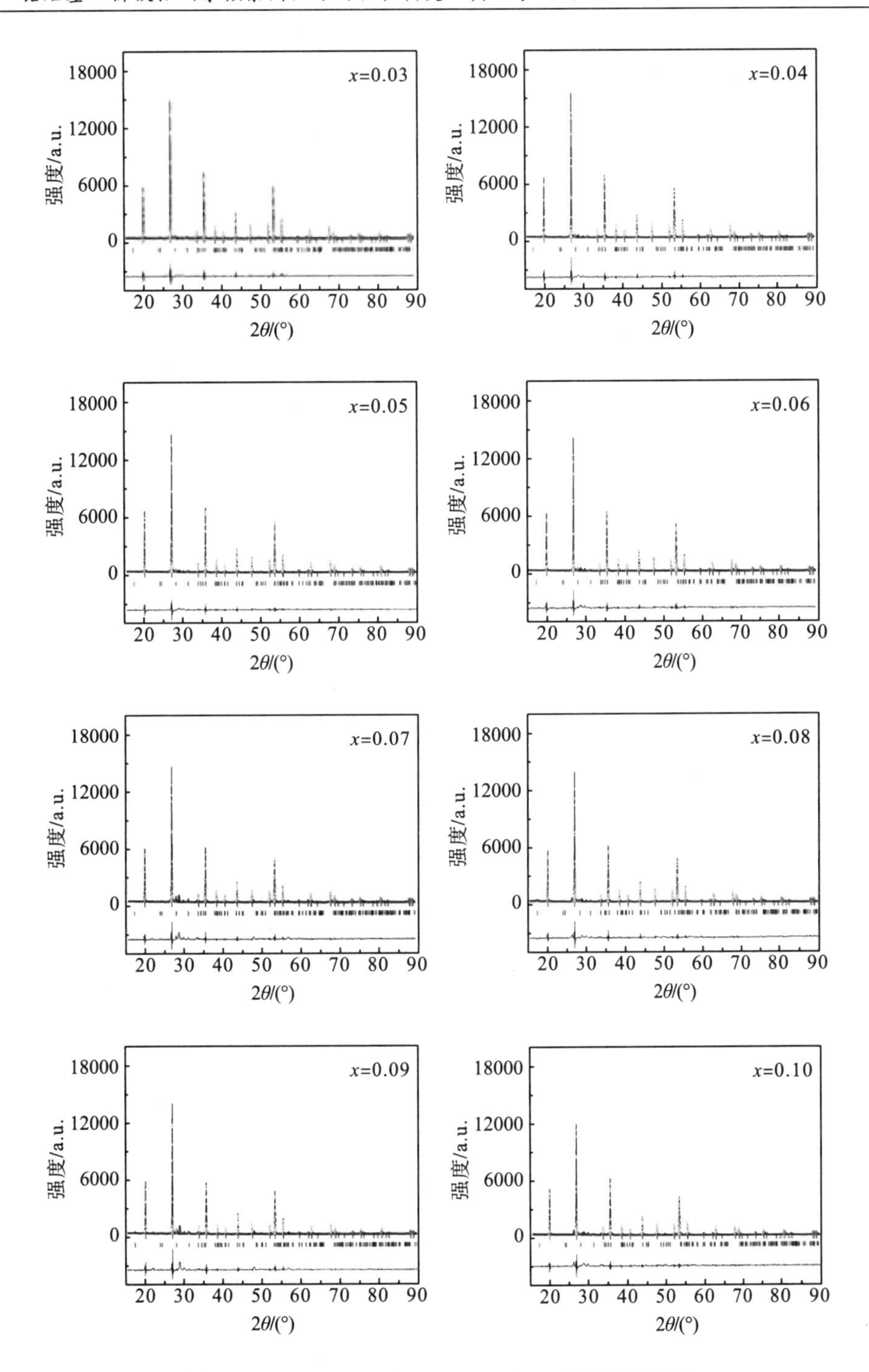

图 9-3　$Zr_{1-x}Ce_xSiO_4$(x=0.01～0.10) X 射线结构精修

表 9-1 $Zr_{1-x}Ce_xSiO_4$(x=0.01～0.10) X 射线结构精修后晶胞参数

x	晶胞参数			晶胞体积	Rwp(修正因子)%
	a=b/ Å	c/ Å	α=β=γ/(°)	V/ Å^3	
0.01	6.6039	5.9793	90	260.77	7.09
0.02	6.6055	5.9806	90	260.95	8.95
0.03	6.6069	5.9812	90	261.08	8.91
0.04	6.6075	5.9817	90	261.15	9.58
0.05	6.6077	5.9825	90	261.20	9.66
0.06	6.6079	5.9829	90	261.24	10.7
0.07	6.6081	5.9829	90	261.25	13.9
0.08	6.6087	5.9827	90	261.29	11.7
0.09	6.6084	5.9830	90	261.28	10.3
0.10	6.6087	5.9827	90	261.29	11.5

9.3.2 Ce 固溶量对固化体微观结构及形貌的影响

图 9-4 给出微波烧结制备 $Zr_{1-x}Ce_xSiO_4$(x=0.01, 0.05, 0.09)固化体的 SEM 图。由图可知，1500 ℃烧结 12 h 得到的人工合成锆石 Ce^{4+}固化体结构相对致密，晶粒发育相对完全，随着 Ce^{4+}固溶量的增加，晶粒总体呈长大的趋势。当 Ce^{4+}固溶量达到 9%时，晶界处出现了一个新的物相。

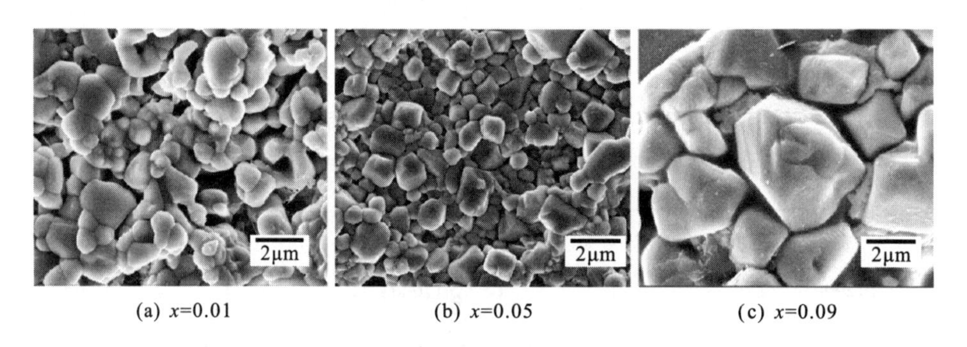

(a) x=0.01 (b) x=0.05 (c) x=0.09

图 9-4 $Zr_{1-x}Ce_xSiO_4$的 SEM 照片

为了研究固化体物相构成，并对其进行定性测试，借助 BSE 像及元素成像技术对物相进行表征，结果如图 9-5～图 9-7 所示。

当 x=0.01 时，由图 9-5 可知，物相中 Ce 的分布比较均匀，且物相中 Ce 固溶量很低，结合 XRD 的结果表明，物相中 Ce 被很好地固定于人工合成锆石晶格点阵中。当 x=0.05 时，虽然从图 9-6 的 BSE 像结果并不能明显地观察到第二相，但是由元素成像可以看出，此时已经有 Ce 的富集相生成，结合 XRD 的结果可以推测，此时生成的物相应为 $Ce_2Si_2O_7$相。当 x=0.09 时，由图 9-7 可知，BSE 像结果与元素成像都很明显地表明，晶界处富集了较多的 Ce 元素，并结合 XRD 结果可以判断，此时晶界处的 Ce 富集相应为 $Ce_2Si_2O_7$相。

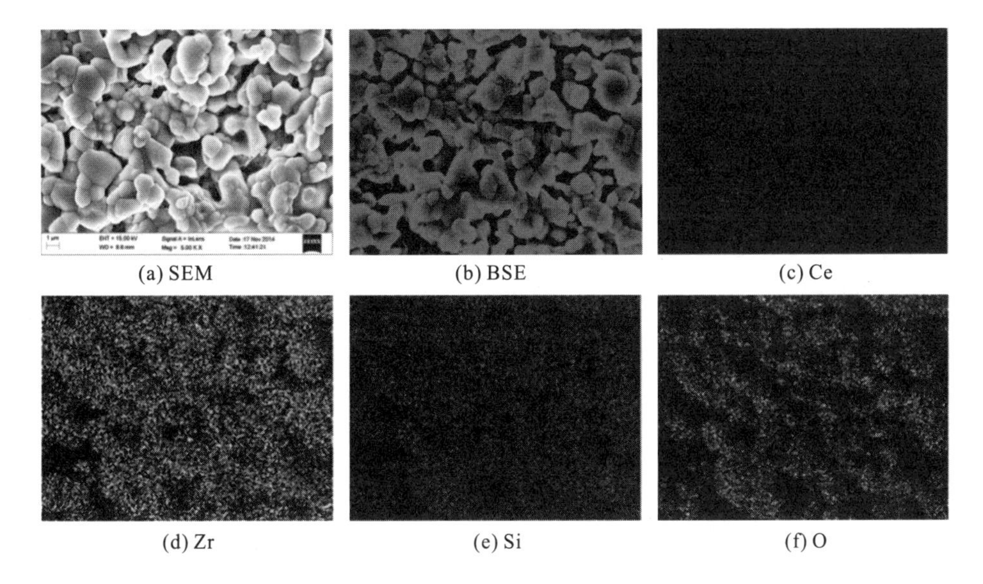

(a) SEM　(b) BSE　(c) Ce

(d) Zr　(e) Si　(f) O

图 9-5　$Zr_{0.99}Ce_{0.01}SiO_4$ BSE 及元素成像图像

Ce 固溶量达到一定程度时，物相中出现 $Ce_2Si_2O_7$ 相。这可能是因为当人工合成锆石晶格中 Ce 固溶量较低时，Ce 在人工合成锆石晶格中的化学势较小，小于 $Ce_2Si_2O_7$ 中 Ce 的化学势。但是随着人工合成锆石晶格中 Ce 固溶量的增加，其在人工合成锆石晶格中的化学势增加。当 x=0.5 时，人工合成锆石晶格中的 Ce 的化学势大于 $Ce_2Si_2O_7$ 中 Ce 的化学势，因此 Ce 从人工合成锆石晶格中偏析出来，与氧化硅形成 $Ce_2Si_2O_7$。

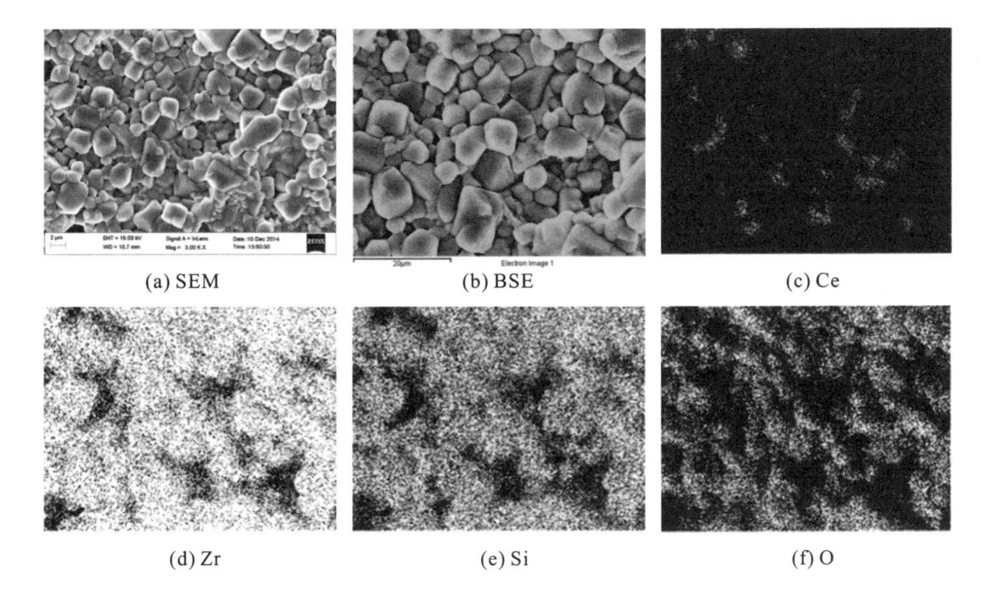

(a) SEM　(b) BSE　(c) Ce

(d) Zr　(e) Si　(f) O

图 9-6　$Zr_{0.95}Ce_{0.05}SiO_4$ BSE 及元素成像图像

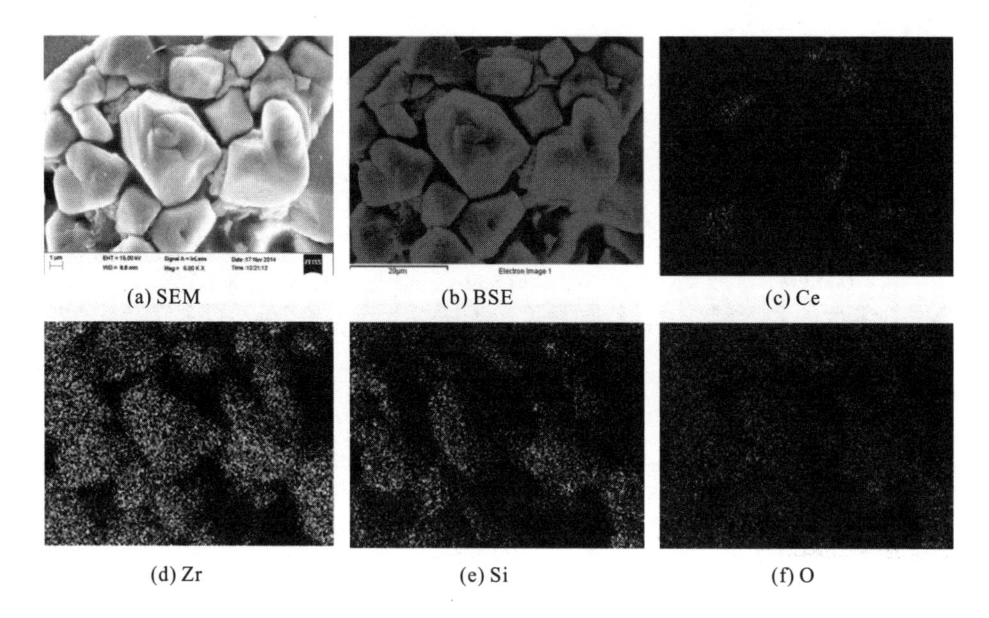

(a) SEM (b) BSE (c) Ce

(d) Zr (e) Si (f) O

图 9-7 $Zr_{0.91}Ce_{0.09}SiO_4$ BSE 及元素成像图像

9.3.3 锆石基固化体 $Zr_{1-x}Ce_xSiO_4$ (x=0, 0.042) 的化学稳定性

图 9-8 (a) 和 (b) 中分别收集了 $Zr_{1-x}Ce_xSiO_4$ (x=0.042) 陶瓷中 Zr 和 Ce 在 90 ℃下的归一化浸出率。值得注意的是，Zr 和 Ce 的归一化浸出率在不同酸碱度下随着浸出时间的增加而逐渐降低，14 d 后趋于稳定，如图 9-8 所示。有趣的是，Zr 和 Ce 在酸性浸出液中的归一化浸出率高于碱性浸出液，这表明 $Zr_{1-x}Ce_xSiO_4$ 在酸性溶液中的结构稳定性比在碱性溶液中相对更弱，表明酸性条件可以加速 $Zr_{1-x}Ce_xSiO_4$ 陶瓷的溶解，这一结果与其他文献报道的结果一致。值得注意的是，在去离子水体系中，Zr 和 Ce 的归一化浸出率非常低分别为 10^{-6} g/(m^2·d) 和 10^{-5} g/(m^2·d)，在相同条件下，Zr 的归一化浸出率略低于 Ce。各离子的化学稳定性在很大程度上取决于其与氧离子的结合能，Ce—O 键的键能为 58 kcal·g/atom，而 Zr—O 键的键能为 81 kcal·g/atom。因此，具有较高键能的 Zr—O 键在溶液中较难被打开，从而降低了 Zr 的归一化浸出率，导致浸泡 42 d 后 Zr 的浸出率较低。Zr 和 Ce 的归一化浸出率的变化趋势与 Lu[3]等先前的研究结果一致。分别在图 9-9 (a) 和 (b) 中收集了 $Zr_{1-x}Ce_xSiO_4$ (x=0.042) 陶瓷中 Zr 和 Ce 在 90℃时的归一化失重率。与归一化浸出率相似，归一化失重率在初始阶段略有波动，21 d 后逐渐稳定。Horlait 等指出，晶体缺陷(螺旋和边缘位错)优先溶解，这可能导致在浸出的初始阶段具有较高的浸出率[4-6]。

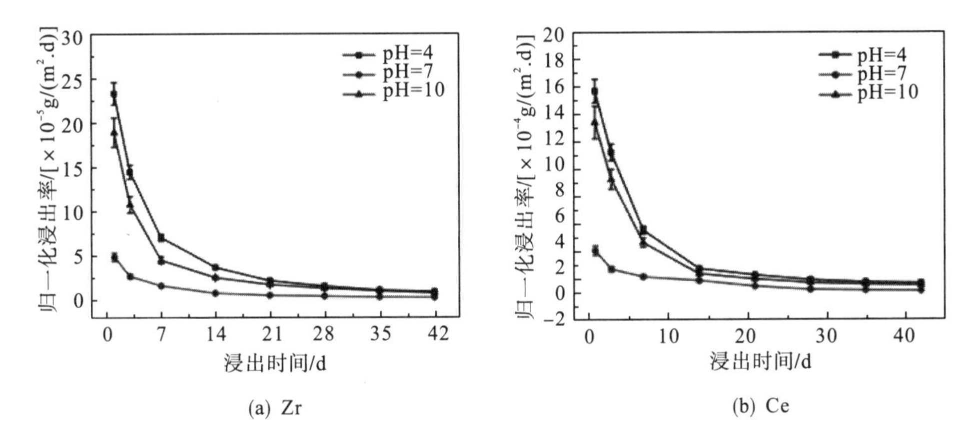

图 9-8　Zr 和 Ce 在 $Zr_{1-x}Ce_xSiO_4$ ($x = 0.042$) 陶瓷中在 90 ℃下的归一化浸出率

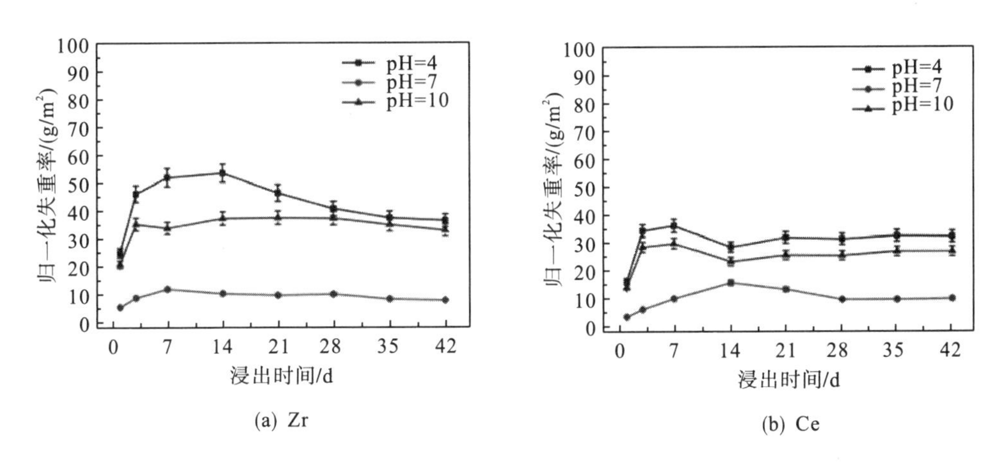

图 9-9　Zr 和 Ce 在 $Zr_{1-x}Ce_xSiO_4$ ($x = 0.042$) 陶瓷中在 90 ℃下的归一化失重率

此外，为了更好地与其他废物形式进行比较，表 9-2 列出了不同核废料形式的归一化浸出率，可以看出，人工合成锆石陶瓷固化体形式表现出相对较好的化学稳定性。

表 9-2　不同核废料形式的归一化浸出率

材料	元素	测试条件	归一化浸出率/ [g/(m²·d)]	参考
人工合成锆石	Zr, Ce	90 ℃, pH=4, 7, 10	10^{-6}～10^{-5}	本工作
氧化锆	Ce, Nd	90 ℃, pH=4, 7, 10	约 10^{-5}	文献[7]
独居石	Ce, Eu	90 ℃, pH=3, 5, 11	约 10^{-6}～10^{-3}	文献[8]
榍石	U	90 ℃，纯水	约 2×10^{-3}	文献[9]
钆锆烧绿石	Gd, Zr, Ce, Nd	40 ℃和 70 ℃，纯水	$<10^{-4}$	文献[3]

图 9-10 展示了在不同的浸出液中样品的 XRD 图。可见浸出后样品仍呈单相锆石相，主峰的强度和宽度基本不变。结果表明，Ce 掺杂锆石陶瓷具有优异的耐水性。然而，可以注意到，ZrO_2 在 pH=10 溶液中的衍射峰被溶解，这可以解释 $Zr_{1-x}Ce_xSiO_4$ 在碱性溶液中

比在酸性溶液中更稳定的原因。在碱性溶液中，在边界膜中形成的不溶性 $Zr(OH)_4$，或多核水解物质如 $Zr(OH)_8^{4-}$ 的聚集，起到了有效减少元素浸出的屏障作用。此外，固溶体在浸出液中可能经历水解反应生成 $Ce(OH)_4$，在酸性溶液中，H^+与 $Ce(OH)_4$ 反应加快水解反应并导致较高的浸出率[10]。独居石也有同样的趋势，在碱性浸出液中低溶解度的白色沉淀会阻止元素释放，导致钝化[11]，同时在碱性浸出液达到饱和时会导致低溶解度沉淀物出现在浸出样上[12]。

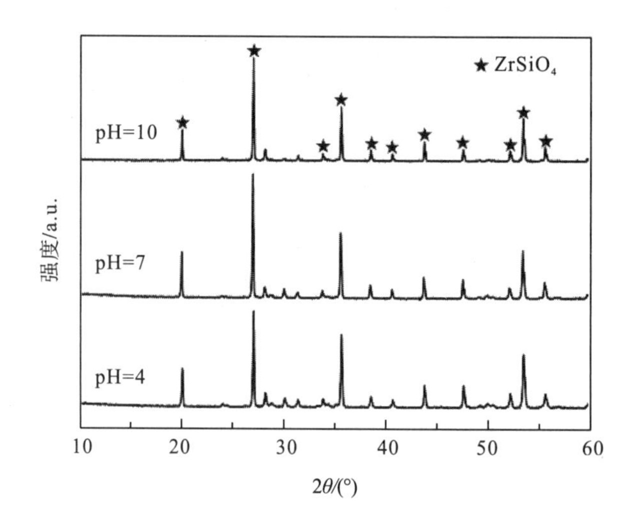

图 9-10　Ce 掺杂锆石样品在不同浸出液中浸出后的 XRD 图

此外，在相应条件下浸出后的 SEM 图像如图 9-11 所示。$Zr_{1-x}Ce_xSiO_4$ 在 pH=4 的溶液中浸出后的微观结构中发现少量具有重腐蚀性的孔隙，如图 9-11 (a) 所示。此外，在 pH=10 溶液［图 9-11 (c)］中可以发现轻微的腐蚀，这可能与图 9-10 中氧化锆衍射峰的溶解有关。然而，如图 9-11 (b) 所示，在 pH=7 溶液中浸出的陶瓷表面无明显变化。

(a) pH=4　(b) pH=7　(c) pH=10

图 9-11　在 pH=4，7，10 的浸出液中浸出后 Ce 掺杂锆石陶瓷表面的微观结构

9.4 小结

采用高温固相法，利用微波烧结技术，在1500℃烧结10h，锆石基四价模拟锕系核素系列固化体$Zr_{1-x}Ce_xSiO_4$($0\leqslant x\leqslant 0.1$)被成功合成。研究发现，当$x<0.04$时，固化体为单一锆石相结构；而当$x\geqslant 0.04$时，固化体为锆石相和$Ce_2Si_2O_7$相两相结构。固化体的密度随Ce固溶量的增加而增大。

参考文献

[1] Shannon R D. Revised effective ionic radii and systematic studies of interatomic distances in halides and chalcogenides[J]. Acta Crystallographica, Section A, 1976(32): 751-767.

[2] Weber W J. Self-radiation damage and recovery in Pu-doped zircon[J]. Radiation Effects and Defects in Solids, 1991(11):5341-349.

[3] Lu X R, Fan L, Shu X Y, et al. Phase evolution and chemical durability of co-doped $Gd_2Zr_2O_7$ ceramics for nuclear waste forms[J]. Ceramics International, 2015, 41(5): 6344-6349.

[4] Horlait D, Claparede L, Tocino F, et al. Environmental SEM monitoring of $Ce_{1-x}Ln_xO_{2-x/2}$ mixed-oxide microstructural evolution during dissolution[J]. Journal of Materials Chemistry A, 2014, 2(15): 5193.

[5] Horlait D, Claparède L, Clavier N, et al. Stability and structural evolution of Ce (IV)$_{(1-x)}$ Ln (III)$_{(x)}$ $O_{(2-x/2)}$ solid solutions: A coupled μ-Raman/XRD approach[J]. Inorganic Chemistry, 2011, 50(15): 7150-7161.

[6] Horlait D, Clavier N, Szenknect S, et al. Dissolution of cerium (IV)–lanthanide (III) oxides: Comparative effect of chemical composition, temperature, and acidity[J]. Inorganic Chemistry, 2012, 51(6): 3868-3878.

[7] Ding Y, Long X, Peng S, et al. Phase evolution and aqueous durability of $Zr_{1-x-y}Ce_xNd_yO_{2-y/2}$ ceramics designed to immobilize actinides with multi-valences[J]. Journal of Nuclear Materials, 2017(487): 297-304.

[8] Zhao X, Teng Y, Yang H, et al. Comparison of microstructure and chemical durability of $Ce_{0.9}Gd_{0.1}PO_4$ ceramics prepared by hot-press and pressureless sintering[J]. Ceramics International, 2015, 41(9): 11062-11068.

[9] Lu X, Fan L, Shu X, et al. Phase evolution and chemical durability of co-doped $Gd_2Zr_2O_7$ ceramics for nuclear waste forms[J]. Ceramics International, 2015, 41(5): 6344-6349.

[10] Xie Y, Fan L, Shu X Y, et al. Chemical stability of Ce-doped zircon ceramics: Influence of pH, temperature and their coupling effects[J]. Journal of Rare Earths, 2017(35): 171.

[11] Zhao X, Teng Y, Wu L, et al. Chemical durability and leaching mechanism of $Ce_{0.5}Eu_{0.5}PO_4$ ceramics: Effects of temperature and pH values[J]. Journal of Nuclear Materials, 2015(466): 187-193.

[12] Ma J, Teng Y, Huang Y, et al. Effects of sintering process, pH and temperature on chemical durability of $Ce_{0.5}Pr_{0.5}PO_4$ ceramics[J]. Journal of Nuclear Materials, 2015(465): 550-555.

第10章 人工合成锆石对混合价态(三、四价)模拟锕系核素固化行为

10.1 概 述

在未来的几十年，如何采用具有良好化学及机械稳定性的固化基材对高放废物进行长期稳定固化处理，是世界各国面临的最大的挑战之一[1,2]。长期以来，锆石($ZrSiO_4$)被认为是固化高放废物的理想基材之一[3-5]。锆石具有良好的化学及机械稳定性，并且广泛分布于地壳中。天然锆石中铀和钍的含量高达5000 ppm，并且能抵抗数百万年的自身α衰变辐照损伤。此外，$ZrSiO_4$结构对稀土及放射性核素还具有良好的固溶能力。这些优良特性使它有望成为一种放射性废物的固化基材[5]。

众所周知，锆英石(I41/amd；Z=4)为四方晶系的正硅酸盐，基本结构为SiO_4四面体和ZrO_8三角十二面体沿c轴共棱交替连接，在平行于a轴和b轴方向，SiO_4四面体和ZrO_8三角十二面体共顶连接，ZrO_8三角十二面体相互共棱连接[6,7]。在天然锆石中，发现铀和钍能取代锆石结构中的Zr位，$ASiO_4$(A=Zr、Hf、Th、Pa、U、Np、Pu及Am等)结构系列人工合成锆石已经被合成。随着A位阳离子半径的增加，单位晶胞体积增大，证实了它具有拓扑结构。自然界中存在铪石($HfSiO_4$)、锆石($ZrSiO_4$)、铀石($USiO_4$)和钍石($ThSiO_4$)四种组分天然矿物。研究结果表明，$ZrSiO_4$与$ThSiO_4$物相之间可以相互固溶[8-10]，但在$ZrSiO_4$-$USiO_4$-$ThSiO_4$体系之间存在固溶间隙[11]。Burakov等[1,12]研究了锆石对U的固溶行为，结果表明锆石对U具有较高的固溶量(6.1%～12.9 %)。通过设计Pu取代锆石晶格中Zr，可获得固溶原子分数为9.2%Pu的锆石固溶体[13,14]，这就意味着锆石可固溶质量分数为10 %的Pu[15]。采用熔融法可合成Pu的固溶量(质量分数)为5%～14 %的锆石固溶体[16]。锆石中Pu的固溶量将可能超过10 %，但锆石对Pu的固溶量尚未探明。纯相$PuSiO_4$的成功合成表明，$ZrSiO_4$结构中Zr被Pu完全取代是可能的。此外，一些课题组研究表明，Fe[17-19]、V[20-24]和Pr[25,26]等金属元素可以成功地固溶于锆石结构中。因此，将多价态(三、四价)模拟锕系核素固溶于锆石结构中是可能的。

最近，大量研究主要集中于锆石对单一模拟核素(四价模拟锕系核素)的物相转变和固溶能力的研究[1,8-10,12,15,16,27-31]。然而，真实的高放核废物中常包含复杂的多价态多种类核素。目前鲜见锆石固化多价态多种类模拟锕系核素相关研究的报道。特别地，锆石对多价态模拟锕系核素的固溶能力尚未探明，多价态模拟锕系核素进入锆石结构中引起其物相及结构的演变规律尚不清楚。

因此，本章主要致力于考察锆石对三、四价模拟锕系核素的固溶能力，探讨三、四价

模拟锕系核素固溶量对锆石固化体物相及结构的影响规律，阐明锆石对三、四价模拟锕系核素的固核机理。在前期研究的基础上[29,31]，采用高温固相法，以钕(Nd^{3+})和铈(Ce^{4+})分别作为三价和四价模拟锕系核素的模拟替代元素，合成锆石基三、四价模拟锕系核素系列固化体 $Zr_{1-x-y}(Nd_xCe_y)SiO_{4-x/2}$ $(0\leqslant x, y\leqslant 0.1)$。采用 XRD、SEM、电子探针显微分析(electron probe micro-analyzer，EPMA)和 XPS 等方法对获得的锆石基系列固化体进行表征，考察锆石对 Nd^{3+}和 Ce^{4+}的固溶能力，详细探讨 Nd^{3+}和 Ce^{4+}的固溶量对锆石基固化体的物相及微观结构的影响规律，阐明锆石对 Nd^{3+}和 Ce^{4+}的固化机理。

10.2 实 验 部 分

1. 固化体配方设计

根据类质同象的原理，推测 $ZrSiO_4$ 结构中 Zr^{4+}可以同时被 Nd^{3+}和 Ce^{4+}替代(Nd^{3+}和 Ce^{4+}分别为三价和四价模拟锕系核素元素)。同时，考虑到电荷平衡，确定系列固化体的化学通式为 $Zr_{1-x-y}(Nd_xCe_y)SiO_{4-x/2}$ $(0\leqslant x, y\leqslant 0.1)$。在不同的真实高放废物中，三价和四价模拟锕系核素的比例和含量不同。因此，特设计典型比例的放射性废物为固化对象，固化体配方中采用三价与四价模拟锕系核素(Nd^{3+}与 Ce^{4+})的物质的量比为 1∶3，1∶1 和 3∶1。其详细配方设计列于表 10-1 中。

表 10-1　$Zr_{1-x-y}(Nd_xCe_y)SiO_{4-x/2}$ $(0\leqslant x, y\leqslant 0.1)$ 系列固化体配方

样品	x	y	组成	用量/g			
				ZrO_2	SiO_2	Nd_2O_3	CeO_2
ZS	0	0	$ZrSiO_4$	1.2322	0.6008	0	0
ZCNS1-1	0.0025	0.0075	$Zr_{0.99}(Nd_{0.0025}Ce_{0.0075})SiO_{3.99875}$	1.2199	0.6008	0.0042	0.0129
ZCNS1-2	0.0050	0.0150	$Zr_{0.98}(Nd_{0.005}Ce_{0.015})SiO_{3.9975}$	1.2076	0.6008	0.0084	0.0258
ZCNS1-3	0.0075	0.0225	$Zr_{0.97}(Nd_{0.0075}Ce_{0.0225})SiO_{3.99625}$	1.1952	0.6008	0.0126	0.0387
ZCNS1-4	0.0100	0.0300	$Zr_{0.96}(Nd_{0.01}Ce_{0.003})SiO_{3.995}$	1.1829	0.6008	0.0168	0.0516
ZCNS1-5	0.0125	0.0325	$Zr_{0.95}(Nd_{0.0125}Ce_{0.0325})SiO_{3.99375}$	1.1768	0.6008	0.0210	0.0559
ZCNS1-6	0.0150	0.0450	$Zr_{0.94}(Nd_{0.015}Ce_{0.045})SiO_{3.9925}$	1.1583	0.6008	0.0252	0.0774
ZCNS1-7	0.0175	0.0525	$Zr_{0.93}(Nd_{0.0175}Ce_{0.0525})SiO_{3.99125}$	1.1459	0.6008	0.0294	0.0904
ZCNS1-8	0.0200	0.0600	$Zr_{0.92}(Nd_{0.02}Ce_{0.06})SiO_{3.99}$	1.1336	0.6008	0.0336	0.1033
ZCNS1-9	0.0225	0.0675	$Zr_{0.91}(Nd_{0.0225}Ce_{0.0675})SiO_{3.98875}$	1.1213	0.6008	0.0379	0.1162
ZCNS1-10	0.0250	0.0750	$Zr_{0.90}(Nd_{0.025}Ce_{0.075})SiO_{3.9875}$	1.1090	0.6008	0.0421	0.1291
ZCNS2-1	0.0050	0.0050	$Zr_{0.99}(Nd_{0.005}Ce_{0.005})SiO_{3.9975}$	1.2199	0.6008	0.0084	0.0086
ZCNS2-2	0.0100	0.0100	$Zr_{0.98}(Nd_{0.01}Ce_{0.01})SiO_{3.995}$	1.2076	0.6008	0.0168	0.0172
ZCNS2-3	0.0150	0.0150	$Zr_{0.97}(Nd_{0.015}Ce_{0.015})SiO_{3.9925}$	1.1952	0.6008	0.0252	0.0258
ZCNS2-4	0.0200	0.0200	$Zr_{0.96}(Nd_{0.02}Ce_{0.02})SiO_{3.99}$	1.1829	0.6008	0.0336	0.0344
ZCNS2-5	0.0250	0.0250	$Zr_{0.95}(Nd_{0.025}Ce_{0.025})SiO_{3.9875}$	1.1706	0.6008	0.0421	0.0430

续表

样品	x	y	组成	用量/g			
				ZrO_2	SiO_2	Nd_2O_3	CeO_2
ZCNS2-6	0.0300	0.0300	$Zr_{0.94}(Nd_{0.03}Ce_{0.03})SiO_{3.985}$	1.1583	0.6008	0.0505	0.0516
ZCNS2-7	0.0350	0.0350	$Zr_{0.93}(Nd_{0.035}Ce_{0.035})SiO_{3.9825}$	1.1459	0.6008	0.0589	0.0602
ZCNS2-8	0.0400	0.0400	$Zr_{0.92}(Nd_{0.04}Ce_{0.04})SiO_{3.98}$	1.1336	0.6008	0.0673	0.0688
ZCNS2-9	0.0450	0.0450	$Zr_{0.91}(Nd_{0.045}Ce_{0.045})SiO_{3.9775}$	1.1213	0.6008	0.0757	0.0774
ZCNS2-10	0.0500	0.0500	$Zr_{0.90}(Nd_{0.05}Ce_{0.05})SiO_{3.975}$	1.1090	0.6008	0.0841	0.0861
ZCNS3-1	0.0075	0.0025	$Zr_{0.99}(Nd_{0.0075}Ce_{0.0025})SiO_{3.99625}$	1.2199	0.6008	0.0126	0.0043
ZCNS3-2	0.0150	0.0050	$Zr_{0.98}(Nd_{0.015}Ce_{0.005})SiO_{3.9925}$	1.2076	0.6008	0.0252	0.0086
ZCNS3-3	0.0225	0.0075	$Zr_{0.97}(Nd_{0.0225}Ce_{0.0075})SiO_{3.98875}$	1.1952	0.6008	0.0379	0.0129
ZCNS3-4	0.0300	0.0100	$Zr_{0.96}(Nd_{0.03}Ce_{0.01})SiO_{3.985}$	1.1829	0.6008	0.0505	0.0172
ZCNS3-5	0.0325	0.0125	$Zr_{0.95}(Nd_{0.0325}Ce_{0.0125})SiO_{3.98375}$	1.1768	0.6008	0.0547	0.0215
ZCNS3-6	0.0450	0.0150	$Zr_{0.94}(Nd_{0.045}Ce_{0.015})SiO_{3.9775}$	1.1583	0.6008	0.0757	0.0258
ZCNS3-7	0.0525	0.0175	$Zr_{0.93}(Nd_{0.0525}Ce_{0.0175})SiO_{3.97375}$	1.1459	0.6008	0.0883	0.0301
ZCNS3-8	0.0600	0.0200	$Zr_{0.92}(Nd_{0.06}Ce_{0.02})SiO_{3.97}$	1.1336	0.6008	0.1009	0.0344
ZCNS3-9	0.0675	0.0225	$Zr_{0.91}(Nd_{0.0675}Ce_{0.0225})SiO_{3.96625}$	1.1213	0.6008	0.1136	0.0387
ZCNS3-10	0.0750	0.0250	$Zr_{0.90}(Nd_{0.075}Ce_{0.025})SiO_{3.9625}$	1.1090	0.6008	0.1262	0.0430

2.固化体制备

合成 $Zr_{1-x-y}(Nd_xCe_y)SiO_{4-x/2}$ ($0\leqslant x,\ y\leqslant 0.1$) 系列固化体所用主要原料如下：二氧化锆($ZrO_2$，阿拉丁试剂(上海)有限公司，化学纯度 99.99%)、二氧化硅(SiO_2，成都市科龙化工试剂厂，化学纯度 99.9%)、三氧化二钕(Nd_2O_3)和二氧化铈(CeO_2，阿拉丁试剂(上海)有限公司，化学纯度 99.99%)。合成固化体典型步骤如下：按照表 10-1 配方分别称取原料，然后将称好的原料与乙醇(纯度为 99.7%，乙醇和粉末的比例为 3∶1)混合。以氧化锆为研磨介质，采用球磨机在 200 r/min 下研磨 6 h。将研磨好的粉末干燥后，在 10 MPa 压力下压制成直径为 12 mm、厚度为 0.5 mm 的圆片。最后，在 1550 ℃下空气中烧结 72 h，即得系列固化体样品。

3. 固化体表征

利用XRD对获得的锆石基系列固化体样品的物相进行测试表征，以Cu-Kα(λ= 1.5406 Å、1.5444 Å)射线为入射射线，扫描范围为 10°～90°，扫描速度为 2°/min，步宽为 0.02°。采用 Rietveld 和 LeBail 精修方法利用 Fullprof-2k 软件分析 XRD 图谱[32]。

采用 SEM 观察样品的微观形貌。采用 EDS 分析样品中相的化学组成。采用 EPMA，在 15 kV 加速电压和 10 nA 电流条件下，对获得样品的化学成分进行分析。借助 XPS 对样品中元素的价态进行分析。

此外，采用阿基米德方法测量锆石样品的密度。

10.3　结果与讨论

10.3.1　固化体物相结构分析

为了研究 Nd 和 Ce 的固溶量对锆石系列固化体 $Zr_{1-x-y}(Nd_xCe_y)SiO_{4-x/2}$ $(0\leqslant x, y\leqslant 0.1)$ 的相结构演变行为的影响，对不同固溶量锆石基系列固化体的 XRD 图谱进行分析。不同 Nd 和 Ce 固溶量样品的 XRD 图谱如图 10-1 所示，从图中可以看出，所有样品的 XRD 图谱中均显示出锆石相的特征峰，这表明合成样品的主要物相均为锆石相。因此，锆石基系列固化体可以在 1550 ℃下烧结 72 h 获得。图 10-1(a)为 Nd 与 Ce 固溶量比例为 1∶3 样品的 XRD 图谱。从图谱中可看出，当 $x<0.01, y<0.03$ 时，样品为单一的锆石相结构；然而，当 $x\geqslant 0.01$, $y\geqslant 0.03$ 时，样品仍以锆石相为主，但同时出现了第二相［$(Nd,Ce)_2Si_2O_7$ 相］，为锆石相和 $(Nd,Ce)_2Si_2O_7$ 相两相共存结构。图 10-1(b)为 Nd 与 Ce 固溶量比例为 1∶1 样品的 XRD 图谱。从图谱中可看出，当 $x<0.02, y<0.02$ 时，样品为单一的锆石相结构；然而，当 $x\geqslant 0.02, y\geqslant 0.02$ 时，样品以锆石相为主，同时也出现了第二相［$(Nd,Ce)_2Si_2O_7$ 相］，为锆石相和 $(Nd,Ce)_2Si_2O_7$ 相两相共存结构。图 10-1(c)为 Nd 与 Ce 固溶量比例为 3∶1 样品的 XRD 图谱。从图谱中可看出，当 $x<0.03$，$y<0.01$ 时，样品为单一的锆石相结构；然而，当 $x\geqslant 0.03$，$y\geqslant 0.01$ 时，样品以锆石相为主，同时出现了第二相［$(Nd,Ce)_2Si_2O_7$ 相］，为锆石相和 $(Nd,Ce)_2Si_2O_7$ 相两相共存结构。此外，进一步观察所有图谱发现，$(Nd,Ce)_2Si_2O_7$ 相的特征峰强度随 Nd 和 Ce 的固溶量增加而增强，表明 $(Nd,Ce)_2Si_2O_7$ 相的量随 Nd 和 Ce 的固溶量增加而增加。分析不同 Nd 和 Ce 固溶量比例样品 XRD 表征结果发现，当 Nd 和 Ce 的总固溶量 $x+y\geqslant 0.04$ 时，无论 x 与 y 是何种比例，样品中均出现 $(Nd,Ce)_2Si_2O_7$ 相。这可能是由于 Nd 和 Ce 均能与 SiO_2 反应生成 $Nd_2Si_2O_7$ 相和 $Ce_2Si_2O_7$ 相，因此，只要 Nd 和 Ce 的总固溶量达到一定值，$(Nd,Ce)_2Si_2O_7$ 相就能形成。以上结果显示，当 $x+y<0.04$ 时，锆石基固化体为单一锆石相结构；当 $x+y\geqslant 0.04$ 时，锆石基固化体为锆石相和 $(Nd,Ce)_2Si_2O_7$ 相两相共存。这些结果表明，单一锆石相对 Nd 和 Ce 的固溶量约为 0.04%。

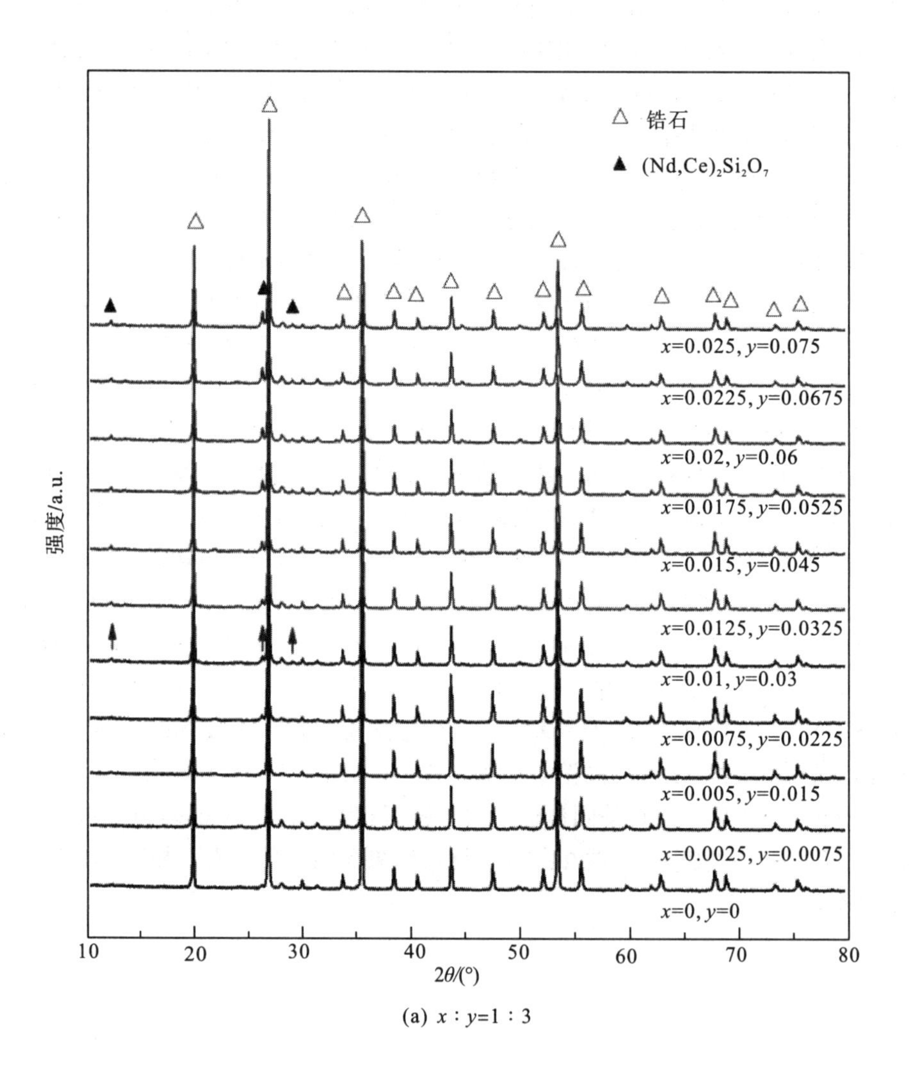

△ 锆石
▲ (Nd,Ce)2Si2O7
强度/a.u.
2θ/(°)
x=0.025, y=0.075
x=0.0225, y=0.0675
x=0.02, y=0.06
x=0.0175, y=0.0525
x=0.015, y=0.045
x=0.0125, y=0.0325
x=0.01, y=0.03
x=0.0075, y=0.0225
x=0.005, y=0.015
x=0.0025, y=0.0075
x=0, y=0
10
20
30
40
50
60
70
80

(a) $x:y=1:3$

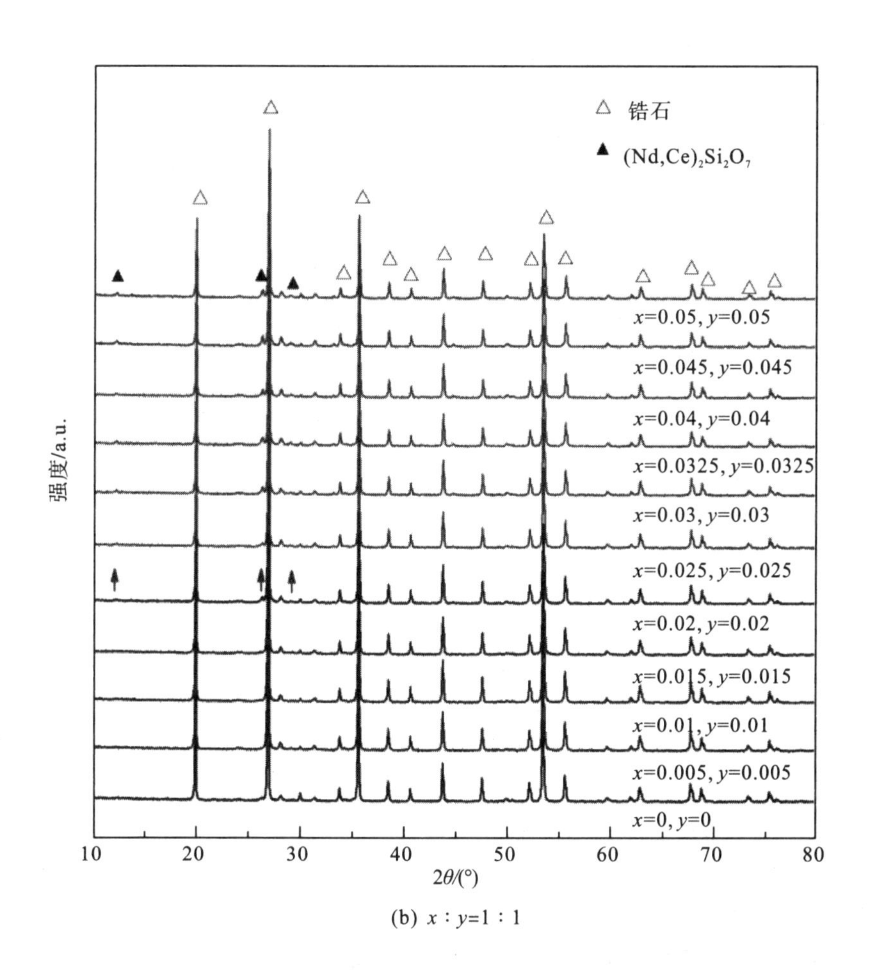
△ 锆石
▲ $(Nd,Ce)_2Si_2O_7$
强度/a.u.
x=0.05, y=0.05
x=0.045, y=0.045
x=0.04, y=0.04
x=0.0325, y=0.0325
x=0.03, y=0.03
x=0.025, y=0.025
x=0.02, y=0.02
x=0.015, y=0.015
x=0.01, y=0.01
x=0.005, y=0.005
x=0, y=0
10
20
30
40
50
60
70
80
2θ/(°)

(b) $x:y=1:1$

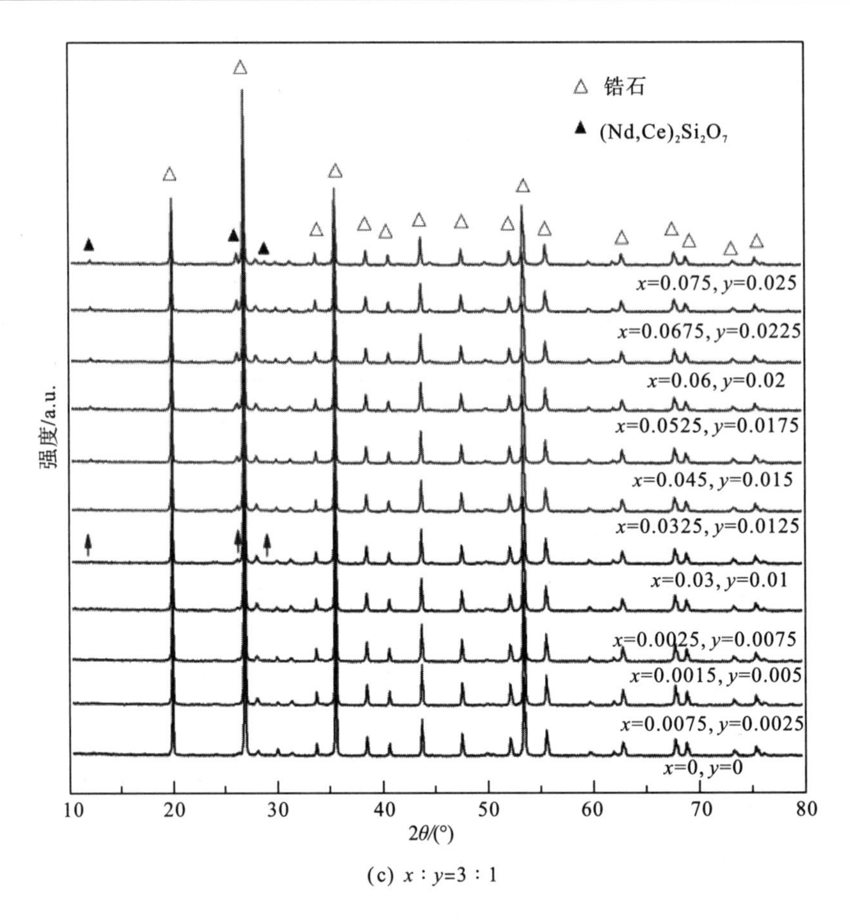

(c) $x:y=3:1$

图 10-1 $Zr_{1-x-y}(Nd_xCe_y)SiO_{4-x/2}$ $(0\leqslant x, y\leqslant 0.1)$ 系列固化体的 XRD 图谱

为了探明 Nd 和 Ce 的固溶量对锆石基固化体的晶胞参数的影响规律，采用 Rietveld 方法对 XRD 数据进行精修。采用 EMPA 对样品的化学成分进行分析，其结果见表 10-2。从表 10-2 中可以看出，所有样品的化学成分与设计的配方通式 $Zr_{1-x-y}(Nd_xCe_y)SiO_{4-x/2}$ $(0\leqslant x, y\leqslant 0.1)$ 基本一致。不同 Nd 和 Ce 固溶量样品的晶胞参数和晶胞体积见表 10-3，Nd 和 Ce 的固溶量与晶胞体积关系如图 10-2 所示。从表 10-3 中可以看出，随着 Nd 和 Ce 固溶量的增加，晶胞参数 a 和 b 有增加的趋势，c 基本保持不变。如图 10-2 所示，随 Nd 和 Ce 的固溶量增加，晶胞体积有增大的趋势。这主要是由于晶体结构中的某一原子被另一较大原子所替代[33]。为了确定 Ce 的离子半径，需探明 Ce 在固化体中的价态信息。Ce 在锆石中常存在两种价态(+3、+4)。采用 XPS 对 Ce 的价态进行分析。XPS 是一种分析 Ce 价态最常用的方法，因为 Ce^{3+}和 Ce^{4+}的 Ce3d 特征峰存在显著差异[34]。Ce^{4+}在 916eV 附近存在强峰，而 Ce^{3+} 却没有。样品的 Ce3d XPS 图谱如图 10-3 所示。发现 $Zr_{1-x-y}(Nd_xCe_y)SiO_{4-x/2}$ $(x=0.02, y=0.02)$ 样品在 916 eV 附近存在较强峰，因此，证实样品中的 Ce 为+4 价。这主要是由于所有样品均在空气气氛条件下合成，存在较高的氧化气氛，使 Ce 呈氧化态[35]。本章锆石结构中的较小 Zr^{4+}(6 配位离子半径为 0.72 Å) 被较大 Nd^{3+}(6 配位离子半径为 0.983 Å) 和 Ce^{4+}(6 配位离子半径为 0.87 Å) 所替代。因此，随 Nd 和 Ce

的固溶量增加，晶胞参数也相应增加。这一规律与 Vegard[36]的发现一致。众所周知，锆石结构中 Zr 与 Si 沿 c 轴相间排列成四方体心晶胞。晶体结构由[SiO_4]四面体和[ZrO_8]三角十二面体联结而成。晶胞参数 a 和 b 的增加可归因于 Nd 和 Ce 替代[ZrO_8]三角十二面体中的 Zr。因此，可以认为 Nd 和 Ce 被成功地固溶于锆石结构中。

表 10-2 Nd 和 Ce 共掺杂硅酸锆陶瓷中相成分

样品	物相	成分/%				共计/%
		Nd_2O_3	CeO_2	ZrO_2	SiO_2	
ZS	锆石	0.00	0.00	66.22(1.16)	32.81(0.36)	99.03
ZCNS2-1	锆石	0.43(0.05)	0.41(0.03)	65.37(0.83)	32.19(1.05)	98.40
ZCNS2-2	锆石	0.91(0.06)	0.93(0.07)	64.54(1.02)	31.61(0.86)	97.99
ZCNS2-3	锆石	1.36(0.02)	1.39(0.06)	63.87(0.76)	30.52(0.43)	97.14
ZCNS2-4	锆石	1.81(0.04)	1.85(0.12)	62.87(1.22)	31.33(1.14)	97.86
	$(Nd,Ce)_2Si_2O_7$	41.72(1.07)	41.83(0.71)	0.18(0.02)	14.82(0.37)	98.55
ZCNS2-5	锆石	1.96(0.21)	2.12(0.06)	62.65(0.83)	31.36(0.56)	98.09
	$(Nd,Ce)_2Si_2O_7$	41.02(2.13)	42.99(1.56)	0.36(0.06)	14.52(1.20)	98.89
ZCNS2-6	锆石	2.01(0.15)	2.17(0.36)	62.23(1.21)	31.28(0.96)	97.69
	$(Nd,Ce)_2Si_2O_7$	41,64(1.32)	43.12(0.87)	0.61(0.03)	13.58(0.17)	98.95
ZCNS2-7	锆石	2.15(0.11)	2.22(0.08)	61.41(1.61)	32.2(1.01)	97.98
	$(Nd,Ce)_2Si_2O_7$	42.12(0.86)	41.68(1.46)	0.79(0.09)	14.13(0.76)	98.72
ZCNS2-8	锆石	2.19(0.24)	2.18(0.18)	61.61(1.12)	32.12(0.56)	98.10
	$(Nd,Ce)_2Si_2O_7$	41.98(1.50)	42.68(1.02)	0.08(0.03)	13.86(0.69)	98.52
ZCNS2-9	锆石	2.04(0.35)	2.13(0.62)	60.79(1.83)	32.03(0.97)	96.99
	$(Nd,Ce)_2Si_2O_7$	42.08(1.41)	41.55(0.33)	0.88(0.03)	14.01(0.63)	98.52
ZCNS2-10	锆石	2.17(0.18)	2.31(0.07)	60.98(1.32)	31.96(0.77)	97.42
	$(Nd,Ce)_2Si_2O_7$	43.04(1.12)	42.15(1.31)	1.06(0.14)	12.68(0.32)	98.93

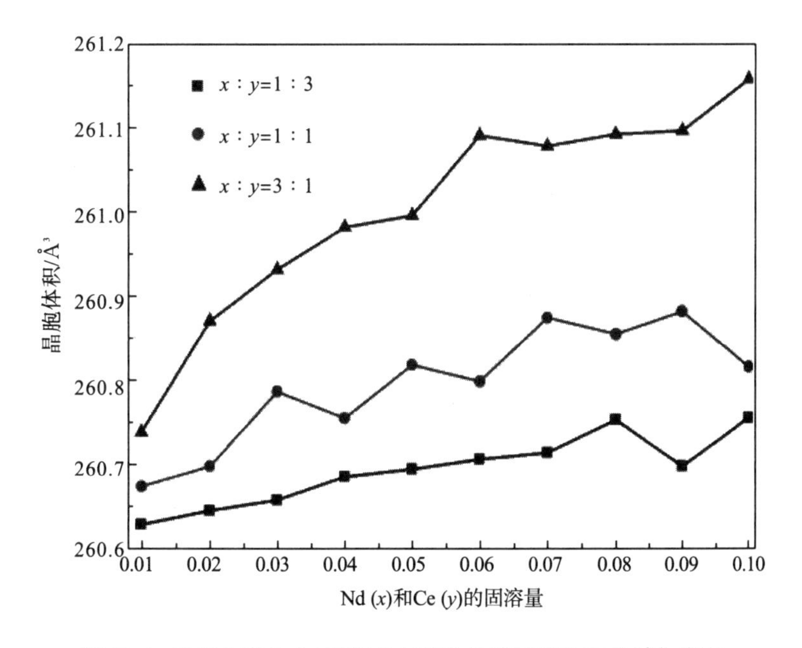

图 10-2 Nd(x)和 Ce(y)固溶量与固化体的晶胞体积关系曲线图

表 10-3 $Zr_{1-x-y}(Nd_xCe_y)SiO_{4-x/2}$ ($0 \leqslant x, y \leqslant 0.1$) 系列固化体晶胞参数和晶胞体积

x	y	a/Å	b/Å	c/Å	V/Å^3
0.0025	0.0075	6.6022	6.6022	5.9793	260.6271
0.0050	0.0150	6.6023	6.6023	5.9794	260.6442
0.0075	0.0225	6.6024	6.6024	5.9795	260.6565
0.0100	0.0300	6.6025	6.6025	5.9799	260.6846
0.0125	0.0325	6.6026	6.6026	5.9800	260.6936
0.0150	0.0450	6.6028	6.6028	5.9799	260.7055
0.0175	0.0525	6.6030	6.6030	5.9797	260.7126
0.0200	0.0600	6.6034	6.6034	5.9798	260.7517
0.0225	0.0675	6.6030	6.6030	5.9793	260.6969
0.0250	0.0750	6.6032	6.6032	5.9804	260.7543
0.0050	0.0050	6.6026	6.6026	5.9796	260.6726
0.0100	0.0100	6.6028	6.6028	5.9797	260.6968
0.0150	0.0150	6.6036	6.6036	5.9802	260.7854
0.0200	0.0200	6.6033	6.6033	5.9802	260.7540
0.0250	0.0250	6.6038	6.6038	5.9806	260.8171
0.0300	0.0300	6.6037	6.6037	5.9805	260.7974
0.0350	0.0350	6.6043	6.6043	5.9810	260.8731
0.0400	0.0400	6.6045	6.6045	5.9802	260.8537
0.0450	0.0450	6.6047	6.6047	5.9804	260.8806
0.0500	0.0500	6.6035	6.6035	5.9811	260.8147
0.0075	0.0025	6.6034	6.6034	5.9796	260.7370
0.0150	0.0050	6.6043	6.6043	5.9809	260.8692
0.0225	0.0075	6.6052	6.6052	5.9807	260.9307
0.0300	0.0100	6.6057	6.6057	5.9809	260.9801
0.0325	0.0125	6.6058	6.6058	5.9811	260.9945
0.0450	0.0150	6.6066	6.6066	5.9818	261.0896
0.0525	0.0175	6.6066	6.6066	5.9815	261.0767
0.0600	0.0200	6.6067	6.6067	5.9817	261.0906
0.0675	0.0225	6.6066	6.6066	5.9819	261.0948
0.0750	0.0250	6.6073	6.6073	5.9821	261.1563

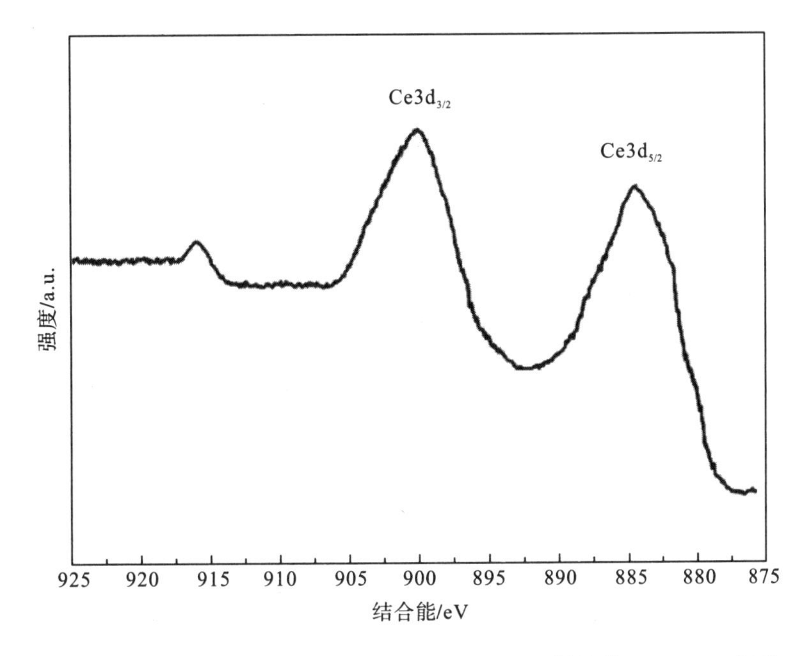

图 10-3　$Zr_{1-x-y}(Nd_xCe_y)SiO_{4-x/2}$ ($x = 0.02, y = 0.02$)样品的 Ce3d XPS 图谱

10.3.2　固化体微观结构及致密性分析

为了考察 Nd 和 Ce 的固溶量对固化体微观结构的影响，采用 SEM 对固化体的微观形貌进行表征。图 10-4 为不同 Nd 和 Ce 固溶量锆石基固化体的 SEM 照片。从图中可以看出，所有样品中晶粒为颗粒状，晶界清晰，晶粒尺寸为 1～3 μm。图 10-4(a)为未添加 Nd 和 Ce ($x = 0.01, y = 0.01$)样品的 SEM 照片，图 10-4(b)为 $x = 0.01, y = 0.01$ 的样品 SEM 照片。它们的晶粒均为单一的颗粒状形貌，表明为单一锆石相结构，这与 XRD 表征结果一致。采用 EDS 对这些粒子进行元素分析，结果如图 10-5(a)所示。从图中可以看出，该晶粒主要元素为 Nd、Ce、Zr、Si 和 O。这证实了 Nd 和 Ce 被成功固溶于锆石结构中。然而，如图 10-4(c)和(d)所示，当 $x = 0.02, y = 0.02$ 和 $x = 0.03, y = 0.03$ 时，样品中除了颗粒状形貌晶粒外，均出现了板状形貌晶粒，这表明样品中存在两种物相。这同样与 XRD 表征结果一致。板状形貌晶粒的 EDS 分析结果如图 10-5(b)所示，结果显示该晶粒主要元素为 Nd、Ce、Si 和 O，结合 XRD 结果证实为两相结构［锆石相和$(Nd,Ce)_2Si_2O_7$相］。SEM 结果表明，当 $x \geqslant 0.02, y \geqslant 0.02$ 时，样品中形成了$(Nd,Ce)_2Si_2O_7$相。相组成分析结果表明样品中同时存在锆石相和$(Nd,Ce)_2Si_2O_7$相(图 10-6)。从图 10-6 中可以看出，$(Nd,Ce)_2Si_2O_7$相形成于锆石相晶粒晶界处，并且均匀分布于固化体中。此外，从 SEM 照片中还可以看出，随 Nd 和 Ce 固溶量的增加，样品的致密度是逐渐增强的。为了考察 Nd 和 Ce 固溶量与样品密度的关系，采用阿基米德方法对样品的密度进行测试。测试结果如图 10-7 所示，所有样品的密度为 4.33～4.56 g/cm^3，均显示出较高密度，约为理论密度的 93%。从图 10-7 中可以看出，随 Nd 和 Ce 固溶量的增加，固化体的密度有增大的趋势，这与 SEM 结果中密度增加的规律一致。当 $x = 0.075, y = 0.025$ 时，固化体的密度达到最大值 4.56 g/cm^3(大

约为理论密度的 98%)。这可能是由于低熔点的$(Nd,Ce)_2Si_2O_7$相形成而导致固化体密度的增加[37]。此外，$(Nd,Ce)_2Si_2O_7$ 相形成于晶界或孔隙处，导致固化体气孔率降低，从而提高固化体的密度。为此，我们推测了如图 10-8 所示的密度增强机理示意图，当固化体中未掺杂 Nd 和 Ce 时，晶界处常形成孔洞或孔隙。然而，当固化体中掺入 Nd 和 Ce 时，由于$(Nd,Ce)_2Si_2O_7$相在晶界或孔隙中形成，从而导致固化体的密度增加。

(a) x=0.01, y=0.01　(b) x=0.01, y=0.01

(c) x=0.02, y=0.02　(d) x=0.03, y=0.03

图 10-4　$Zr_{1-x-y}(Nd_xCe_y)SiO_{4-x/2}$ 系列固化体的 SEM 照片

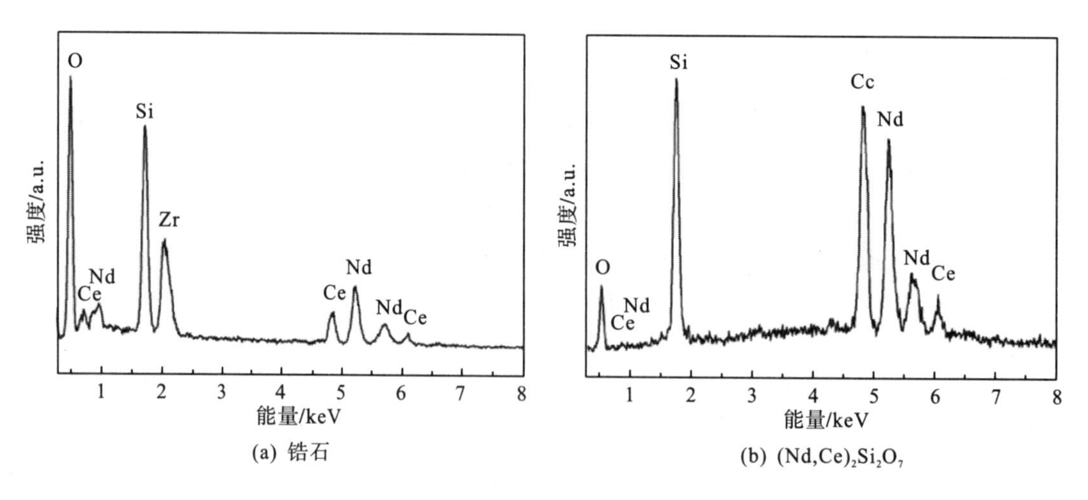

(a) 锆石　(b) $(Nd,Ce)_2Si_2O_7$

图 10-5　锆石基固化体中锆石相和$(Nd,Ce)_2Si_2O_7$相的 EDS 结果

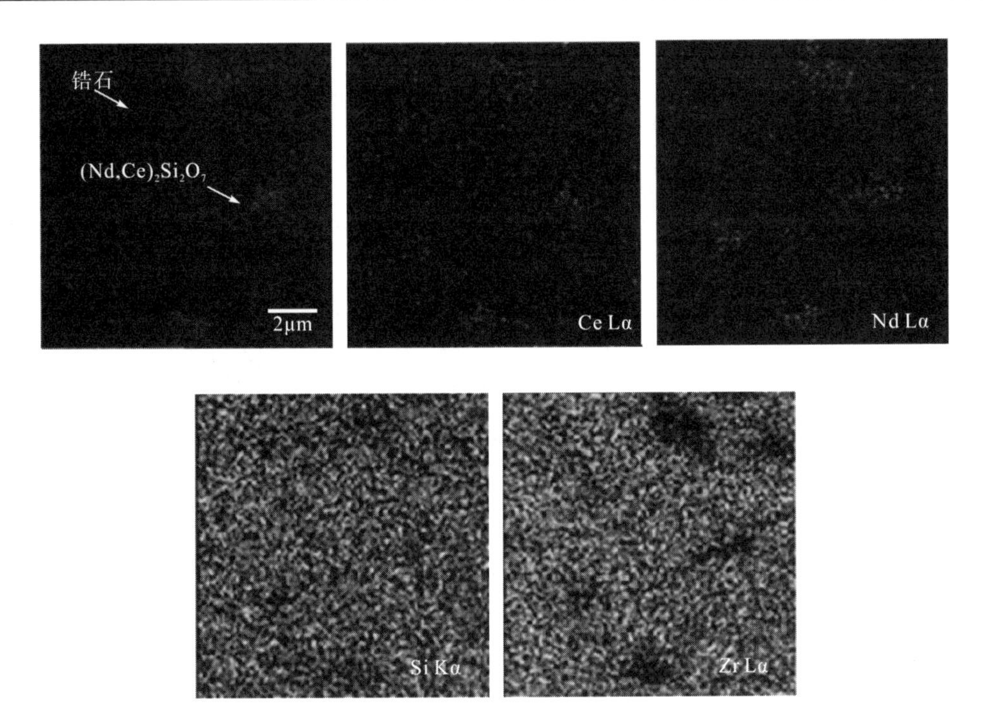

图 10-6　$Zr_{0.96}(Nd_{0.02}Ce_{0.02})SiO_{3.99}$ ($x = 0.02, y = 0.02$) 固化体的 X 射线照片［锆石相和 $(Nd,Ce)_2Si_2O_7$ 相］

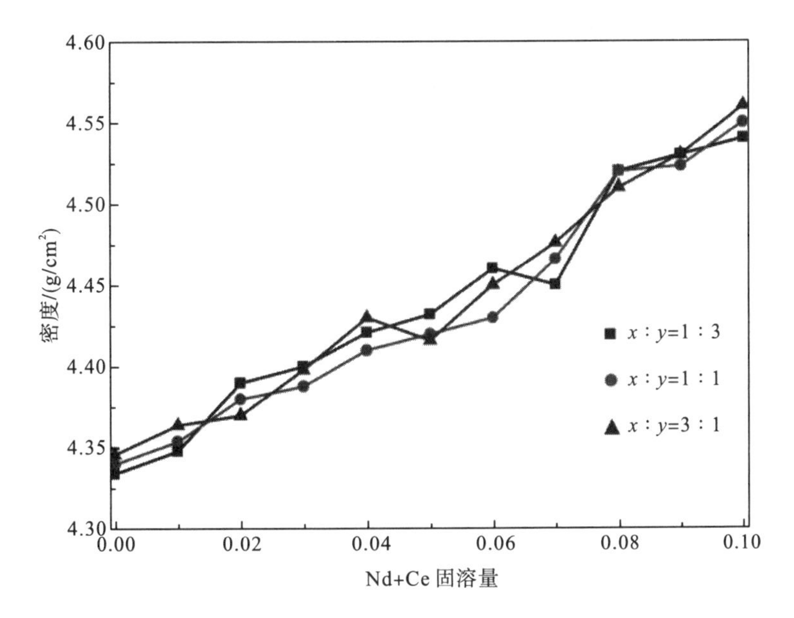

图 10-7　$Zr_{1-x-y}(Nd_xCe_y)SiO_{4-x/2}$ 系列固化体的密度与固溶量关系曲线图

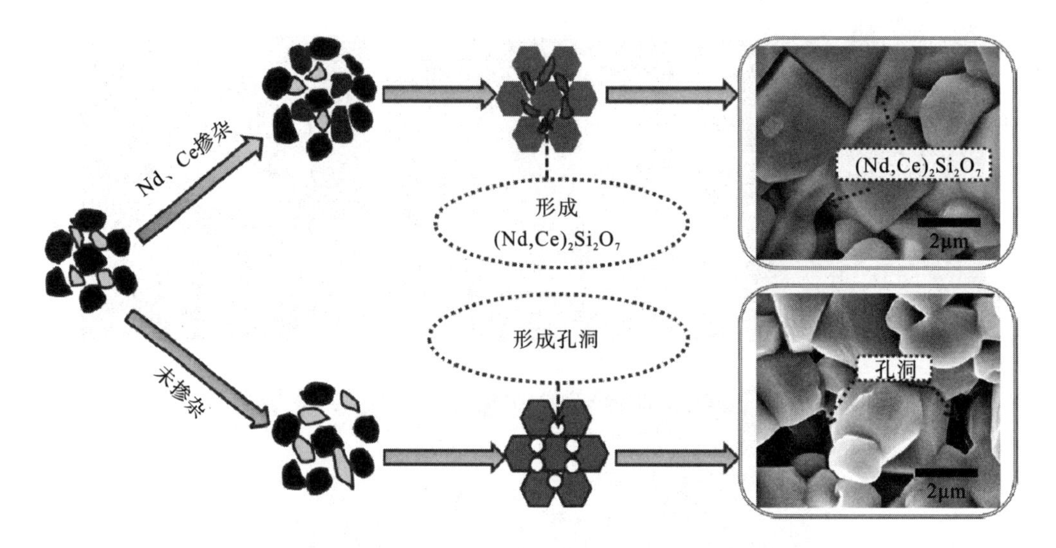

图 10-8　锆石基固化体的密度增强机理示意图

10.4　小　　结

本章采用高温固相法开展了人工合成锆石多核素固化体的合成研究，通过研究获得的初步结论如下：

(1) Nd^{3+}和 Ce^{4+}可被成功固化于人工合成锆石 $Zr_{1-x-y}(Nd_xCe_y)SiO_{4-x/2}$ ($0 \leqslant x, y \leqslant 0.1$) 中；

(2) 当 $x+y < 0.04$ 时，人工合成锆石多核素固化体为单一锆石相结构，当 $x+y \geqslant 0.04$ 时，为锆石相和 $(Nd,Ce)_2Si_2O_7$ 相两相共存；

(3) 人工合成锆石固化体对 Nd 和 Ce 的总固溶量大约为 4 %；

(4) 所有人工合成锆石固化体具有较高的密度(理论密度的 93%)，随 Nd 和 Ce 固溶量的增加，固化体的密度有增大的趋势，当 $x = 0.075, y = 0.025$ 时，固化体的密度达到最大值 4.56 g/cm^3 (大约为理论密度的 98%)。

该结果可为进一步探明 Nd 和 Ce 掺杂对锆石结构固化体的物相及结构影响行为及机理提供基本信息，并且为三、四价模拟锕系核素的固化处理研究提供实验数据和理论依据。

参考文献

[1] Burakov B E. A study of high-uranium technogenous zircon (Zr, U) SiO_4 from chernobyl lavas in connection with the problem of creating a crystalline matrix for high-level waste disposal[J]. Safe Management Disposal Nuclear Waste, 1993, 2: 19-28.

[2] Weber W J, Ewing R C, Catlow C R A, et al. Radiation effects in crystalline ceramics for the immobilization of high-level nuclear waste and plutonium[J]. Journal of Materials Research, 1998, 13 (6): 1434-1484.

[3] Harker A B, Flintoff J F. Polyphase ceramic for consolidating nuclear waste compositions with high Zr-Cd-Na content[J]. Journal

of the American Ceramic Society, 1990, 73(7): 1901-1906.

[4] Ewing R C, Lutze W, Weber W J. Zircon: A host-phase for the disposal of weapons plutonium[J]. Journal of Materials Research, 1995, 10(2): 243-246.

[5] Ewing R C. The design and evaluation of nuclear-waste forms: Clues from mineralogy[J]. Can Mineral, 2001, 39: 697-715.

[6] Robinson K, Gibbs G V, Ribbe P H. The structure of zircon: a comparison with garnet[J]. American Mineralogist, 1971, 56: 782-789.

[7] Taylor M, Ewing R C. The crystal structures of the $ThSiO_4$ polymorphs: Huttonite and thorite[J]. Acta Crystallographica, Section B (Structural Crystallography and, Crystal Chemistry), 1978, 34(4): 1074-1079.

[8] Keller C. Untersuchungen über die germanate und silikate des typs ABO_4 der vierwertigen elemente thorium bis americium[J]. Nukleonika, 1963, 5: 41-48.

[9] Spear J A. The actinide orthosilicates[J]. Orthosilicates ,1982,5: 113-135.

[10] Speer J A, Cooper B J. Crystal structure of synthetic hafnon, $HfSiO_4$, comparison with zircon and the actinide orthosilicates[J]. American Mineralogist, 1982, 67: 804-808.

[11] Mumpton F A, Roy R. Hydrothermal stability studies of the zircon-thorite group[J]. Geochimica Et Cosmochimica Acta, 1961, 21(3): 217-238.

[12] Anderson E B, Burakov B E, Pazukhin E M. High-uranium zircon from chernobyl lavas[J]. Radiochim Acta, 1993, 60: 149-151.

[13] Weber W J. Radiation-induced defects and amorphization in zircon[J]. Journal of Materials Research, 1990, 5(11): 2687-2697.

[14] Weber W J. Self-radiation damage and recovery in Pu-doped zircon[J]. Radiation Effects and Defects in Solids, 1991, 115: 341-349.

[15] Burakov B E, Anderson E B, Zamoryanskay M V, et al. Synthesis and study of 239Pu-doped ceramics based on zircon, (Zr,Pu)SiO_4, and hafnon, (Hf,Pu)SiO_4[J]. MRS Proceedings, 2001, 663: 307-313.

[16] Hanchar J M, Burakov B E, Zamoryanskaya M V, et al. Investigation of Pu incorporation into zircon single crystal[J]. MRS Proceedings, 2004, 824: CC4.2.

[17] Llusar M, Calbo J, Badenes J A, et al. Synthesis of iron zircon coral by coprecipitation routes[J]. Journal of Materials Science, 2001, 36(1): 153-163.

[18] Ardizzone S, Binaghi L, Cappelletti G, et al. Iron doped zirconium silicate prepared by a sol-gel procedure. The effect of the reaction conditions on the structure, morphology and optical properties of the powders[J]. Physical Chemistry Chemical Physics, 2002, 4: 5683-5689.

[19] Cappelletti G, Ardizzone S, Fermo P, et al. The influence of iron content on the promotion of the zircon structure and the optical properties of pink coral pigments[J]. Journal of the European Ceramic Society, 2005, 25(6): 911-917.

[20] Demirary T, Nath D K, Hummel F A. Zircon-vanadium blue pigments[J]. Journal of the American Ceramic Society, 1970, 53(1): 1-4

[21] Di Gregorio S, Greenblatt M, Pifer J H, et al. An ESR and optical study of V^{4+} in zircon type crystals[J]. Journal of Chemical Physics, 1982, 76: 2931-2937.

[22] Torres F J, Tena M A, Alarcon J. Rietveld refinement study of vanadium distribution in V^{4+}-$ZrSiO_4$ solid solution obtained from gels[J]. Journal of the European Ceramic Society, 2002, 22(12): 1991-1994.

[23] Dajda N, Dixon J M, Smith M E, et al. Atomic site preferences and structural evolution in vanadium-doped $ZrSiO_4$ from multinuclear solid-state NMR[J]. Physical Review B, 2003, 67: 253-263.

[24] Ardizzone S, Cappelletti G, Fermo P, et al. Structural and spectroscopic investigations of blue, vanadium-doped $ZrSiO_4$ pigments prepared by a sol-gel route[J]. The Journal of Physical Chemistry B, 2006, 109(47): 22112-22119.

[25] Badenes J A, Vicent J B, Llusar M, et al. The nature of Pr-$ZrSiO_4$ yellow ceramic pigment[J]. Journal of Materials Science, 2002, 37(7): 1413-1420.

[26] Nero G D, Cappelletti G, Ardizzone S, et al. Yellow Pr-zircon pigments. The role of praseodymium and of the mineralizer[J]. Journal of the European Ceramic Society, 2004, 24: 3603-3611.

[27] Zamoryanskaya M V, Burakov B E. Feasibility limits in using cerium as a surrogate for plutonium incorporation in zircon, zirconia and pyrochlore[J]. MRS Proceedings, 2011, 663(663).

[28] Takahashi Y. Observation of tetravalent cerium in zircon and its reduction by radiation effect[J]. Geophysical Research Letters, 2003, 30(3): 1137.

[29] Cui C L, Lu X R, Zhang D, et al. Capability of zircon as waste forms for immobilizing simulated actinides with Ce^{4+}[J]. Atomic Energy Science & Technology, 2010, 44: 1168-1172.

[30] Ren G Y, Chen Q S, Luo T A. Preparation and characterization of zircon ceramic doped with cerium[J]. Advanced Materials Research, 2011, 284: 1326-1329.

[31] Lu X R, Cui C L, Song G B, et al. Capability of zircon as radioactive waste forms for immobilizing tetravalent actinides[J]. Journal of Environmental Sciences-China, 2011, 31: 938-943.

[32] Rodriguez C J. Multi-pattern rietveld refinement program fullprof. 2k[R]. Saclay: Laboratiore Léon Brillouin, 2005.

[33] Shannon R D, Prewitt C T. Revised values of effective ionic radii[J]. Acta Crystallographica. Section B, Structural Science, 1970, 26(7): 1046-1048.

[34] Holgado J P, Munuera G, Espinós J P, et al. XPS study of oxidation processes of CeO_x defective layers[J]. Applied Surface Science, 2000: 164-171.

[35] Zhang F X, Lang M, Tracy C, et al. Incorporation of uranium in pyrochlore oxides and pressure-induced phase transitions[J]. Journal of Solid State Chemistry, 2014, 219: 49-54.

[36] Vegard L. Die konstitution der mischkristalle und die raumfüllung deratome[J]. Zeitschrift für Physik A Hadrons and Nuclei, 1921, 5: 17-26.

[37] Thomas S, Sayoojyam B, Sebastian M T. Microwave dielectric properties of novel rare earth based silicates: $RE_2Ti_2SiO_9$[RE = La, Pr and Nd][J]. Journal of Materials Science Materials in Electronics, 2011, 22(9): 1340-1345.

第 11 章　锆石基固化体的抗 α 射线辐照稳定性

11.1　概　　述

将高效废物固化于稳定的矿物相基材中，是对其长期安全处理处置的重要策略[1-5]。尽管矿物或陶瓷存在烧结温度高等缺点，但因其良好的长期稳定性，在高放废物固化领域已有 60 多年的研究历史。在长期地质储存中，被固化模拟锕系核素的 α 衰变会影响固化体的物理化学性质[6]。在锕系元素的 α 衰变中，会释放出高能 α 粒子(能量为 4～6 MeV)、高能反冲核(能量为约 0.1 MeV)和 γ 射线[7]。相对于 α 粒子和反冲核，γ 射线造成的损伤可以忽略不计。反冲核的几乎所有能量都是通过与结构中的原子发生弹性碰撞而损失的，产生高度的局部损伤。另外，α 粒子通过电离过程损失了它的大部分能量，但仍然在其路径上经历大量的弹性碰撞，产生数百个孤立的原子位移。因此，研究 α 辐照对人工矿物模拟锕系核素固化体物理化学性质的影响是非常必要的。

锆石长期以来被认为是固化高放废物的固化基材[8-10]。迄今为止，许多研究工作都集中在研究人工合成锆石对锕系元素的固化能力。因此，$ASiO_4$(A=Zr、Hf、Th、Pa、U、Np、Pu、Am、Ce 和 Nd)组分矿物或陶瓷已被成功合成[11-15]。前人的研究表明，人工合成锆石对锕系元素具有良好的固溶能力。鉴于高放废物固化体在地质处置库中会受到 α 辐照，了解 α 辐照对人工合成锆石固化体的影响具有重要意义。迄今为止，人们对天然锆石的辐照效应开展了大量的研究工作[16-20]。例如，Nasdala 等[21]发现天然锆石中 α 粒子产生辐照损伤晕。他们还以能量为 8.8 MeV 的 α 离子开展了天然和人工合成锆石的辐照效应研究[22]。Trachenko 等[23]研究了模拟高能反冲核辐照损伤对锆石结构演变的影响。Weber[24]研究了固化 ^{238}Pu 的人工合成锆石和天然锆石的 α 辐照效应。Marsellos 和 Garver[25]利用拉曼光谱对天然和人工合成锆石的辐照损伤进行了研究。此外，Barrera-Villatoro 等[26]研究了天然和合成富镧磷酸盐(Ln=Ce、Nd)的阴极发光响应。如上所述，目前，对锆石的辐照稳定性研究主要集中在对天然矿物方面。然而，关于人工合成锆石的辐照效应相的信息还不清楚。Ding 等[14]采用高温固相法制备了人工合成锆石三价模拟锕系核素固化体 $Zr_{1-x}Nd_xSiO_{4-x/2}$($0 \leqslant x \leqslant 0.1$)，研究了 Nd 固溶量对人工合成锆石物相及微观结构的影响，获得了一些研究结果。然而，人工合成锆石三价模拟锕系核素固化体的辐照稳定性相关信息尚未探明。特别是 α 射线辐照对人工合成锆石固化体的物相、显微结构和化学稳定性等的影响。此外，Nd 固溶量和第二相($Nd_2Si_2O_7$ 相)对人工合成锆石固化体的耐辐照稳定性的影响也需探明。

因此，本章研究不同 Nd 固溶量和不同相组成的人工合成锆石固化体 $Zr_{1-x}Nd_xSiO_{4-x/2}$(x=0, 0.01, 0.10)的耐 α 辐照性能。为了评价人工合成锆石三价模拟锕系核素固化体的耐辐照性能，采用掠入射X射线衍射(GIXRD)研究Nd固溶量和辐照剂量对固化体的物相与微观结构的影响规律，利用SEM和EDX分析α辐照下样品的微观形貌与元素分布演变规律，采用拉曼光谱对固化体进行分析。

11.2 实验部分

1. 固化体制备

基于价态、配位数及离子半径相近原则，选择钕(Nd)作为三价模拟锕系核素的替代物[27,28]。以氧化锆(ZrO_2，阿拉丁试剂(上海)有限公司，纯度99.99%)、二氧化硅(SiO_2，成都市科龙化工试剂厂，纯度99.9%)和氧化钕(Nd_2O_3，阿拉丁试剂(上海)有限公司，纯度99.99%)作为原料。采用高温固相法合成锆石基三价模拟锕系核素固化体$Zr_{1-x}Nd_xSiO_{4-x/2}$($0 \leqslant x \leqslant 0.1$)。在使用前，所有的原料在120℃下烘干除去吸附水。按配方设计称取各种原料，然后将称好的原料与乙醇(纯度为99.7%，乙醇和粉末的比例为3∶1)混合。以氧化锆为研磨介质，采用球磨机在200 r/min下研磨6 h。将研磨好的粉末干燥后，在10 MPa压力下压制成直径为12 mm、厚度为0.5 mm的圆片。最后，在1550 ℃下空气中烧结72 h，即得系列固化体样品。温度升高速率约5 ℃/min。

2. 固化体α射线辐照实验

α射线辐照实验是在中国科学院近代物理研究所320 kV高电荷离子综合研究平台上开展的。实验条件如下：α粒子能量为0.5 MeV，剂量为1×10^{14}～1×10^{17} ions/cm^2，光束面积为1.6 cm×1.7 cm。

3. 固化体浸出实验

采用MCC-1法研究人工合成锆石多核素固化体Nd_2O_3-CeO_2-ZrO_2-SiO_2的化学稳定性。将选定的圆片样品悬挂于一个体积为50 mL的聚四氟乙烯内衬的水热反应釜中，浸出剂为pH=7的去离子水。将水热反应釜置于烘箱中保持40℃恒温。样品浸泡1 d、3 d、7 d、14 d、21 d、28 d、35 d和42 d后，用ICP-MS测量浸出液中离子的浓度，并以式(6-1)计算元素归一化浸出率。

4. 表征

(1) XRD、GIXRD分析：为了研究Nd_2O_3-CeO_2-ZrO_2-SiO_2体系的物相结构，采用XRD对得到的样品进行表征，2θ为10°～90°，所用靶为Cu靶，X射线为Cu-Kα线，波长为0.15406 nm (λ=1.5406 Å)，扫描步长为0.02°，扫描速度为0.8 s/步。借助Fullprof-2k软件[50]对XRD数据进行Rietveld精修。

(2) SEM分析：借助SEM观察样品的微观形貌。采用EDS对样品的组成和元素分布进行测定。

(3) 拉曼分析：用 Leica DMLM 显微分光光度计记录 785 nm 下 100～1100 cm^{-1} 的拉曼光谱。将氩激光束聚焦到一个面积约 1 mm^2 的光斑上，将样品的激光功率设置为 50 mW。对于每个光谱的停留时间为 30 s。

(4) 密度测试：以水为浸泡介质，采用阿基米德法测定样品密度。

11.3　结果与讨论

11.3.1　XRD 及 GIXRD 分析

采用 XRD 分析人工合成锆石三价模拟锕系核素固化体的物相结构。图 11-1 显示了辐照前 $Zr_{1-x}Nd_xSiO_{4-x/2}$ (x=0, 0.01, 0.10) 样品的 XRD 图谱。结果表明，所有样品中主要为锆石相结构。这表明采用高温固相法，在 1550 ℃下烧结 72 h，可成功合成人工合成锆石三价模拟锕系核素固化体。此外，可以看出，x=0 和 x=0.01 的样品为单一锆石相，而 x=0.10 的样品则为 $Nd_2Si_2O_7$ 相与锆石相共存的两相结构。

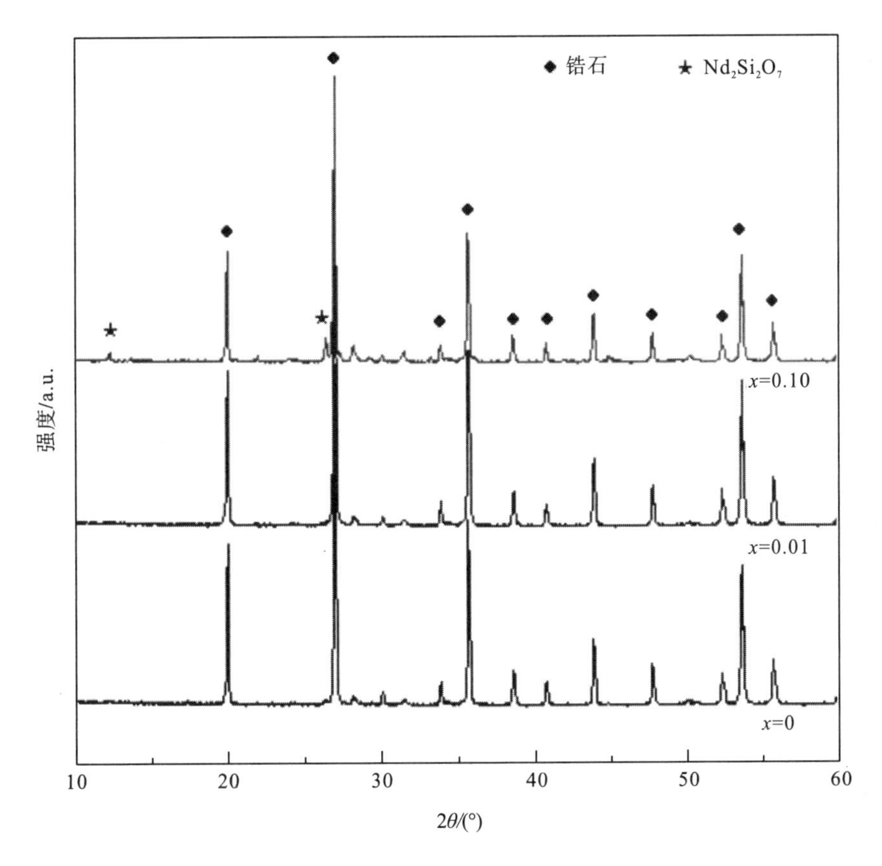

图 11-1　辐照前人工合成锆石三价模拟锕系核素固化体的 XRD 图谱

图 11-2 显示了 0.5 MeV 的 α 粒子辐照后人工合成锆石固化体的 XRD 图谱。结果表明，辐照前后样品的 XRD 谱中锆石相特征衍射峰强度和宽度基本不变。这种现象有两种可能：一种是 0.5 MeV 的 α 粒子辐照后，即使在 1×10^{17} ions/cm^2 的高辐照剂量下，人工合成锆石固化体的结构也几乎没有改变；另一种是由于 α 辐照损伤主要集中在一定深度的表层，而常规 XRD 方法检测的是整个样品的信息。常规 XRD 方法很难只检测表层信息。因此，应探索一种有效的方法来表征人工合成锆石受辐照后的变化信息。为了估算人工合成锆石固化体的 α 辐照深度，通常使用 SRIM(Structural Reaction Injection Molding)软件对其进行计算[29]。SRIM 计算结果如图 11-3 所示。由图 11-3 可知，0.5 MeV 的 α 粒子辐照剂量为 1×10^{17} ions/cm^2 时，对固化体的辐照影响深度约为 2 μm。这一结果可以解释辐照后所有样品的常规 XRD 图谱没有变化的原因。利用 GIXRD 方法分析辐照前后人工合成锆石固化体表面的物相结构变化。通过改变 X 射线掠入射角，研究 0.5 MeV 的 α 粒子在 1×10^{17} ions/cm^2 剂量下人工合成锆石固化体的 α 辐照效应。图 11-4 显示了分别在入射角 r =0.5°、1.0°和 1.5°时辐照样品的 GIXRD 图谱。从图 11-4 中可以看出，锆石特征衍射峰的强度随 X 射线入射角的增大而增强。这可能是由于辐照损伤区主要集中在人工合成锆石固化体的表层(约 2 μm)，而测量深度随着 X 射线入射角的增大而增大。在较低的入射角，X 射线采集的数据主要来自样品的浅表面。X 射线以更高的角度深入材料中，收集的信息可能来自样品内部未受到辐照的部分，从而导致峰值强度增加[29]。因此，为了获得辐照对样品影响的有效信息，GIXRD 分析的 X 射线入射角为 0.5°。

图 11-5 显示了人工合成锆石三价模拟锕系核素固化体 $Zr_{1-x}Nd_xSiO_{4-x/2}$ (x = 0, 0.01, 0.10)受 α 粒子(能量为 0.5 MeV，辐照剂量为 1×10^{14}～1×10^{17} ions/cm^2)辐照后的归一化 GIXRD 图谱。在归一化 GIXRD 图谱中，(200)峰的半高宽(full width at half-maximum，FWHM)见表 11-1。如图 11-5(a)～(c)所示，随辐照剂量的增加，主要衍射峰(101)、(200)、(112)、(301)、(400)、(420)、(204)和(413)的强度减弱，其 FWHM 略有增加。这表明，所有样品都保持了锆石结构，但由于大剂量的 α 辐照，样品的非晶化程度有所增加。衍射峰强度的降低是缺陷引起的内部结构无序化的反映。然而，衍射峰的 FWHM 几乎没有变化(表 11-1)，这表明在所讨论的辐照剂量范围内，人工合成锆石三价模拟锕系核素固化体的结构几乎没有非晶化。

为了研究三价模拟锕系核素 Nd 的固溶量对人工合成锆石固化体辐照稳定性的影响。如图 11-5(d)所示，比较了 0.5 MeV 的 α 粒子在 1×10^{17} ions/cm^2 的剂量辐照后人工合成锆石固化体 $Zr_{1-x}Nd_xSiO_{4-x/2}$ (x = 0, 0.01, 0.10)的归一化 GIXRD 图谱。如表 11-1 所示，随着辐照剂量的增加，衍射峰的强度有减小的趋势，FWHM 略有增加的趋势。此外，随着 Nd 固溶量的增加，衍射峰的强度有增强的趋势，FWHM 有减小的趋势。这表明，在所讨论的辐照剂量范围内，人工合成锆石三价模拟锕系核素固化体的抗辐照性能随着 Nd 固溶量的增加而提高。如文献[14]所述，$Zr_{1-x}Nd_xSiO_{4-x/2}$ 系列人工合成锆石固化体中，x=0、0.01 和 0.10 样品的密度分别为 4.34 g/cm^3、4.38 g/cm^3 和 4.55 g/cm^3。该结果表明，人工合成锆石固化体的密度随 Nd 固溶量的增加而增大。因此，我们推测人工合成锆石固化体的抗辐照性能的提高可能是由于其密度的增加。固化体的密度在提高其耐辐照能力中起着重要作用。Qin 等[30]的研究表明固化体的密度是耐辐照能力的重要影响因素。

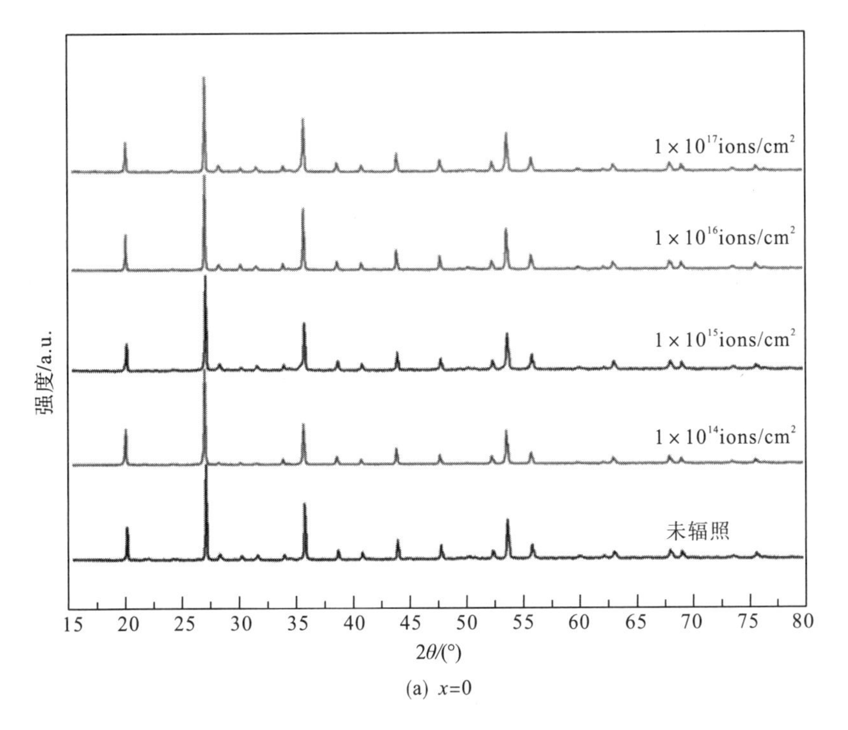
强度/a.u.
1×10¹⁷ions/cm²
1×10¹⁶ions/cm²
1×10¹⁵ions/cm²
1×10¹⁴ions/cm²
未辐照
15 20 25 30 35 40 45 50 55 60 65 70 75 80
2θ/(°)

(a) x=0

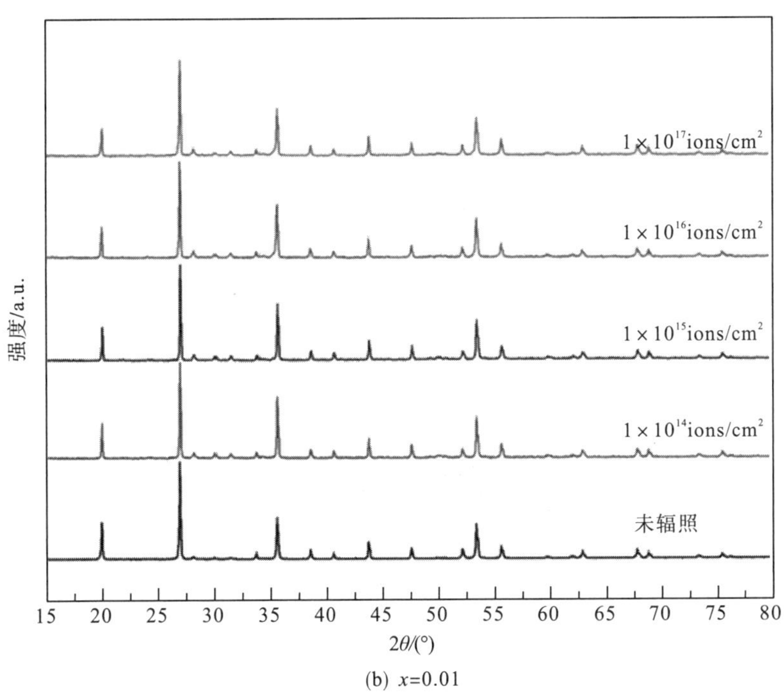
强度/a.u.
1×10¹⁷ions/cm²
1×10¹⁶ions/cm²
1×10¹⁵ions/cm²
1×10¹⁴ions/cm²
未辐照
15 20 25 30 35 40 45 50 55 60 65 70 75 80
2θ/(°)

(b) x=0.01

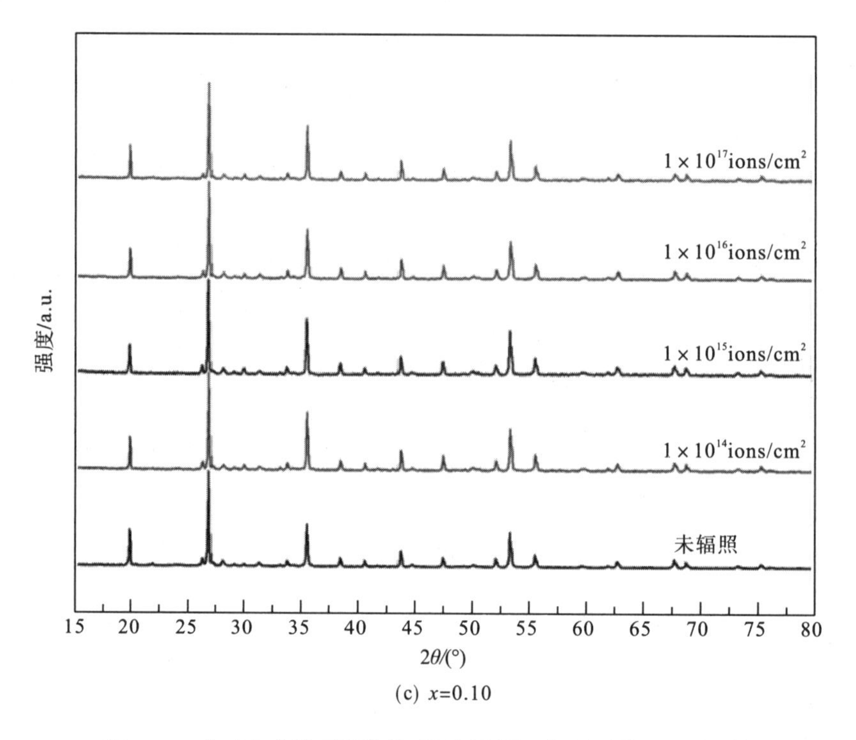

(c) x=0.10

图 11-2 人工合成锆石固化体受不同剂量 α 辐照后的 XRD 图谱

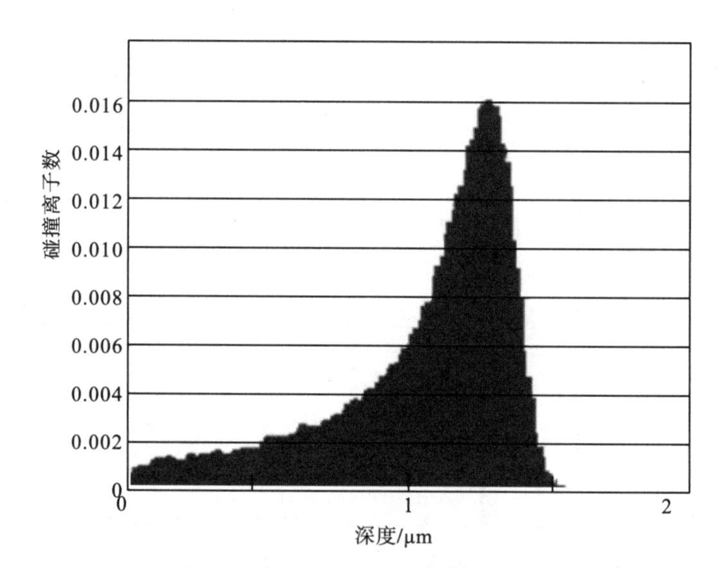

图 11-3 SRIM 软件模拟 α 粒子对固化体辐照损伤深度

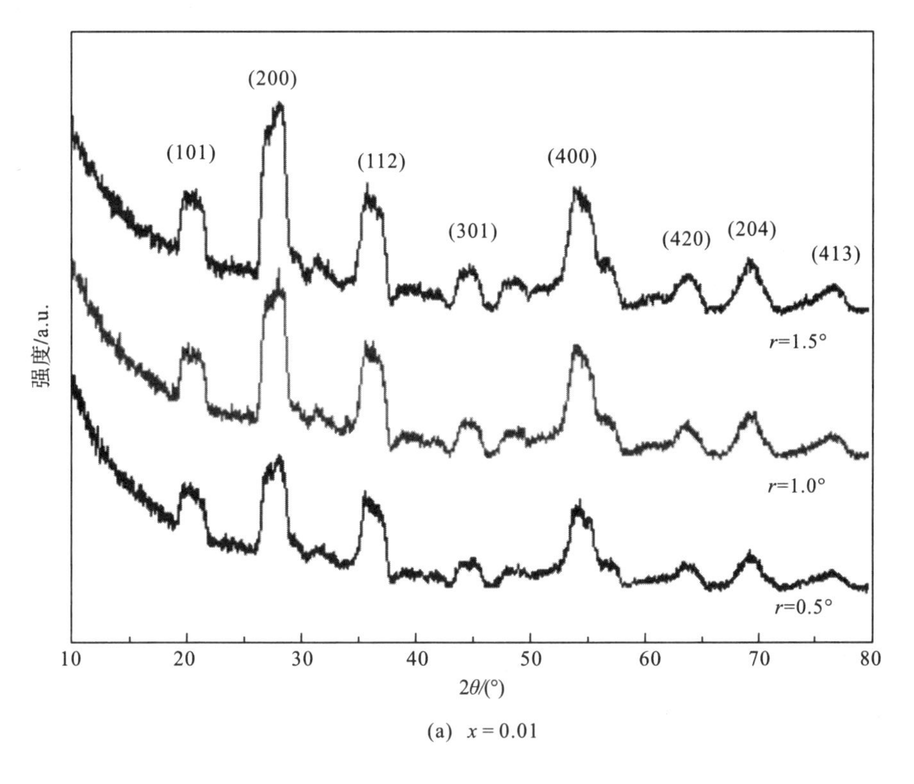

(a)　$x = 0.01$

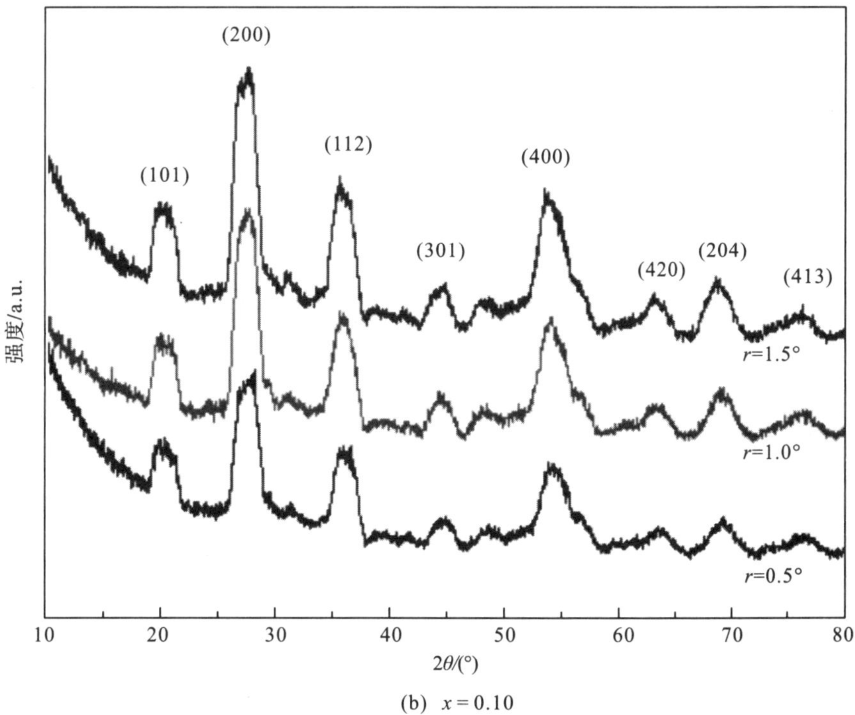

(b)　$x = 0.10$

图 11-4　α 辐照后人工合成锆石固化体的 GIXRD 图谱

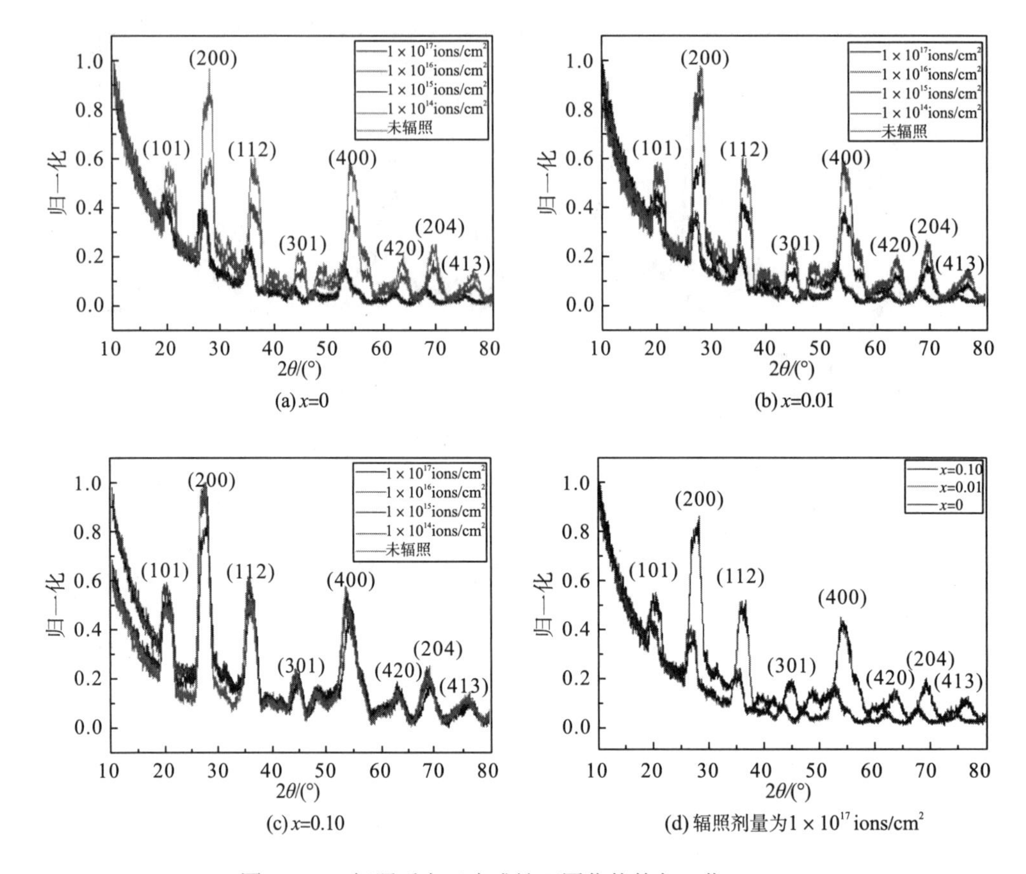

图 11-5 α 辐照后人工合成锆石固化体的归一化 GIXRD

表 11-1 人工合成锆石固化体归一化 GIXRD 图谱中(200)的强度和 FWHM

样品	未辐照		1×10^{14} ions/cm^2		1×10^{15} ions/cm^2		1×10^{16} ions/cm^2		1×10^{17} ions/cm^2	
	强度 (a.u.)	FWHM /(°)	强度 (a.u.)	FWHM /(°)	强度 (a.u.)	FWHM /(°)	强度 (a.u.)	FWHM /(°)	强度 (a.u.)	FWHM /(°)
x=0	0.83	0.61	0.59	0.70	0.39	0.75	0.34	0.80	0.36	0.78
x=0.01	0.93	0.58	0.85	0.67	0.59	0.59	0.39	0.76	0.38	0.81
x=0.10	0.97	0.59	0.94	0.68	0.92	0.64	0.89	0.71	0.84	0.75

11.3.2 拉曼光谱分析

α 辐照前后人工合成锆石固化体 $Zr_{1-x}Nd_xSiO_{4-x/2}$ 的拉曼光谱图如图 11-6 所示。这些谱图中，974 cm^{-1} 和 1008 cm^{-1} 附近的振动带属于锆石结构的内部振动模式[31,32]。根据 1008 cm^{-1} 附近的内振动峰的 FWHM 可以判断锆石结构的有序程度[33]。在归一化拉曼光谱中 1008 cm^{-1} 处的峰的强度和 FWHM 见表 11-2。如图 11-6 和表 11-2 所示，除了少数样品外，所有样品的振动峰强度随辐照剂量的增加而略微减弱，FWHM 随辐照剂量的增加而略微增大，表明 α 辐照没有引起较大的非晶化。在 1×10^{17} ions/cm^2 辐照下，不同 Nd 固溶量人工合成锆石固化体的拉曼光谱如图 11-6(c)所示。可以看出，x=0.10 样品在 1008 cm^{-1} 附近的峰强度为 0.88，高于 x=0.01 样品的 0.67。说明 x=0.10 样品比 x=0.01 样品具有更好的抗辐照性能。因此，在所讨论的范围内，人工合成锆石固化体的抗辐照性能随着 Nd 固溶量的增加而提高。这一结果与 GIXRD 分析结果一致。

表 11-2 归一化拉曼光谱中 1008 cm^{-1} 处峰的强度和 FWHM

样品	未辐照		1×10^{14} ions/cm^2		1×10^{15} ions/cm^2		1×10^{16} ions/cm^2		1×10^{17} ions/cm^2	
	强度 (a.u.)	FWHM /cm^{-1}	强度 (a.u.)	FWHM /cm^{-1}	强度 (a.u.)	FWHM /cm^{-1}	强度 (a.u.)	FWHM /cm^{-1}	强度 (a.u.)	FWHM /cm^{-1}
x=0.01	0.89	6.65	0.90	6.67	0.76	6.85	0.81	6.63	0.67	6.51
x=0.10	0.92	6.61	0.89	6.62	0.91	6.71	0.90	6.60	0.88	6.72

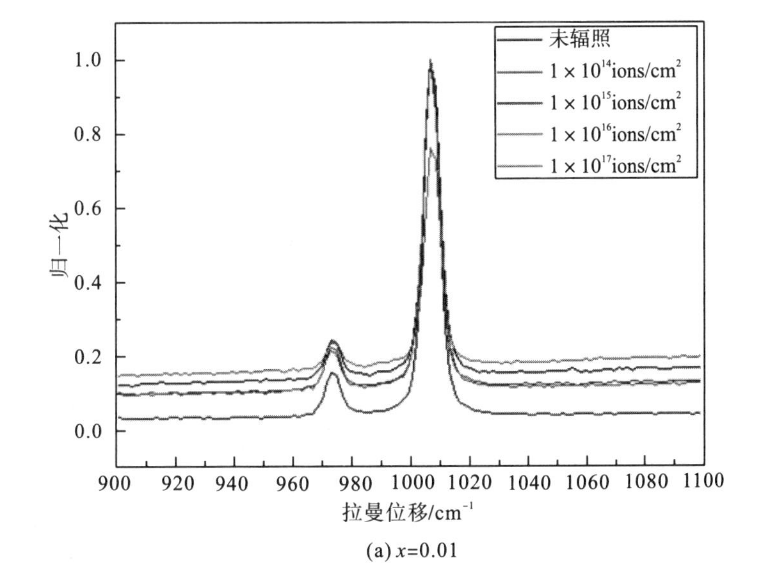

(a) x=0.01

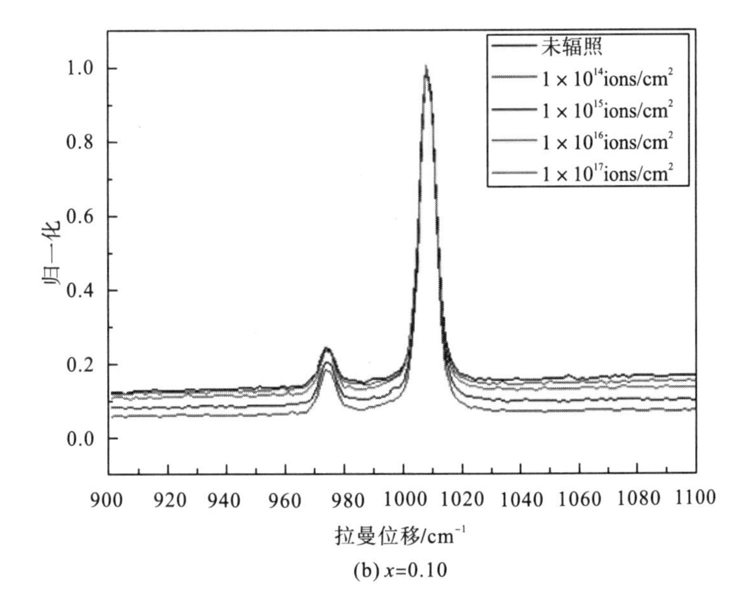

(b) x=0.10

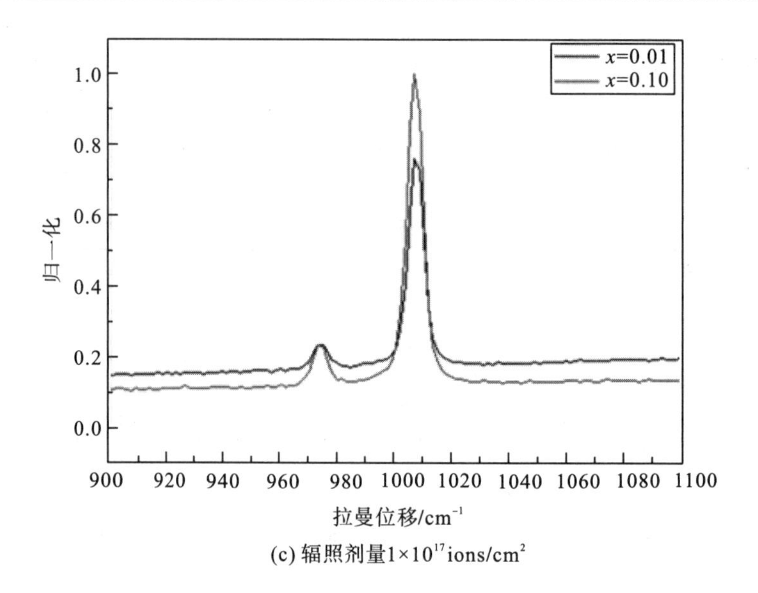

(c) 辐照剂量1×10^{17}ions/cm^2

图 11-6 辐照前后人工合成锆石固化体的拉曼光谱图

11.3.3 SEM/EDS 分析

采用SEM和EDS研究α辐照对人工合成锆石固化体的微观结构的影响。图11-7(a_1)～(c_1)和图11-7(a_2)～(c_2)分别显示了辐照前后样品的SEM照片。如图11-7(a_1)～(b_1)所示，单一锆石相人工合成锆石固化体中晶粒为单一的颗粒状形貌，这与XRD的分析结果一致。然而，在图11-7(c_1)中可以观察到颗粒状和片状两种形貌晶粒。结合XRD和EDS分析，证实x=0.10时，固化体为两相结构(锆石相和$Nd_2Si_2O_7$相)。此外，还可以看出，$Nd_2Si_2O_7$相形成于锆石相晶粒间的晶界或孔隙处。随着Nd固溶量的增加，人工合成锆石固化体的致密度增加。如图11-7(a_2)～(c_2)所示，受1×10^{17} ions/cm^{2}剂量辐照后，固化体晶粒没有任何变化。图11-8为人工合成锆石固化体$Zr_{1-x}Nd_xSiO_{4-x/2}$(x=0.10)的EDS照片，可观察到Nd、Zr、Si和O元素，且这些元素均匀分布于固化体中，未发现元素的聚集现象。此外，固化体受辐照过程中未发现新相。

(a_1) x=0

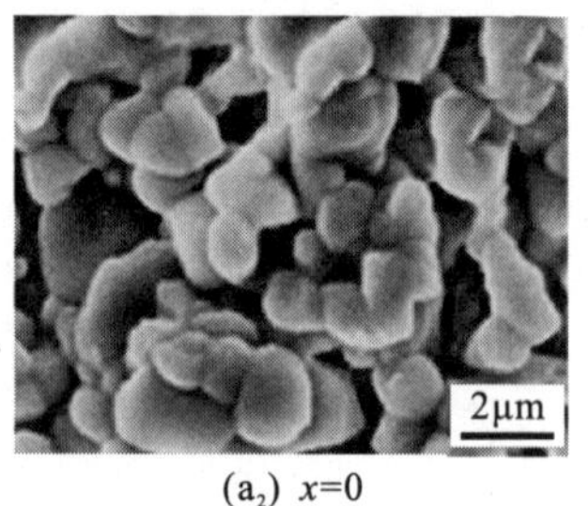

(a_2) x=0

图 11-7　辐照前后人工合成锆石固化体的 SEM 照片

图 11-8　辐照后人工合成锆石固化体的元素分布照片

11.3.4　化学稳定性分析

为了评价人工合成锆石固化体辐照前后的化学稳定性变化情况，对固化体开展浸出实验。图 11-9 显示了 Nd 在 $Zr_{0.99}Nd_{0.01}SiO_{3.995}$ 和 $Zr_{0.90}Nd_{0.10}SiO_{3.95}$ 固化体中的归一化浸出率。结果表明，浸泡后 7d，Nd 的归一化浸出率显著下降，14 d 后趋于恒定值。从图 11-9 中可以看出，所有样品中的 Nd 的归一化浸出率随着时间的延长而降低，在 14 d 后几乎保持不变。对于 x=0.01 和 0.10 的未辐照人工合成锆石固化体，42 d 的 Nd 的归一化浸出

率分别约为 1.5×10^{-4} g/(m^2·d)和 3.1×10^{-4} g/(m^2·d)。结果表明，随着 Nd 固溶量的增加，Nd 的归一化浸出率略有增加。Nd 的归一化浸出率的增加可能是由于三价镧系元素的掺入导致氧空位的存在，氧空位降低了键的结合能[34,35]。辐照后 x=0.01 和 0.10 样品 42 d 的 Nd 的归一化浸出率分别为 2.5×10^{-4} g/(m^2·d)和 5.3×10^{-4} g/(m^2·d)。结果发现，辐照后 Nd 的归一化浸出率略有增加。结合 XRD 和拉曼光谱分析结果，这可能是由于强辐照后固化体结构发生了少量的非晶化。然而，所有样品的 Nd 的归一化浸出率与独居石[36]、磷酸盐玻璃[37]、榍石[38]和富锆钛酸酯[39]固化体的 Nd 的归一化浸出率相当。结果表明，人工合成锆石三价模拟锕系核素固化体具有良好的化学稳定性。

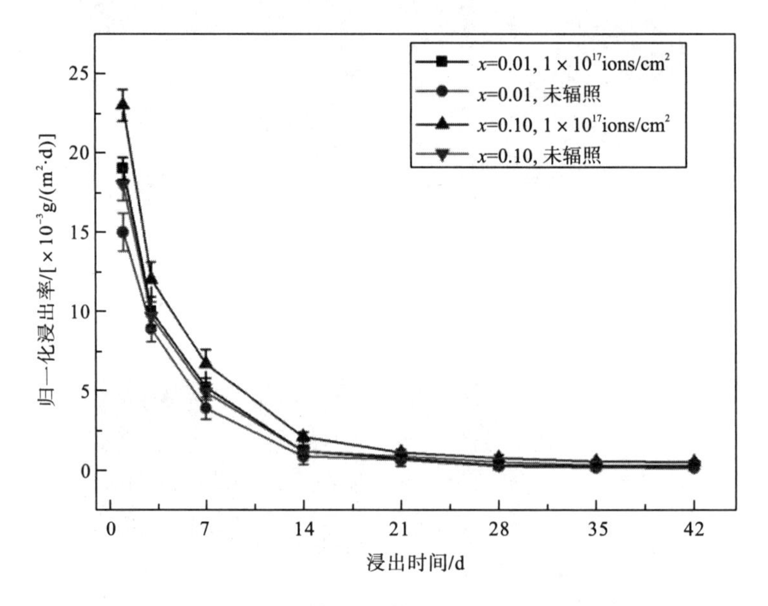

图 11-9 人工合成锆石三价模拟锕系核素固化体中 Nd 的归一化浸出率

11.4 小 结

本章利用 XRD、GIXRD、SEM/EDS 和拉曼光谱等方法，系统地研究了 0.5 MeV 的 α 粒子在辐照剂量为 1×10^{14}～1×10^{17} ions/cm² 内对人工合成锆石三价模拟锕系核素固化体 $Zr_{1-x}Nd_xSiO_{4-x/2}$(x=0, 0.01, 0.10)的辐照效应。获得的初步结论如下：

(1) GIXRD 结果表明，大剂量辐照后的人工合成锆石固化体保持了其物相结构，未发生明显非晶化；

(2) 拉曼光谱分析表明，随着辐照剂量的增加，锆石相特征峰的 FWHM 略有减小；

(3) 在所讨论的辐照剂量范围内，随 Nd 固溶量的增加，固化体的抗辐照能力增强；

(4) SEM 和 EDS 分析表明，即使经过大剂量的 α 辐照，固化体的微观形貌和元素分布也没有变化；

(5) α 辐照后，人工合成锆石固化体仍保持了其良好的化学稳定性［归一化浸出率为 10^{-4} g/(m^2·d)］。

参考文献

[1] Weber W J, Wald J W. Effects of self-radiation damage in Cm-doped $Gd_2Ti_2O_7$ and $CaZrTi_2O_7$[J]. Journal of Nuclear Materials, 1986, 138: 196-209.

[2] Sickafus K E, Minervini L, Grimes R W, et al. Radiation tolerance of complex oxides[J]. Science, 2000, 289: 748-751.

[3] Weber W J, Ewing R C. Plutonium immobilization and radiation effects[J]. Science, 2000, 289: 2051-2052.

[4] Meng C, Ding X, Zhao J, et al. Preparation and characterization of cerium-gadolinium monazites as ceramics for the conditioning of minor actinides[J]. Progress in Nuclear Energy, 2016, 89: 1-6.

[5] Ding Y, Long X, Peng S, et al. Phase evolution and aqueous durability of $Zr_{1-x-y}Ce_xNd_yO_{2-y/2}$ ceramics designed to immobilize actinides with multi-valences[J]. Journal of Nuclear Materials, 2017, 487: 297-304.

[6] Ewing R C, Weber W J. Actinide waste forms and radiation effects[M]// The Chemistry of the Actinide and Transactinide Elements. Berlin: Springer, 2010: 3813-3887.

[7] Weber W J. Radiation-induced defects and amorphization in zircon[J]. Materials Research Express, 1990, 5: 2687-2697.

[8] Harker A B, Flintoff J F. Polyphase ceramic for consolidating nuclear waste compositions with high Zr-Cd-Na content[J]. Journal of the American Ceramic Society, 1990, 73 (7) : 1901-1906.

[9] Ewing R C, Lutze W, Weber W J. Zircon: A host-phase for the disposal of weapons plutonium[J]. Journal of Materials Research, 2011, 10: 243-246.

[10] Gong W L, Lutze W, Ewing R C. Zirconia ceramics for excess weapons plutonium waste[J]. Journal of Nuclear Materials, 2000, 277: 239-249.

[11] Burakov B E, Anderson E B, Zamoryanskay M V, et al. Synthesis and study of 239Pu-doped ceramics based on zircon, (Zr,Pu) SiO_4, and hafnon, (Hf,Pu) SiO_4[J]. MRS Proceedings, 2000,663: 307-313.

[12] Begg B D, Hess N J, Weber W J, et al. XAS and XRD study of annealed 238Pu- and 239Pu-substituted zircons ($Zr_{0.92}Pu_{0.08}SiO_4$) [J]. Journal of Nuclear Materials, 2000, 278: 212-224.

[13] Hanchar J M, Burakov B E, Zamoryanskay M V, et al. Investigation of Pu incorporation into zircon single crystal[J]. MRS Proceedings, 2004, 824: CC4.2.

[14] Ding Y, Lu X R, Dan H, et al. Phase evolution and chemical durability of Nd-doped zircon ceramics designed to immobilize trivalent actinides[J]. Ceramics International, 2015, 41 (8) : 10044-10050.

[15] Ding Y, Lu X, Tu H, et al. Phase evolution and microstructure studies on Nd^{3+} and Ce^{4+} co-doped zircon ceramics[J]. Journal of the European Ceramic Society, 2015, 35: 2153-2161.

[16] Murakami T, Chakoumakos B C, Ewing R C, et al. Alpha-decay event damage in zircon[J]. American Mineralogist, 1991, 76: 1510-1532.

[17] Meldrum A, Boatner L A, Weber W J, et al. Radiation damage in zircon and monazite[J]. Geochimica et Cosmochimica Acta, 1998, 62: 2509-2520.

[18] Ellsworth S, Navrotsky A, Ewing R C. Energetics of radiation damage in natural zircon ($ZrSiO_4$) [J]. Physics and Chemistry of Minerals, 1994, 21: 140-149.

[19] Devanathan R, Weber W J, Boatner L A. Response of zircon to electron and Ne^+ Irradiation[C]. Fall Meeting of the Materials Research Society, 1997.

[20] Weber W J, Maupin G D. Simulation of radiation damage in zircon[J]. Nuclear Instruments & Methods in Physics Research, Section B, Beam Interactions with Materials and Atoms, 1987, 32: 512-515.

[21] Nasdala L, Hanchar J M, Kronz A, et al. Long-term stability of alpha particle damage in natural zircon[J]. Chemical Geology, 2005, 220 (1-2): 83-103.

[22] Nasdala L, Grambole D, Götze J, et al. Helium irradiation study on zircon[J]. Contributions to Mineralogy & Petrology, 2011, 161: 777-789.

[23] Trachenko K, Dove M T, Salje E K H. Structural changes in zircon under α-decay irradiation[J]. Physical Review B, 2002, 65: 180102.

[24] Weber W J. Radiation-induced defects and amorphization in zircon[J]. Materials Research Express, 1990, 5: 2687-2697.

[25] Marsellos A E, Garver J I. Radiation damage and uranium concentration in zircon as assessed by Raman spectroscopy and neutron irradiation[J]. American Mineralogist, 2010, 95: 1192-1201.

[26] Barrera-Villatoro A, Boronat C, Rivera-Montalvo T, et al. Cathodoluminescence response of natural and synthetic lanthanide-rich phosphates (Ln^{3+}:Ce,Nd) [J]. Radiation Physics and Chemistry, 2017, 141: 271-275.

[27] Terra O, Dacheux N, Audubert F, et al. Immobilization of tetravalent actinides in phosphate ceramics[J]. Journal of Nuclear Materials, 2006, 352: 224-232.

[28] Horlait D, Claparède L, Clavier N, et al. Stability and structural evolution of $CeIV_{1-x}LnIII_xO_{2-x/2}$ solid solutions: A coupled μ-Raman/XRD approach[J]. Inorganic Chemistry, 2011, 50: 7150-7161.

[29] Shu X, Fan L, Xie Y, et al. Alpha-particles irradiation effects on uranium-bearing $Gd_2Zr_2O_7$, ceramics for nuclear waste forms[J]. Journal of the European Ceramic Society, 2017, 37: 779-785.

[30] Qin M J, Kuo E, Whittle K R, et al. Density and structural effects in the radiation tolerance of TiO_2 polymorphs[J]. Journal of Physics Condensed Matter An Institute of Physics Journal, 2013, 25: 4673-4677.

[31] Dawson P, Hargreave M M, Wilkinson G R. The vibrational spectrum of zircon ($ZrSiO_4$) [J]. Journal of Physics C Solid State Physics, 1971, 4 (2): 240.

[32] Ming Z, Salje E K H, Farnan I, et al. Micro-Raman and micro-infrared spectroscopic studies of Pb-andAu-irradiated $ZrSiO_4$: Optical properties, structural damage, and amorphization[J]. Physical Review B, 2008, 77 (14): 144110.

[33] Nasdala L, Irmer G, Wolf D. The degree of metamictization in zircon: A Raman spectroscopic study[J]. European Journal of Mineralogy, 1995, 7 (3): 471-478.

[34] Horlait D, Clavier N, Szenknect S, et al. Dissolution of cerium (IV) -lanthanide (III) oxides: Comparative effect of chemical composition, temperature, and acidity[J]. Inorganic Chemistry, 2012, 51: 3868-3878.

[35] Veilly E, Du F, Roques J, et al. Comparative behavior of britholites and monazite/brabantite solid solutions during leaching tests: A combined experimental and DFT approach[J]. Inorganic Chemistry, 2008, 47: 10971-10979.

[36] Dacheux N, Clavier N, Podor R. Monazite as a promising long-term radioactive waste matrix: Benefits of high-structural flexibility and chemical durability[J]. American Mineralogist, 2013, 98: 833-847.

[37] Lutze W, Ewing R C. Radioactive Waste Forms for the future[M]. New York: Elsevier Science Public, 1988.

[38] Teng Y, Wu L, Ren X, et al. Synthesis and chemical durability of U-doped sphene ceramics[J]. Journal of Nuclear Materials, 2014, 444: 270-273.

[39] Zhang Y, Stewart M W A, Li H, et al. Zirconolite-rich titanate ceramics for immobilisation of actinides – Waste form/HIP can interactions and chemical durability[J]. Journal of Nuclear Materials, 2009, 395: 69-74.

第12章 人工合成锆石Pu固化体结构及稳定性影响

12.1 概 述

国际社会面临的一个挑战是将高锕系废物稳定化注入地质资源库[1]。从拆除数千个核武器、数十吨钚残渣/废料和其他高锕系废物中回收的估计有100 t的武器级钚[2,3]。对于含有锕系元素(Pu、U、Ap等)的潜在废物，长期耐久性是Pu处理中的重要考虑因素[4-7]。作为玻璃陶瓷固化体的结晶相之一，锆石($ZrSiO_4$)已作为耐久陶瓷用于固化和处置美国过剩武器级Pu和俄罗斯高锕系废物[8-10]。然而，锆石体系相当复杂，需深入地研究其体系的稳定性[11-15]。考虑到锆石复杂的相结构和电子跃迁，必须研究Pu掺杂引起的损伤[16,17]。

根据实验结果[18-22]，希望将高含量的Pu(5%～20%，质量分数)固化为最终形式，最大限度地减少处置总体积。然而，较低含量的Pu(1%)决定了固化的关键性问题。为了更好地了解Pu在锆石中的行为和结晶过程，研究人员表现出越来越强的兴趣，从分子角度研究Pu掺杂的$ZrSiO_4$的结构和电子机制[23,24]。2000年，Williford等[25]使用GULP(general utility lattice program)来模拟完美和缺陷晶格的能量与结构，确定了Pu^{3+}(或Pu^{4+})掺杂锆石的能量。结果表明，氧空位补偿Pu^{3+}-Zr取代电荷组成的缺陷簇，获得了Pu^{3+}反应的最低能量。发现Pu^{4+}-Zr取代的最低能量结果与$PuSiO_4$结构相对易于合成的能量结论一致。Begg等[26]进行的退火$Zr_{0.92}Pu_{0.08}SiO_4$的XAS(X-Ray absorption spectrum)和XRD研究中证实了这种Pu^{3+}-Pu^{4+}转变现象。因为六重配位的Pu^{3+}与八重配位的Zr^{4+}[27]的离子半径之间明显不匹配，所以锆石中的Pu^{3+}状态出现了特殊现象，特别是Pu^{3+}掺入锆石中的过程。模拟结果表明，最低能量构型取决于由Zr^{4+}上两个近邻Pu^{3+}和相邻氧空位电荷补偿所组成的缺陷簇[28]。该结果提供了计算Pu-$ZrSiO_4$晶体理论电子跃迁的新思路。

然而，即使在今天，与钚掺杂$ZrSiO_4$的机理一样，低掺杂量的Pu掺杂剂与锆石的电子转变过程仍然是不确定的。迄今为止，模拟很少用于研究Pu掺杂和锆石的起源，以了解锆石中固定的Pu-$5f^6$壳电子的可能的电子转移机理。本章的目的是量化锆石内Pu^{3+}和Pu^{4+}的能量，有助于更好地了解废物固化处理和稳定性问题。

12.2 计 算 方 法

超晶胞计算法是一种非常昂贵的方法，适用范围有限，它不能用于处理任意或特别小的浓度。为了研究低掺杂浓度的影响，首先使用虚拟晶格近似 VCA(virtual crystal approximation)方法处理宽掺杂浓度范围内 Pu 掺杂 Zr 的原子占位[29]。VCA 方法可用于 Zr 位置赋存低掺杂量 Pu，忽略周期表中邻近元素电子结构的误差。图 12-1 为密度泛函理论(density functional theory，DFT)和 2D-CA(two-dimensional correlation analysis)技术应用于锆石固化钚的模拟路线，描述了 VCA 实现 DFT 方法的基本概念可行性，并特别强调了基于赝势的技术。其中，锆石是 SiO_4 四面体中 Si^{4+}、O 与 ZrO_8 十二面体 Zr^{4+} 相配合的原硅酸盐相。每个 SiO_4 四面体共享 ZrO_8 十二面体的两个边缘。总共 48 个原子被优化和计算。采用 Zr 和 Pu 组成的复合原子来描述原子位点。相对浓度设定为对应于 0～10%(摩尔分数)的 Pu 占据。VCA 技术提供了一种简单的方法，允许它忽略任何可能的短距离键，并假设在每个潜在的无序位点存在虚拟原子，表示实际组分间的掺杂。

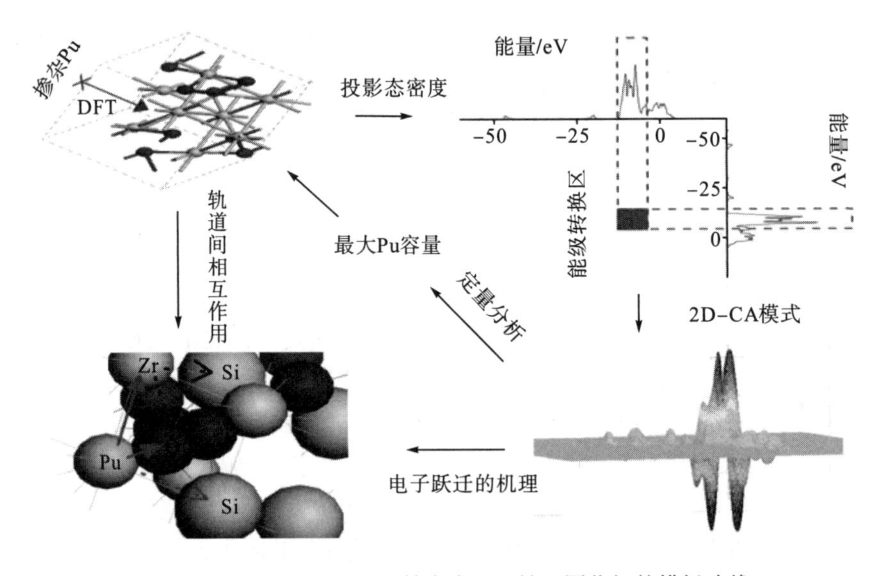

图 12-1 DFT 和 2D-CA 技术应用于锆石固化钚的模拟路线

然而，VCA 不能准确地再现更为细微的结构转变细节。在这项研究中，分子动力学(mdecular dynamics，MD)-DFT 技术用于优化 Pu 掺杂锆石($Zr_{1-c}Pu_cSiO_4$)结构。基于积分运动方程的速度积分算法，DFT 的 NVT①(恒定体积和温度)-MD 基本上与传统的力场方法相同。通过在 1 fs/步的 MD 步骤之后，电子结构优化将电子保持在 Born-Oppenheimer 表面上。总时间为 500 fs，计算体积约为 0.17 nm^3。插值方案的主要目的是在掺杂几何变化后，为 SCF(self-consistent field)优化(2×10^{-6} eV/atom)提供良好的电子结构初始模型。使用具有 400 eV 动能截止值的平面波(projector augmented wave，PAW)基组。如表 12-1 所示，计算的晶格数据和最大 Pu 掺杂浓度与先前报道的实验值和计算值相似[22-31]。因为结构倾向于分解为 ZrO_2 和 SiO_2，所以 Fm3m 空间群转变为 I41/amd。特别地，计算结果反映了结构键分解出现两个结构相变点(2.8%和 7.5%)，与 Ferriss 等[28]和 Burakov 等[31,32]

①正则系综，canonical ensemble，即表示具有确定的粒子数(N)、体积(V)、温度(T)。

的实验结果一致。这些相变点与晶体非晶态-无定形非晶的富集过程有关。

这里开发的模型的一个重要目的是预测用于 Pu 处理的锆石相中非晶区域。其中，Pu 处于 3+状态，如 XAS 研究[26]所示。此外证实，Pu^{3+}转化为 Pu^{4+}，于是氧空位缺陷导致 Zr^{4+} 表面电位增加，并产生一个在 Si 轨道上消除两个电子的空穴，称为 Si^{4+}→Si^{2+}电荷歧化过程。使用广义梯度近似 Perdew-Burke-Ernzerhof(GGA-PBE)-DFT 计算 $Zr_{1-c}Pu_cSiO_4$ 的投影态密度(projected density of states，PDOS)和 Mulliken 电荷[33-37]。使用中心的 3×3×3 Monkhorst-Pack k 点网格进行布里渊区域整合。对 Zr-$4s^24p^64d^25s^2$、Si-$3s^23p^2$、O-$2s^22p^4$ 和 Pu-$5f^66s^26p^67s^2$ 进行伪原子计算[38]，SCF 为 10^{-6} eV/atom。

众所周知，消光系数不能处理 Zr-Pu 的比例积累性问题，因此 VCA+DFT 技术低估了电子转移过程中有效电子质量。为此，我们采用新颖的 2D-CA 技术，通过计算锆石 PDOS 的变化来更好地了解 Pu-$5f^6$ 壳电子诱导锆石的电子跃迁，如图 12-2 所示。PDOS 被定义为与外部扰动的应用相关联的系统的动态频谱[39]。2D 相关光谱的强度表示在固定浓度间隔内测量的两个 PDOS 的强度变化的相对相似度的定量测量。我们采用二维相关函数分析两个独立选择的 PDOS 变量测量的 PDOS 强度变化之间的关系。同步项的强度反映了两种 PDOS 变量的定量轨道简并或劈裂。直接从动态频谱和正交频谱计算的异步项表示轨道波动的形状[40,41]。

结构缺陷导致晶格膨胀使锆石不稳定。虽然几何优化是基本的结构转变，但最终的形态表明了进一步的微裂纹对锆石破坏的可能性[42]。这里，与两个 PBC(periodic boundary condition)取向平行的平面(F)面为{1-11}和{10-1}，而{10-1}对应于台阶(S)面。因此，我们通过模拟晶体形态来表征晶格畸变，也可以通过使用生长形态学方法计算附着能来进行有效的研究[33,34]。假设每个晶面的生长速率与其附着能成正比。附着能最低的面增长最慢。随着局部表面电位的变化，晶体将沿着最强的轨道简并方向生长。这种形态的预测产生了与实验观察到的晶面生长相似的结果[11,21]。

12.3　Pu 掺杂量对 $ZrSiO_4$ 结构的影响

12.3.1　电子转移

f-壳电子引起轨道波动的影响主要归结于锆石掺杂 Pu 的简单轨道的积累作用[11]，如图 12-2 所示。晶场理论表明，由于自旋轨道耦合，Pu-5f 分裂为具有 $j = 5/2$ 和 $j = 7/2$ 的角动量的 $5f_{xy}$ 和 $5f_z$ 状态。晶体场分裂将 $5f_{5/2}$ 状态分解为 G 点处的两个独立时间反演不变量动量点。只有 $5f_{7/2}$ 态完全被具有非磁性基态的六个 5f 电子占据。虽然 Pu-f 态引起锆石主要成分的轨道波动，但是 Pu f-PDOS 的强度比锆石中其他原子轨道的强度要低 3～4 个数量级。结果表明 Pu-f_{xy} 态增强了低角动量 O-2s 状态，以至于在低能区(<-16eV)中产生带负电荷的氧缺陷。这样的氧缺陷可以容易地从 Pu^{3+}-Pu^{4+}电荷歧化捕获电子(e^-)，导致电子-空穴对电离损失。低角动量 Zr-$4p_{xy}$(或 Zr-5s)态被激发电子跃迁到更高的能级，导致 PDOS 强度的增加。另外，高角动量 Pu-f_z 态产生的氧缺陷(O-p_z)有助于在费米点附近的 ZrO_8 d_z-p_z

轨道中的 dp 轨道简并增强。具有二重简并性的 Si-p*z*(或 s)态与缺陷进一步产生晶体场劈裂，SiO_4 p_z-p_zσ 简并轨道增强。

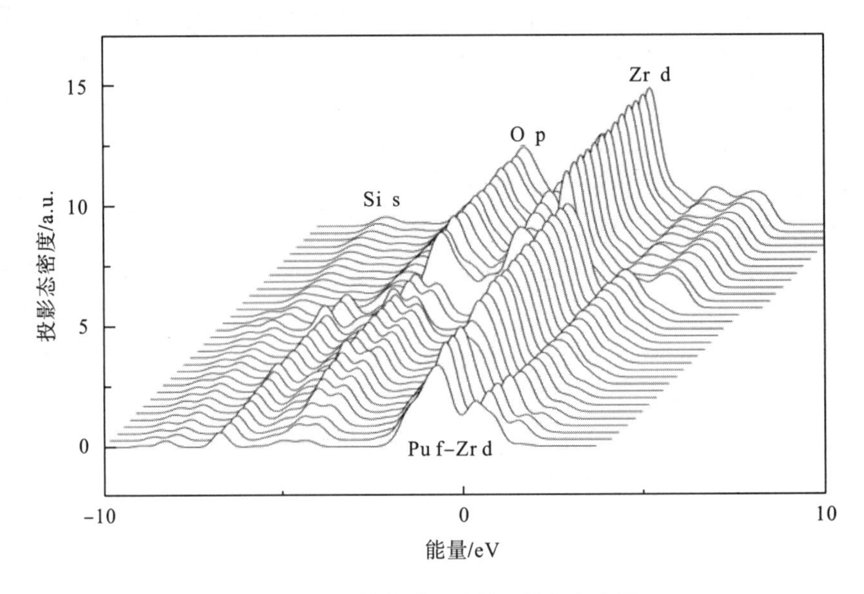

图 12-2 Pu 掺杂量影响锆石的态密度图

如表 12-1 所示，局部 Pu-$5f_{5/2}$ 表现出伴随强度增加而产生的能级位移。轨道波动范围如下：$c = 0$～2.8%，$c = 2.8\%$～7.5%，$c = 7.5\%$～10%(摩尔分数)。其中，Pu^{3+}被牢固地固定在低浓度($c = 0$～2.8%) Pu-$5f_{xy}$ 轨道与 O-2s 轨道简并成的 σ 杂化轨道中。在 $c = 2.8\%$～7.5%时，Pu-$5f_{xy}$ 的半饱和 $5f_{5/2}$ 状态转变为横向 $5f_z$ 轨道，形成 Pu—Zr f_z-d_z 和 Pu—O f_z-p_z 的混合轨道。Pu^{3+}电子的某些部分(1.05e)在 O-$2p_z$ 轨道处被消灭，即电荷变为 Pu^{4+}(1.11 e)[43]。随着 Pu 掺杂量的继续升高，Pu-$5f_z$ 能级与高角度动量 Si-p_z 轨道简并，形成的局部八面体混合轨道将会切断离域的 Zr—Si 键。

表 12-1 $Zr_{1-c}Pu_cSiO_4$ 晶体的轨道波动范围

元素	Pu 掺杂量		
	0～2.8 %	2.8%～7.5 %	7.5%～10 %
Zr $4p^6$	−28.5 ～ −27	−29 ～ −27, −20 ～ −18, −5 ～ −4	−29.5 ～ −27.5
Zr $5s^2$	−50.5 ～ −49	−51 ～ −50, −20 ～ −19	−51 ～ −50
Zr $4d^2$	−2～3	−10 ～ −5, −2～2	−1～2
O $2s^2$	−19.5 ～ −17	−20.5 ～ −18	−20.5 ～ −18
O $2p^4$	−8～0	−9.5 ～ −3.5	−6 ～ −3.5
Si $3p^2$	−7 ～ −3, 0～3	−20～ −18, −7～ −5, 0～2	−7 ～ −4, 0～2
Si $3s^2$	−9 ～ −7, −2～0	−20 ～ −18, −10 ～ −7, −2～0	−9.5 ～ −6, −2.5～0
Pu $5f^6$	−20 ～ −17, −6 ～ −3	−20 ～ −19, -8 ～ -4	−7 ～ −4

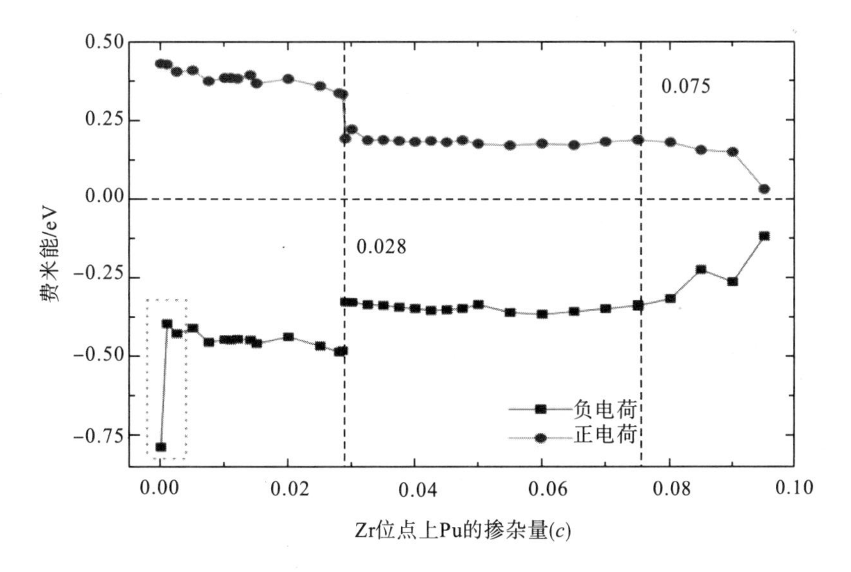

图 12-3 $Zr_{1-c}Pu_cSiO_4$ 晶体的表面费米能($c = 0$～10%)

注：数据表示摩尔分数 c =2.8%、2.85%和 7.5%的 Mulliken 电荷

Tsipis 等[44]认为 Pu 电荷的电子电离效应受电子累积函数的影响。如表 12-2 所示，Pu-5f^6-壳电子引起的以下轨道跃迁：Si-3s^2 <Si-3p^2 <Zr-4d^2 <(O-2p^4)<Zr-5s^2 <Zr-4p^6 <(O-2s^2)。电子密度的差异主要归因于与 ZrO_8 和 SiO_4 间氧缺陷。在 c = 2.8%以下的第一电子跃迁区域中，局部 Pu-5$f_{5/2}$-壳电子激发低角动量 O-2s^2 态，其费米能量从−0.81 eV 变化到−0.45 eV。同时，Pu^{3+}-Pu^{4+}电荷歧化提供电子(e^-)以产生电子-空穴对具有低角动量 Zr-4$p^6$5s^2 轨道的离子对化损失，并伴随着 Zr—O p-s 和 s-s σ 强度减弱。这表明高度敏感的外部 Pu—Zr f-d 轴对称混合轨道切断氧锆间的电子传递率。在高角动量 Pu-$f_{7/2}$(c> 2.8%)下，O-2p_z 轨道产生空位型缺陷。这种缺陷与 Zr-4d_z 和 Si-3p_z 轨道形成两个新的混合轨道[41]。

表 12-2 在结构相变点附近的 $Zr_{1-c}Pu_cSiO_4$ 晶体随时间变化的 DFT(TDDFT)激发能

Pu 掺杂量/%	TDDFT/eV	电荷歧化
2.8	0.23～0.36	Zr^{4+}-Si^{4+}
	0.53～0.71	Si^{4+}-O^{2-}
	1.01～1.11	Zr^{4+}-O^{2-}
2.85	0.45～0.64	Si^{4+}-Zr^{4+}- Si^{2+}
	1.06～1.26	Si^{4+}-O^{2-}-Si^{2+}
	1.28～1.44	Zr^{4+}-O^{2-}
7.5	0.62～1.1	Si^{2+}-O^{2-}
	1.11～1.38	Zr^{4+}-O^{2-}

通常，50%O—Si 离子键内 $V_{O\text{-}p}$ 缺陷的残余电子能量可转移到 Si-3p^2 轨道[45]。Si—O ppσ 轨道逐渐减弱，直到在 c=2.85%时发生裂解。这 Si—O 键内 50%的电子密度被抵消(0.1

eV→0)。然后，Si-3p^{2}与 Si-3s^{2}轨道间电子发生定向跃迁，形成了完整的混合缺陷。因此，如表 12-2 所示，Si^{4+}→Si^{2+}歧化产生足够的缺陷削弱的结合键间电子-空穴湮灭。新的 Si^{4+}-O^{2-}-Si^{2+}网络可能形成有效的稳定剂，系统从 Zr^{4+}-Si^{4+}-O^{2-}转变为复合 Zr^{4+}-O^{2-}和 Zr^{4+}-Si^{2+} [46-49]。此外，当 c>7.5%时，增强的复合型轨道开始削弱 Zr^{4+}和 Si^{2+}态的 π 轨道(0→−2.5 eV)，将导致 π 轨道变成 σ 轨道。因此，电荷状态改变为 Zr^{4+}-O^{2-}富集和 Zr^{4+}-Si^{2+}富集状态[30,48-50]，最终形成富 ZrO_8和富 SiO_4构型，与实验观察结果一致[39,51-52]。

12.3.2 晶格畸变

锆石为四方晶系 I41/amd 空间群，其结构由 SiO_4四面体和 ZrO_8共享边缘链组成。锆石结构中 Pu 杂质的电荷歧化导致结构非晶化。已经发现优化的晶格长度为 0.7～1.0 nm[22,30]。为了解决 Pu 诱导的晶格畸变，我们使用 VCA + DFT 技术计算 Pu 掺杂浓度对 $Zr_{1-c}Pu_cSiO_4$的晶格结构和自由能的影响。该结构包含间隙位点的一些微量元素，而 Pu^{3+}很容易代替八重配位的 Zr^{4+}位点。根据锆石晶体的总自由能(-8779.46→ -9046.57 eV)的减少，Pu^{4+}5f 轨道中的电子振动相互作用有助于 Pu 和锆石之间的自发反应。在某些情况下，存在稳定的结构抑制晶格膨胀。因此，在较低的 Pu 掺杂量(c <2.8%)下，纯锆石相表现出非常高的晶相稳定性，但此时已出现积累性损伤。

表 12-3 在四方晶系空间群中 $Zr_{1-c}Pu_cSiO_4$ 的晶胞参数

	a/nm	能量/(kJ/mol)	空间群	最大掺杂量
实验值 ^{a}	0.6～1.2	—	I41/amd	5 %(质量分数)
实验值 ^{b}	0.6～0.7	—	I41/amd	4.7 %(质量分数)
实验值 ^{c}	—	—	I41/amd	0.1%～1.4 %; 5%～6 %(质量分数)
计算值 ^{d}	0.7	−10562	I41/amd	8 %(摩尔分数)
计算值 ^{e}	0.7～1.0	−9155.8	I41/amd	2.8 %; 7.5 %(摩尔分数)

注：^{a}文献[30]；^{b}文献[52]；^{c}文献[31]和[32]；^{d}文献[28]，VASP；^{e}本书，MS-CASTEP-GGA。

为了解释结构相变点附近的晶格畸变(c = 2.8%～2.85%)，使用方程 R=(bond length A−bond length B) / [(bond length A×(c_B−c_A)]①，如图 12-4 所示。结果表明，外壳 Zr-4d^2-O_{2p4}电子交换优先引起位移损伤，这表明 ZrO_2产物优先分离，然后 SiO_2产物从锆石结构中分解，积累的空位缺陷 V_n(O-p_z)增加了 Si 电子缺陷(Si^{4+}-Si^{2+})的形成量，其中离域 Si—O ppσ 轨道的异质裂解加速了 O—Si—O 键角变形，因此锆石的非晶相以 ZrO_2 + SiO_2的形式出现，结构重排为 Zr^{4+}-Si^{4+}-O^{2-}→ Zr^{4+} -O^{2-}和 Zr^{4+} -Si^{2+}，与 Burakov [31,32]和 Geisler 等[53]的结果一致。基于 O—Si—O 扭转角(68°～85°和 112°～103°)，随着 γ 角(114.8°→126°)增加和 α 角(106.9°→101.2°)减小，发生相对晶格畸变。

①键长(bond length，BL)差 R=(BLA−BLB)/[BLA×(c_B-c_A)]，c 为浓度。

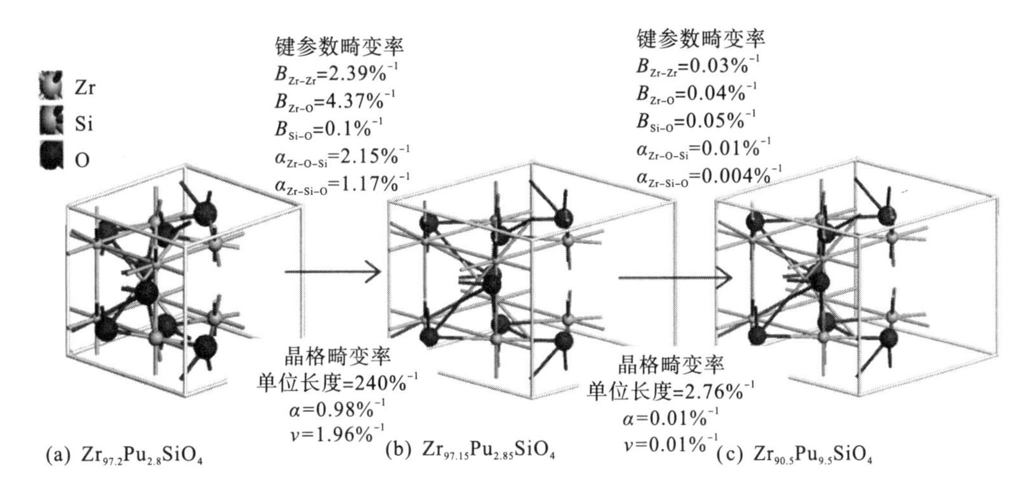

图 12-4 $Zr_{1-c}Pu_cSiO_4$ 晶体中 Zr—Si、Si—O 和 Zr—O 键的结构性质

B 表示键长，α 表示键角

随着 Pu 掺杂浓度(c> 2.85%)的增加，Pu-5f_z 电子云提供高能 Si-3p^2 态的最佳简并取向。因为在非晶化期间，假定 Si—O 键的构成单元沿 z 方向自发增强，Si—O 键(0.25～0.32 nm)的畸变率仅为 0.05%$^{-1}$。因此，无定形 SiO_2 相在低 Pu 掺杂区域(c = 2.85%～7.5%)中起到固定 Pu 的作用。当 c = 7.5%～10%时，Pu-5f_z 的持续积累产生足够的高能(Si^{4+} -Si^{2+})态，以延长局部 Si—O 键(0.33～0.42 nm)，增加晶格角失真度和晶格膨胀(a = 0.81～0.96 nm)。根据 Burakov 等[32]的观点，这种高晶格畸变似乎不适合固定 Pu。因此，锆石晶格中 Pu 的最佳掺杂量为 7.5%。

12.3.3 形貌转变

最终，Pu 掺杂的低浓度加速了锆石的结构相变，导致其变得不稳定，如图 12-5 所示。由于 Pu^{3+} -Pu^{4+}电荷歧化在第一结构相变点附近(c = 2.8%～2.85%)，分解的 ZrO_2 和 SiO_2 产物分别在(10-1)和(1-11)F 取向上表现出总能量突然减少−1.91 kJ/moL 和−2.21 kJ/mol，见表 12-4。这些形态变化主要归因于{10-1} S 面的晶界附近的−84.48 kJ/mol 的非键合(范德瓦耳斯力)的相互作用能(ΔE)，对于{1-11}面，−49.17 kJ/mol。表 12-5 表明 Si—O 键增加了晶面间距(d_{1-11})，层间距离变化率(d_{hkl}/mol 差异)约为 d_{10-1} 的 4 倍。总面积(430 nm^2/%)的绝对值大于{1-11}面(251 nm^2/%)的绝对值，这表明无定形锆石相可以诱导裂纹沿{10-1} S 面的增长行为。这种微裂纹诱导的损伤增加了 Pu 的原子浸出率，这在宏观溶胀和非晶化的情况下无处不在[54]。应始终通过掺杂中子吸收剂(Hf 或 Gd)来加强{10-1} S 面。

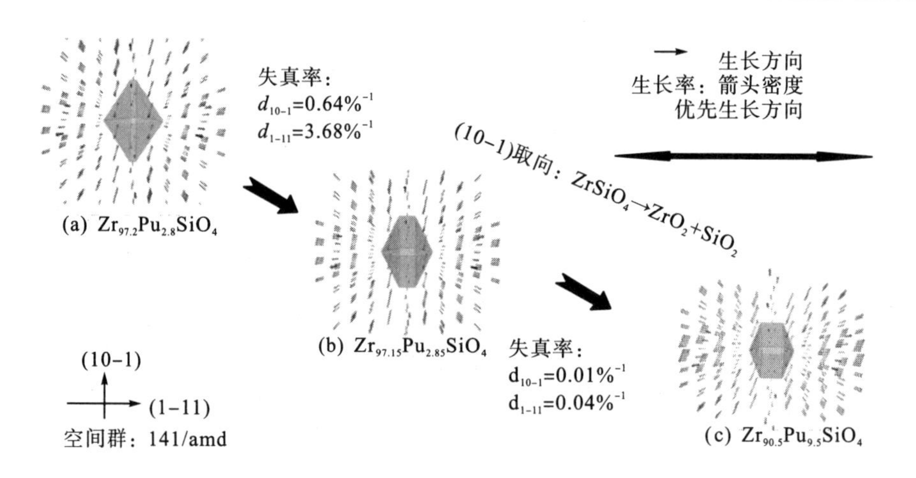

图 12-5 在结构相变点附近 $Zr_{1-c}Pu_cSiO_4$ 晶体的形貌

表 12-4 在结构相变点附近 $Zr_{1-c}Pu_cSiO_4$ 晶体的形貌能 （单位：kJ/mol）

(*hkl*)	掺杂量(摩尔分数)/%	总能	键能	键角能	扭转能	范德瓦耳斯能
	2.8	252.6	56.95	36.28	0.003	159.37
(10-1)	2.85	250.69	136.46	39.33	0.003	74.89
	7.5	458.38	350.31	42.11	0.0031	65.96
	2.8	182.02	31.96	9.66	0.0019	140.39
(1-11)	2.85	179.80	78	10.59	0.0018	91.22
	7.5	290.16	203.31	11.65	0.0018	75.19

表 12-5 在结构相变点附近 $Zr_{1-c}Pu_cSiO_4$ 晶体的形貌参数

(*hkl*)	掺杂量(摩尔分数)/%	多重性	d_{hkl}/nm	距离/nm	总面积/nm^2
	2.8	8	0.56	1.78	61.51
(10-1)	2.85	8	0.58	1.72	40.01
	7.5	8	0.63	1.58	23.23
	2.8	4	0.42	2.39	9.17
(1-11)	2.85	4	0.5	2.02	21.73
	7.5	4	0.63	1.59	22.97

12.4 小 结

综上所述，DFT 和 2D-CA 技术可定量分析 $Zr_{1-c}Pu_cSiO_4$ 的结构相变和电子性质。结果表明，c=2.8%～2.85%时，Pu-5f_z 态产生 O-p_z 空位型缺陷，进而锆石发生从单一构型到无定形 ZrO_8 和 SiO_4 的结构相变（c = 2.8%～7.5%）。最终，V_O-p_z 缺陷和 Si 产生 $Si^{4+} \rightarrow Si^{2+}$ 电荷歧化，导致锆石转变为 ZrO_2 和 SiO_2 相。因此，Pu 最高掺杂量为 2.8%。

这项工作分析了 Pu-5f^6 壳电子在 Pu 掺杂锆石中的作用。然而，计算结果不足以阐明硅中辐射损伤的影响。进一步的调查将集中在高辐射环境和 Pu 衰变的综合影响，以更好地了解在老化过程中发生的晶体相变。然而，目前的研究提供了关于具有低 Pu 掺杂量的 $Zr_{1-c}Pu_cSiO_4$ 的电子跃迁的定量信息。从提高锆石结构稳定性的技术角度来说，这是重要的影响。

参考文献

[1] Farnan I, Cho H, Weber W J. Quantification of actinide radiation damage in minerals and ceramics[J]. Nature, 2007, 445: 190-193.

[2] Kogawa M, Watson E B, Ewing R C, et al. Lead in zircon at the atomic scale[J]. American Mineralogist, 2012, 97: 1094-1102.

[3] Herrera G, Montoya N, Alarcón J. Synthesis and characterization of iron doped $ZrSiO_4$ solid solutions from gels[J]. Journal of the American Ceramic Society, 2011, 94: 4247-4255.

[4] Papatriantafyllou M. Haematopoiesis: A long cell cycle for myeloid differentiation[J]. Nature Reviews Immunology, 2013, 13(9): 616-617.

[5] Pujol M, Marty B, Burgess R. Chondritic-like xenon trapped in Archean rocks: A possible signature of the ancient atmosphere[J]. Earth & Planetary Science Letters, 2011, 308: 298-306.

[6] Lumpkin G R, Leung S H F, Ferenczy J. Chemistry, microstructure, and alpha decay damage of natural brannerite[J]. Chemical Geology, 2012, 291: 55-68.

[7] Sakaguchi A, Kadokura A, Steier P, et al. Isotopic determination of U, Pu and Cs in environmental waters following the Fukushima Daiichi Nuclear Power Plant accident[J]. Geochemical Journal, 2012, 46: 355-360.

[8] Guenthner W R, Reiners P W, Ketcham R A, et al. Helium diffusion in natural zircon: Radiation damage, anisotropy, and the interpretation of zircon (U-Th)/He thermochronology[J]. American Journal of Science, 2013, 313: 145-198.

[9] Bengtson A, Ewing R C, B U. He diffusion and closure temperatures in apatite and zircon: A density functional theory investigation[J]. Geochimica Et Cosmochimica Acta, 2012, 86: 228-238.

[10] Allen C M, Campbell I H. Identification and elimination of a matrix-induced systematic error in LA-ICP-MS $^{206}Pb/^{238}U$ dating of zircon[J]. Chemical Geology, 2012, 332-333: 157-165.

[11] Lang M, Zhang F, Lian J, et al. Irradiation-induced stabilization of zircon ($ZrSiO_4$) at high pressure[J]. Earth and Planetary Science Letters, 2008, 269: 291-295.

[12] Saadoune I, Leeuw N H D. A computer simulation study of the accommodation and diffusion of He in uranium- and plutonium-doped zircon ($ZrSiO_4$)[J]. Geochimica Et Cosmochimica Acta, 2009, 73: 3880-3893.

[13] Ming Z, Salje E K H, Farnan I, et al. Micro-Raman and micro-infrared spectroscopic studies of Pb- and Au-irradiated $ZrSiO_4$: Optical properties, structural damage, and amorphization[J]. Physical Review B, 2008, 77: 144110-144123.

[14] Agustín C, Burton B P, Pablo Chaín, et al. Solution properties of the system $ZrSiO_4$-$HfSiO_4$: A computational and experimental study[J]. The Journal of Physical Chemistry C, 2013, 117: 10013-10019.

[15] Rustad J R. Density functional calculations of the enthalpies of formation of rare-earth orthophosphates[J]. American Mineralogist, 2012, 97: 791-799.

[16] Foxhall H R, Travis K P, Owens S L. Effect of plutonium doping on radiation damage in zirconolite: A computer simulation

study[J]. Journal of Nuclear Materials, 2014, 444: 220-228.

[17] Walther C, Denecke M A. Actinide colloids and particles of environmental concern[J]. Chemical Reviews, 2013, 113: 995-1015.

[18] Cherniak D J. Si diffusion in zircon[J]. Physics and Chemistry of Minerals, 2008, 35: 179-187.

[19] Cherniak D J. Diffusion in accessory minerals zircon, titanite, apatite, monazite and xenotime[J]. Reviews in Mineralogy and Geochemistry, 2010, 72: 827-869.

[20] Bose P P, Mittal R, Chaplot S L. Lattice dynamics and high pressure phase stability of zircon structured natural silicates[J]. Physical Review B, 2009, 79: 174301-174308.

[21] Jiang N, Spence J C H. Radiation damage in zircon by high-energy electron beams[J]. Journal of Applied Physics, 2009, 105: 123517-123524.

[22] Ryzhkov M V, Ivanovskii A L, Porotnikov A V, et al. Electronic structure of Pu^{3+} and Pu^{4+} impurity centers in zircon[J]. Journal of Structural Chemistry, 2010, 51: 1-8.

[23] Weber W J, Ewing R C, Meldrum A. The kinetics of alpha-decay-induced amorphization in zircon and apatite containing weapons-grade plutonium or other actinides[J]. Journal of Nuclear Materials, 1997, 250: 147-155.

[24] Huber C, Cassata W S, Renne P R. A lattice Boltzmann model for noble gas diffusion in solids: The importance of domain shape and diffusive anisotropy and implications for thermochronometry[J]. Geochimica et Cosmochimica Acta, 2011, 75: 2170-2186.

[25] Williford R E, Begg B D, Weber W J, et al. Computer simulation of Pu^{3+} and Pu^{4+} substitutions in zircon[J]. Journal of Nuclear Materials, 2000, 278: 207-211.

[26] Begg B D, Hess N J, Weber W J, et al. XAS and XRD study of annealed ^{238}Pu- and ^{239}Pu-substituted zircons（$Zr_{0.92}Pu_{0.08}SiO_4$）[J]. Journal of Nuclear Materials, 2000, 278: 212-224.

[27] Exarhos G J. Induced swelling in radiation damaged $ZrSiO_4$[J].Nuclear Instruments and Methods in Physics Research Section B: Beam Interactions with Materials and Atoms, 1984, 1: 538-541.

[28] Ferriss E D A, Ewing R C, Becker U. Simulation of thermodynamic mixing properties of actinide-containing zircon solid solutions[J]. American Mineralogist, 2010, 95: 229-241.

[29] Singh D J, Du M H. Density functional study of $LaFeAsO_{1-x}F_x$: A low carrier density superconductor near itinerant magnetism[J]. Physical Review Letters, 2008, 100（23）: 237003-237007.

[30] Geisler T, Trachenko K, Susana Ríos, et al. Impact of self-irradiation damage on the aqueous durability of zircon（$ZrSiO_4$）: Implications for its suitability as a nuclear waste form[J]. Journal of Physics Condensed Matter, 2003, 15（37）: 597-605.

[31] Burakov B E, Hanchar J M, Zamoryanskaya M V, et al. Synthesis and investigation of Pu-doped single crystal zircon,（Zr, Pu）SiO_4[J]. Radiochimica Acta, 2002, 90（2）: 95-97.

[32] Burakov B E, Anderson E B, Zamoryanskaya M V, et al. Synthesis and study of ^{239}Pu-doped ceramics based on zircon,（Zr,Pu）SiO_4, and Hafnon（Hf,Pu）SiO_4[J]. Materials Research Society, Symposium Proceeding, 2001, 663: 307-313.

[33] Stéphane B, Jacob G, Pèpe G. Genmoltm supramolecular descriptors predicting reliable sensitivity of energetic compounds[J]. Propellants Explosives Pyrotechnics, 2009, 34（2）: 120-135.

[34] Kuklja M M, Rashkeev S N, Zerilli F J. Shear-strain induced decomposition of 1, 1-diamino-2, 2-dinitroethylene[J]. Applied Physics Letters, 2006, 89（7）: 071904.

[35] Saadoune I, Purton J A, Leeuw N H D. He incorporation and diffusion pathways in pure and defective zircon $ZrSiO_4$: A density functional theory study[J]. Chemical Geology, 2009, 258（3-4）: 182-196.

[36] Perdew J, Ruzsinszky A, Csonka G, et al. Restoring the density-gradient expansion for exchange in solids and surfaces[J].

Physical Review Letters, 2008, 100(13): 136406-136409.

[37] Söderlind P, Kotliar G, Haule K, et al. Computational modeling of actinide materials and complexes[J]. MRS Bulletin, 201, 35(11): 883-888.

[38] Poml P, Geisler T, Cobos-Sabaté J, et al. The mechanism of the hydrothermal alteration of cerium- and plutonium-doped zirconolite[J]. Journal of Nuclear Materials, 2011, 410(1-3): 10-23.

[39] Halbritter A, Makk P, Mackowiak S, et al. Regular atomic narrowing of Ni, Fe, and V nanowires resolved by two-dimensional correlation analysis[J]. Physical Review Letters, 2010, 105(26): 266805-266809.

[40] Saito K, Okura H, Watanabe N, et al. Comprehensive evaluation of left ventricular strain using speckle tracking echocardiography in normal adults: Comparison of three-dimensional and two-dimensional approaches[J]. Journal of the American Society of Echocardiography, 2009, 22(9): 1025-1030.

[41] Roy S, Pshenichnikov M S, Jansen T L C. Analysis of 2D CS spectra for systems with non-gaussian dynamics[J]. The Journal of Physical Chemistry B, 2011, 115(18): 5431-5440.

[42] Woensdregt C F. Computation of surface energies in an electrostatic point charge model: II Application to zircon ($ZrSiO_4$) [J]. Physics and Chemistry of Minerals, 1992, 19 (1): 59-69.

[43] Buz' ko V Y, Chuiko G Y, Kushkhov K B. DFT study of the structure and stability of Pu(III) and Pu(IV) chloro complexes[J]. Russian Journal of Inorganic Chemistry, 2012, 57(1): 62-67.

[44] Tsipis A C, Kefalidis C E, Tsipis C A. The role of the 5f orbitals in bonding, aromaticity, and reactivity of planar isocyclic and heterocyclic uranium clusters[J]. Journal of the American Chemical Society, 2008, 130(28): 9144-9155.

[45] Parcianello G, Bernardo E, Colombo P. Low temperature synthesis of zircon from silicone resins and oxide nano-sized particles[J]. Journal of the European Ceramic Society, 2012, 32(11): 2819-2824.

[46] Ma L, Jiang S Y, Dai B Z, et al. Multiple sources for the origin of Late Jurassic Linglong adakitic granite in the Shandong Peninsula, eastern China: Zircon U-Pb geochronological, geochemical and Sr-Nd-Hf isotopic evidence[J]. Lithos, 2013, 162: 251-263.

[47] Kersting A B. Plutonium transport in the environment[J]. Inorganic Chemistry, 2013, 52(7): 3533-3546.

[48] Bellucci J J, Simonetti A, Wallace C, et al. Isotopic fingerprinting of the world' s first nuclear device using post-detonation materials[J]. Analytical Chemistry, 2013, 85(8): 4195-4198.

[49]Stein T, Kronik L, Baer R. Reliable prediction of charge transfer excitations in molecular complexes using time-dependent density functional theory[J]. Journal of the American Chemical Society, 2009, 131 (8): 2818-2820.

[50] Adamo C, Jacquemin D. The calculations of excited-state properties with time-dependent density functional theory[J]. Chemical Society Reviews, 2013, 42: 845-856.

[51] Livshits E, Baer R. A density functional theory for symmetric radical cations from bonding to dissociation[J]. The Journal of Physical Chemistry A, 2008, 112: 12789-12791.

[52] Hetherington C J, Dumond G. Versatile monazite: Resolving geological records and solving challenges in materials science[J]. American Mineralogist, 2013, 98: 817-818.

[53] Geisler T, Burakov B, Yagovkina M, et al. Structural recovery of self-irradiated natural and ^{238}Pu-doped zircon in an acidic solution at 175℃[J]. Journal of Nuclear Materials, 2005, 336(1): 22-30.

[54] Deschanels X, Seydoux G A M, Magnin V, et al. Swelling induced by alpha decay in monazite and zirconolite ceramics: A XRD and TEM comparative study[J]. Journal of Nuclear Materials, 2014, 448(1-3): 184-194.

第13章　第一性原理研究人工合成锆石中不同电荷缺陷的结构与能量

13.1　概　　述

锆酸盐矿物(硅酸锆)是一种普遍存在的附属矿物，它具有很高的介电常数、较宽的能带隙和很大的能带偏移，这些特点使它能够在互补金属氧化物半导体(complementary metal oxide semiconductor，CMOS)装置中作为高 k 栅电介质材料[1-5]。另外，锆有低的热膨胀系数、低的热导率、高的抗热震性和低的透氧率，因此它是高温结构材料和抗氧化涂层重要的候选者[6-9]。特别地，由于锆石的耐久性和能将放射性物质长时间地储存在其晶体内，它被认为是一种固化和处理武器级别核废料的陶瓷基质材料[10-13]。因此，数十年以来锆石已吸引科学家的广泛关注[8-14]。

迄今为止，人们已从理论和实践两个方面对锆石的物理和化学性质做了详细的研究[15-17]。例如，在不同压力和温度下的静态高压和冲击实验中研究了锆石(空间群 I41/amd)到白钨矿结构(空间群 I41/a)的相变[18,19]；测定了三种四价阳离子(U^{4+}、Th^{4+}、Hf^{4+})的扩散率和三种稀土元素(Sm、Dy、Yb)在合成锆石的扩散速率[12,13]。在多种可能的锆石固化结构中，电子能带结构、态密度、电子局域化运动以及 Bader 电荷转移情况，已通过第一性原理计算方法结合高通量混合计算方法进行了大量研究报道[20,21]。计算了掺 Pu 锆石的 $Pu^{3+}\rightarrow Pu^{4+}$ 电子跃迁依据 DTF[22,23]，并且研究了掺铁锆矿物的结构、电子性质、磁性[24,25]。此外，根据过渡态理论分别计算了U和Pu在锆石中的活化能和随温度变化的扩散系数[26-28]。

尽管锆石是最硬的硅酸盐之一，但它像其他材料一样常包含一些缺陷或杂质，这将会影响它最终的性质。以现有的知识来看，在锆石晶格中 ^{238}U、^{235}U 和 ^{232}Th 等核素的衰变导致的结构损伤和异变态主要是 α 衰变辐射造成的。1987 年，Yada[29]等在锆石晶格图像中观察到许多高对比异常的亮暗点，其表现为空位和间隙缺陷，这些缺陷源自 α 微粒直接碰撞或电离核原子。然而，辐射效应下的缺陷形成机制问题尚未解决，而这个问题关系掺杂的锕系元素在固化体内的扩散行为，并对设计新型的核废物固化体以减少对环境的影响具有重要的指导作用。特别地，各种缺陷的形成能是许多大尺度模拟研究的主要输入参数，其中包括原子蒙特卡罗法、基于对象/事件的蒙特卡罗法。因此，现在工作的目的是通过基于 DFT 的第一性原理来确定在 $ZrSiO_4$ 中不同的电荷态下固有点缺陷的能量与结构型变。

13.2 计 算 方 法

计算方法主要采用基于 DFT 的 VASP 软件包[33]，通过用局域密度近似(local density approximation，LAD)下的投影缀加 PAW[30]和 GGA[31,32]来描述交换相关能。锆的 12 个电子($4s^24p^64d^25s^2$)、硅的 4 个电子($3s^23p^2$)和氧的 6 个电子($2s^22p^4$)作为价电子来计算。2×2×1 超胞(包含 96 个原子)被用来搭建硅酸锆中的缺陷。对于这 96 个原子的超胞计算，采用 5×5×5k 点网格[34]。测试计算表明，这样的 k 点网格能保证每个原子能量收敛为 0.1 meV。电子波函数在 PAW 中展开，截断能是 600 eV，这足以使不同缺陷的形成能误差小于 1 meV。在计算缺陷结构总能量时，超胞的形状和尺寸是固定的，原子坐标允许弛豫，直到费曼-海尔曼力小于 0.01 eV/Å。在所有的能量计算中考虑自旋极化。

$ZrSiO_4$ 是固化武器级核废物和其他次要锕系元素一种很有前途的候选材料，其中包含二、三、四和六价锕系元素，如 Sm^{2+}、Eu^{2+}、Pu^{3+}、Nd^{3+}、Gd^{3+}、Pu^{4+}、U^{4+}、Pr^{4+}等[12,13]。此外，$ZrSiO_4$ 和核素释放可能与含有 H^+和 OH^-的地下水流有相互作用。所有这些杂质可能为点缺陷提供有效的电荷。因此，考虑六种点缺陷：Zr 空位(V_{Zr})、Zr 间隙(I_{Zr})、Si 空位(V_{Si})、Si 间隙(I_{Si})、O 空位(V_O)和 O 间隙(I_O)。与锆相关(或者与硅相关)的缺陷考虑了从−4 到+4 的电荷状态，与氧相关的缺陷考虑了从−2 到+2 的电荷状态。这些额外的电荷是通过从超胞中添加或移除电子来建模的。从计算出的完美体系和含缺陷的体系总能量中，可以得到带电荷的点缺陷形成能，具体计算公式如下：

$$E^{\text{for}}(x^q) = E_x^{N\pm1} - E_\varnothing^N + \sum_x n_x\mu_x + q(E_{\text{VBM}} + \varepsilon_{\text{F}} + \Delta v)(x = \text{Zr,Si,O}) \tag{13-1}$$

式中，$E_x^{N\pm1}$ 和 $E_\varnothing^N$ 分别为在超胞中有和没有缺陷 x 的总能量；第三项为有关空位(间隙位)带正(负)x 原子化学势，其中 n_x 为缺陷原子的数量；E_{VBM} 为没有缺陷系统价带最高(VBM, ralence band maximum)的能量；ε_{F} 为电子的化学势。在缺陷超胞中考虑了缺陷引起的 VBM 的变化(Δv)，这可通过确定无缺陷超胞与缺陷超胞之间平均静电势的差值，采用宏观技术得到，即计算完整晶格结构和缺陷结构平均电子势的差值[35-38]。

根据热力学平衡条件，元素的化学势之和(μ_x)必须等于生成热[39]，以确保化合物 $ZrSiO_4$ 的稳定性。在 $ZrSiO_4$ 三元系中，由 Zr、Si 和 O 原子的各阶段的平衡条件来决定 μ_x。图 13-1 是三元系统 Zr-Si-O 的参考势原理图。在图中标出的五点(A 到 E)对应于五种极限情况。

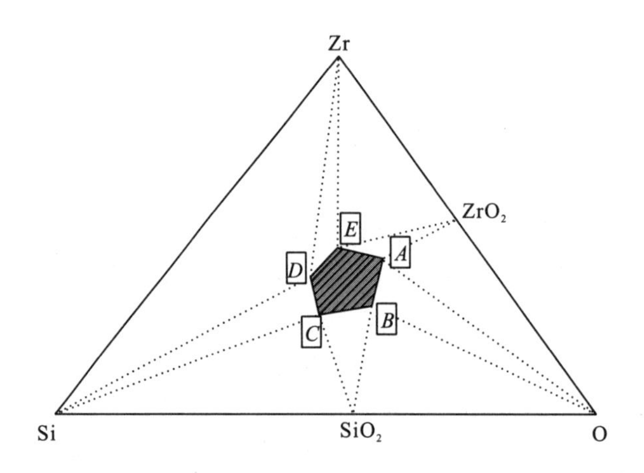

图 13-1 三元系统 Zr-Si-O 的参考势原理图

假设 $ZrSiO_4$ 是稳定的，这三个元素的化学势在相互关系中变化：

$$\mu_{Zr}+\mu_{Si}+4\mu_{O}=\mu_{ZrSiO_4(bulk)} \tag{13-2}$$

式中，$\mu_{ZrSiO_4(bulk)}$ 为理想的 $ZrSiO_4$ 晶胞的总能量。在图 13-1 中点 A 条件下，$ZrSiO_4$ 与 O 和 ZrO_2 处于平衡状态。因此 μ_x 被如下的等式限制：

$$点A:\mu_{Zr}+2\mu_{O}=\mu_{ZrO_2(bulk)},\mu_{O}=\mu_{O(bulk)} \tag{13-3}$$

式中，$\mu_{O(bulk)}$ 为氧气中每个原子的化学势。由式(13-2)和式(13-3)可推导出点 A 的三个元素化学势。用相似的方法，μ_{Zr}、μ_{Si} 和 μ_{O} 在其他平衡点(B 到 E)的等式与式(13-2)可联立得到

$$点B:\mu_{O}=\mu_{O(bulk)},\mu_{Si}+2\mu_{O}=\mu_{SiO_2(bulk)} \tag{13-4}$$

$$点C:\mu_{Si}+2\mu_{O}=\mu_{SiO_2(bulk)},\mu_{Si}=\mu_{Si(bulk)} \tag{13-5}$$

$$点D:\mu_{Si}=\mu_{Si(bulk)},\mu_{Zr}=\mu_{Zr(bulk)} \tag{13-6}$$

$$点E:\mu_{Zr}=\mu_{Zr(bulk)},\mu_{Zr}+2\mu_{O}=\mu_{ZrO_2(bulk)} \tag{13-7}$$

为了确定上述平衡态下的原子化学势，计算 Zr (P63/mmc)，Si ($Fd\bar{3}m$)、ZrO_2 ($Fm\bar{3}m$) 和 SiO_2 (P3121) 系统的总能量。μ_O 是计算 15 Å×15Å×15 Å立方超胞一个氧气分子的总能量获得的。所得 O_2 分子的键长为 1.22 Å，与实验值(1.21 Å)[40]吻合较好。采用 LDA 近似计算法计算出参考材料的结构性质与实验值，如表 13-1 所示。通过与实验数据比较[41-44]，LDA 近似计算法很好地描述了 ZrO_2 的晶胞参数和内聚能，且误差小于 1%。对于 SiO_2，获得的晶胞参数 a_0 和 c_0 分别是 4.873 Å和 5.378 Å，与实验数据也比较吻合[45]。

Zr、Si 或者 O 弗仑克尔对的形成能为

$$E^{for}(FP_{Zr})=E^{N+1}_{I^{q-}_{Zr}}+E^{N-1}_{V^{q+}_{Zr}}-2\times E^{N}_{\varnothing}=E^{for}(I^{q-}_{Zr})+E^{for}(V^{q+}_{Zr}) \tag{13-8}$$

表 13-1　用 DFT-LDA 方法计算了参考材料的晶胞参数和内聚能

样品	晶胞参数 a_0 (c_0)/Å		内聚能 E_{coh}/(eV/atom)	
	计算值	实验值	计算值	实验值
ZrO_2 (Fm $\bar{3}$ m)	5.06	5.09[a],5.11[b]	−11.32	−11.45[c], −14.72[d]
SiO_2 (P3121)	4.873 (5.378)	4.913 (5.405)[e]	−9.54	−

注：a-文献 [41]；b-文献[42]；c-文献[43]；d-文献[44]；e-文献[45]。

$$E^{for}(FP_{Si}) = E^{N+1}_{I^{q-}_{Si}} + E^{N-1}_{V^{q+}_{Si}} - 2 \times E^{N}_{\varnothing} = E^{for}(I^{q-}_{Si}) + E^{for}(V^{q+}_{Si}) \tag{13-9}$$

$$E^{for}(FP_{O}) = E^{N+1}_{I^{q-}_{O}} + E^{N-1}_{V^{q+}_{O}} - 2 \times E^{N}_{\varnothing} = E^{for}(I^{q-}_{O}) + E^{for}(V^{q+}_{O}) \tag{13-10}$$

肖基特缺陷涉及更加复杂的反应。Zr 部分的肖特基缺陷（PS_{Zr}）、Si 部分的肖特基缺陷（PS_{Si}）和满肖特基缺陷（PS）分别为

$$E^{for}(PS_{Zr}) = E^{N-1}_{V^{q-}_{Zr}} + 2 \times E^{N-1}_{V^{q+}_{O}} - \frac{3(N-1)}{N} E_{ZrSiO_4} \tag{13-11}$$

$$E^{for}(PS_{Si}) = E^{N-1}_{V^{q-}_{Si}} + 2 \times E^{N-1}_{V^{q+}_{O}} - \frac{3(N-1)}{N} E_{ZrSiO_4} \tag{13-12}$$

$$E^{for}(PS) = E^{N-1}_{V^{q-}_{Zr}} + E^{N-1}_{V^{q+}_{Si}} + 4 \times E^{N-1}_{V^{q+}_{O}} - \frac{6(N-1)}{N} E_{ZrSiO_4} \tag{13-13}$$

以上为肖特基缺陷的反应式，包含 Zr、Si 和 O 空位。在缺陷元件部分有几种可能的电荷再分配，以根据带电点缺陷构建复合点缺陷。在以上的肖特基缺陷中，包含 Zr 部分肖特基缺陷、Si 部分肖特基缺陷，以及 $ZrSiO_4$ 肖特基缺陷。其中，部分肖特基缺陷由于电荷再分配，可能会形成更复杂的点缺陷。例如，氧弗兰克尔缺陷可近似由两个中性氧缺陷，或者一个带电氧空位和一个带电氧间隙位建模计算。类似地，全肖特基缺陷可具体表达为 $V_{Zr}+V_{Si}+4V_O$，$V^{2-}_{Zr} + V^{2-}_{Si} + 4V^{1+}_{O}$ 和 $V^{4-}_{Zr} + V^{4-}_{Si} + 4V^{2+}_{O}$ 三种情况。

13.3　结果与讨论

13.3.1　锆石的结构和性质

在常温常压下，锆石（$ZrSiO_4$）为体心四方结构，原始结构由交替的 SiO_4 四面体和 ZrO_8 三角十二面体的边共享组成，形成与晶体 c 轴平行的链[46]。如图 13-2 所示，Zr 和 Si 分别占据 4a 和 4b 位，O 原子位于 16h 位。表 13-2 收集了 LDA 和 GGA 近似下优化的平衡晶胞参数等重要参数，并给出了相应的实验值和理论值[47-49]。计算优化后的晶胞参数为 a_0=6.593 Å^{LDA} (6.619 Å^{GGA}) 和 c_0=5.955 Å^{LDA} (6.013 Å^{GGA})，与理论值吻合较好，且与实验值（6.61 Å和 5.98 Å）[19]相当，目前的 LDA 在一定程度上低估了晶胞参数，而 GGA 稍微高估了晶胞参数。$ZrSiO_4$ 的晶胞参数在高压下表现出明显的差异[50,51]。得到的平衡体积为 258.84 Å$^{3\ LDA}$ (269.81 Å$^{3\ GGA}$)，与之前在零压力和温度时的理论值（263.05 Å^3）一致[52]。

计算得到的 Zr —O 和 Si—O 键的键长分别为 2.134 Å、2.256 Å^{LDA} (2.164 Å、2.275 ^{AGG})和 1.621 Å^{LDA} (1.640 Å^{GGA})。O—Si—O 键的键角是 96.87°、116.12°^{LDA}(96.70°、116.21°^{GGA})，这与实验值(97.0°、116.1°)[46]吻合得很好。基于以上结果可以发现，LDA 的预测比 GGA 预测更好地描述了 $ZrSiO_4$ 中的交换能。因此，使用 LAD 交换关联函数来执行下列计算任务。

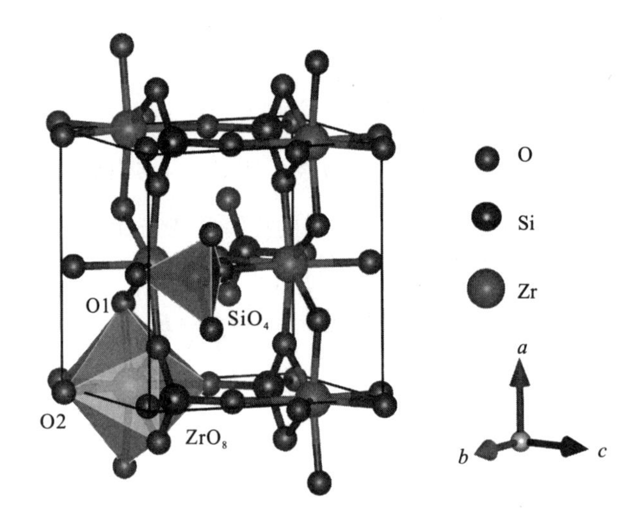

图 13-2 $ZrSiO_4$ 的原始晶胞结构

表 13-2 用 LDA 和 GGA 法计算 $ZrSiO_4$ 的结构参数

	计算值与理论值					实验值 d
	本书		LDA^a	LDA^b	GGA^c	
	LDA	GGA				
a_0/Å	6.593	6.619	6.54	6.59	6.71	6.61
c_0/Å	5.955	6.013	5.92	5.96	6.04	5.98
晶胞体积/Å^3	258.84	269.81	254	258	272.1	260.8
Zr —O1(上)键长/Å	2.134	2.164	2.10	2.22	2.17	2.13
Zr —O2(下)键长/Å	2.256	2.275	2.24	2.25	2.29	2.27
Si—O 键长/Å	1.621	1.640	1.61	1.63	1.64	1.62
O—Si—O 键角/(°)	96.87	96.70	97	96.2	97.0	97.0
	116.12	116.21	116	116.5	116.0	116.1

注：a-DFT-LDA，PAW 的数据[47]；b-DFT-LDA,LCAP 的数据[48]；c-DFT-GGA 的数据[49]；d-实验值[46]。

13.3.2 单空位的形成能

通过式(13-1)，计算了 $ZrSiO_4$ 中各电荷态下单空位的形成能。如图 13-1 所示，考虑五个阶段点。由于 O_2 气相在点 *A* 处与 $ZrSiO_4$ 和 ZrO_2 处于平衡状态，或者在点 *B* 处与 SiO_2 处于平衡状态，所以点 *A* 和点 *B* 应该处于富氧状态(O-rich 状态)。此外，$ZrSiO_4$ 在点 *D*

与 Zr 和 Si 平衡，因此点 *D* 处于贫氧状态(O-poor 状态)。在表 13-3 中，用费米能级与价带顶端相对应的方法，在五个化学势点的极限处给出了空位缺陷的形成能。便于比较，列出了以往关于中性缺陷的形成能。可以看到 O 相关的缺陷总是比在 O-rich 和 O-poor 环境下 Zr 相关的或者 Si 相关的有更低的形成能，这意味着 α 衰变辐射损伤和与化学计量法将更好地适应于非化学计量法计算 $ZrSiO_4$ 的氧空位。从 6.275 eV 到 29.912 eV 的 Si 空位带电缺陷的形成能相对较高，使这些类型缺陷的浓度相对较低。

表 13-3　$ZrSiO_4$ 中不同带电空位缺陷的形成能　　(单位：eV)

缺陷类型	Kröger - Vink符号	原本空位缺陷 E^{for} /eV					理论值[53]
		点 *A*	点 *B*	点 *C*	点 *D*	点 *E*	
V_{Zr}^{0}	$V_{Zr}^{\times}$	8.316	7.846	17.383	19.639	19.639	
V_{Zr}^{1-}	$V_{Zr}^{\prime}$	10.695	10.226	19.763	22.019	22.019	
V_{Zr}^{2-}	$V_{Zr}^{\prime\prime}$	13.123	12.653	22.190	24.446	24.446	5.90[a], 18.70[b]
V_{Zr}^{3-}	$V_{Zr}^{\prime\prime\prime}$	15.594	15.124	24.662	26.918	26.918	
V_{Zr}^{4-}	$V_{Zr}^{\prime\prime\prime\prime}$	18.095	17.626	27.163	29.149	29.419	
V_{Si}^{0}	$V_{Si}^{\times}$	6.275	6.745	16.282	16.282	17.600	
V_{Si}^{1-}	$V_{Si}^{\prime}$	9.225	9.695	19.232	19.232	20.549	
V_{Si}^{2-}	$V_{Si}^{\prime\prime}$	12.324	12.794	22.331	22.331	23.648	5.80[a], 15.80[b]
V_{Si}^{3-}	$V_{Si}^{\prime\prime\prime}$	15.468	15.937	25.475	25.475	2.791	
V_{Si}^{4-}	$V_{Si}^{\prime\prime\prime\prime}$	18.588	19.058	28.595	28.595	29.912	
V_{O}^{0}	$V_{O}^{\times}$	6.171	6.170	1.402	0.838	0.509	
V_{O}^{1+}	$V_{O}^{\bullet}$	1.435	1.435	−3.334	−3.898	−4.227	5.60[a], 5.60[b]
V_{O}^{2+}	$V_{O}^{\bullet\bullet}$	−3.367	−3.366	−8.135	−8.699	−9.028	

注：a-用 DFT-LDA 测量，参考的是与氧气蒸气平衡的阳离子氧化物；b-用 DFT-LDA 测量，引用的是其标准状态中的元素。

作为一个典型的例子，图 13-3(a)和(b)分别描述了点 *A*(O-rich 条件)和点 *D*(O-poor 条件)下以费米能级为函数的各种空位的形成能。通过图 13-3 可以明显看到，除了 V_O^{1+} 和 V_O^{2+} 空位，随着费米能级的变化几乎所有形成能都是正值。更重要的是，V_O^{2+} 形成能小于 V_O^{1+}。负值表示在指定的外部环境下可能形成 $ZrSiO_{4-x}(x < 1)$ 的稳定缺陷组态。在 O-rich 条件下［图 13-3(a)］，与 O 相关的空位形成能增加。然而，V_O^{2+} 仍然是 ε_F 接近 VBM 时能量最低的缺陷。当 ε_F 定位接近 CBM 时，V_{Si}^{4-}、V_{Zr}^{4-} 的形成能比 V_O^{2+} 小。此外，在 O-poor 条件下，与 Zr 或 Si 相关的空位形成能进一步增加，而 O 相关的空位形成能减少。因此，在 O-poor 环境中 O 空缺成为在整个 ε_F 范围占主导地位的缺陷形式。

为了揭示中性和带电空位的电子性质，图 13-4 描述了 $ZrSiO_4$ 结构{101}平面内所有空位的差分电荷密度，这可由 $ZrSiO_4$ 完美锆石和空位缺陷 $ZrSiO_4$ 的电荷密度差得到。值得注意的是，除了图 13-4(b)和(e)所示的第一个邻近 O 原子对 V_{Si} 有微小的贡献外，其余电荷主要集中在阳离子和阴离子空位上。通过 Bader 电荷分析[54]，V_{Zr} 和 V_{Si} 附近最近的 O 原子在中性状态下分别获得 1.17 e 和 0.80 e，在 4^-价状态下分别获得 1.38 e 和 1.10 e。相比之下，在无缺陷的 $ZrSiO_4$ 晶体中，每个 O 原子获得 1.43 e。空缺会在带隙中引起额外的能级。对于中性 O 空位，图 13-4(c)中的波函数分析显示缺陷是 Si 的 3p 和 O 的 2p 态杂化形成的。在进行 Δv 校正后，形成能有一定的增加上升。V_O^0的形成能也受到了影响，并向更高的值变化。此外，离中性 O 空位最近的 O 原子比在理想的 $ZrSiO_4$ 中的原子增加了 0.1 e。对于双 O 空位情况，十二面体和四面体区域周围几乎没有电荷密度，如图 13-4(f)所示。从 Zr 和 Si 原子到 O 原子的电荷转移与无缺陷的 $ZrSiO_4$ 的电荷转移近似相等。在这种情况下，V_O^{2+} 形成能将保持不变。

此外，缺陷也引起了结构变形。结构的变化可以用与缺陷相关的键长来理解。表 13-4 中总结了不同电荷状态下空位缺陷化学键长，并列出了无缺陷 $ZrSiO_4$ 中相应的键长以进行比较。对于与 Zr 相关的空缺，1 个 NN Zr 离子内向移动了 2.76 %。Bader 分析表明，随着负电荷态的增加，1NN Zr 离子的转移电子从 2.63 e 降至 2.56 e。这是由于较大的空间减少了电子间库仑排斥以至于带正电的 Zr 离子更靠近这个空位。

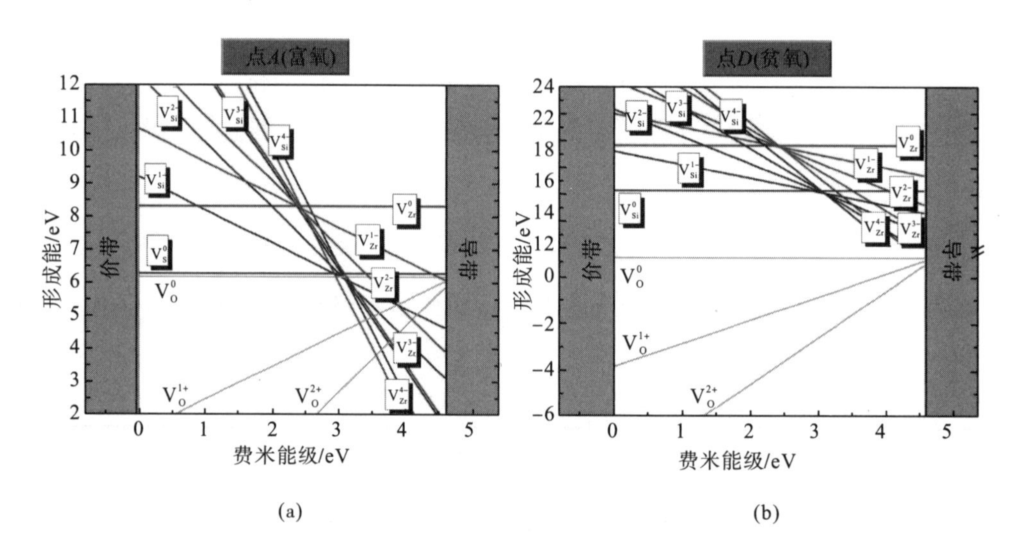

图 13-3 Zr、Si 和 O 空位缺陷的费米能级 ε_F 函数在平衡阶段点 A 和 D 的形成能

相反，由于周围空位的影响，相邻的 O^{2-}偏移原位 2.12%，以获得电子。例如，离 V_{Zr}^{4-} 空位最近的 O^{2-}移动了 0.182 Å。在所有带电的 Si 空位中，周围的 Zr^{4+}和 Si^{4+}没有发生显著的原子移动。由于 Si—O 键具有强共价性，随着 Si 空位负电荷态的增加，相邻的 O^{2-}不再受电荷吸引而随着 Si 原子缺陷电荷态而向外移动。相反，从表 13-4 可见 V_O 周围邻近阳离子的移动对 V_O 电荷态更为敏感。如果移除一个 O^{2-}两个的电子(V_O^{+2})，邻近的 Zr^{4+} 和 Si^{4+}分别向外移动 0.109 Å(5.13%)和 0.967 Å(59.65%)。这充分证明 Zr —O 键主要是

离子键而 Si 和 O 原子间主键是共价键。更有趣的是，周围邻近 V_O^{+2} 的 O^{2-}的位移大约是 0.168 Å。结果表明，邻近的 O^{2-}与 V_O之间的库仑吸引作用随着正电荷的增加而增加。

1. 单间隙缺陷的形成能

在五相条件计算了不同电荷状态下间隙缺陷的形成能(ε_F=0)，计算结果如表 13-5 所示。中性状态下的计算值与以往的理论值吻合较好[53]。有趣的是，I_{Zr}或者 I_{Si}最低的形成能发生在 $\mu_{Zr}=\mu_{Zr(bulk)}$和 $\mu_{Zr}+2\mu_0=\mu ZrO_{2(bulk)}$(点 E)。此外，在每个极限点下，$I_{Si}{}^{4+}$的形成能低于 $I_{Zr}{}^{4+}$。相反，在点 A 和点 B 的富氧情况下，间隙 O 的形成能最低。

图 13-5 给出了 O-poor 和 O-rich 两个极限值下随费米能级变化的间隙缺陷形成能。可以明显地注意到，I_{Si} 在 O-poor 或者 O-rich 条件宽带隙下总是有最低的形成能。在 O-poor 条件下，无论费米能级在带隙中的什么位置，I_O的能量总是高于 I_{Zr}或 I_{Si}。值得注意的是，I_{Zr}^{3+}的形成能量高于 I_{Si}^{3+}，同样，其中一个 I_{Zr}^{4+}在 O-rich 条件下的形成能高于 I_{Si}^{4+}。然而，随着氧气分压降低，I_{Zr}^{3+}的形成能变得低于 I_{Si}^{3+}，见图 13-5(b)。

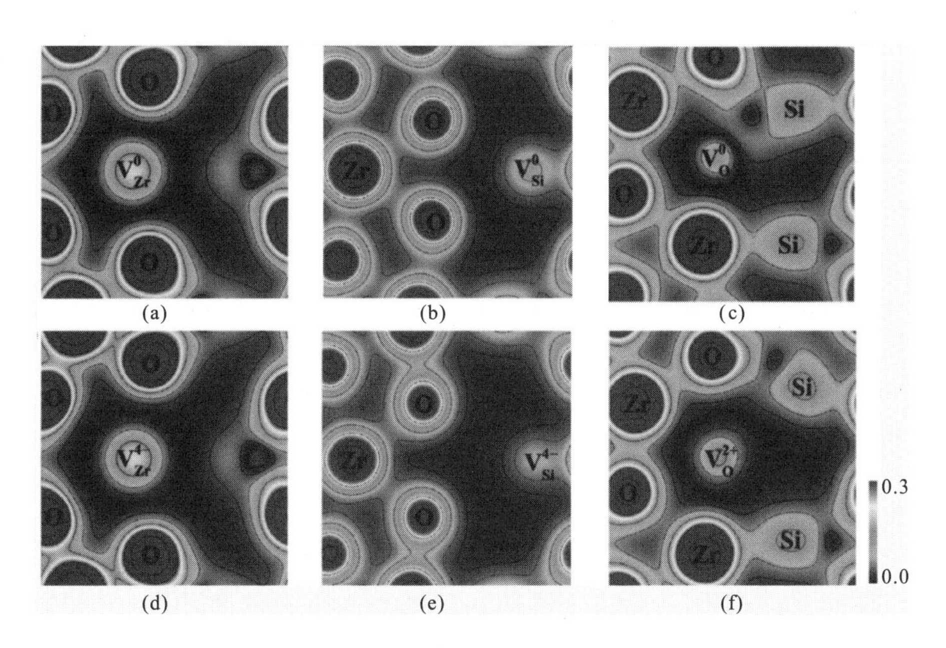

图 13-4　$ZrSiO_4$的差分电荷密度在中性态(上)和带电态(下)中的三种空位种类

$ZrSiO_4$结构的［010］平面

表 13-4　计算从空位到邻近离子的距离　(单位：Å)

缺陷	d_{X-Zr}	d_{X-Si}	d_{X-O}
Zr (bulk)	3.617	2.978	2.124
V_{Zr}^{0}	3.599	2.976	2.169
V_{Zr}^{1-}	3.595	2.978	2.205
V_{Zr}^{2-}	3.585	2.983	2.246

续表

缺陷	$d_{X\text{-}Zr}$	$d_{X\text{-}Si}$	$d_{X\text{-}O}$
V_{Zr}^{3-}	3.556	2.990	2.272
V_{Zr}^{4-}	3.517	2.999	2.306
Si (bulk)	2.978	3.634	1.621
V_{Si}^{0}	2.969	3.614	1.618
V_{Si}^{1-}	2.978	3.634	1.728
V_{Si}^{2-}	2.988	3.646	1.781
V_{Si}^{3-}	2.999	3.663	1.827
V_{Si}^{4-}	3.009	3.686	1.865
O (bulk)	2.124	1.621	2.474
V_{O}^{0}	2.083	1.354	2.361
V_{O}^{1+}	2.184	1.537	2.323
V_{O}^{2+}	2.233	2.588	2.306

注：列出了完美 $ZrSiO_4$ 体中相应的键以作比较。

图 13-6 中展示了 $ZrSiO_4$ 结构[001]平面中间隙缺陷的差分电荷密度图。从图 13-6(a)和(d)中可以看出，电荷沿 Zr—O 键的方向积累，共价键随着间隙 Zr 原子正电荷状态的增加而变得更强。在图 13-6(b)和(e)中也可以看到 Si 间隙缺陷类似的特征，尽管这种趋势相对较弱。通过 Bader 电荷分析发现，在中性和 4+带电状态下最近的 O 原子到 Zr 间隙分别获得 1.48 *e*、1.38 *e*。在间隙硅缺陷的情况下，最近的 O 原子也比在完美 $ZrSiO_4$ 中得到更多的电子。因为这些 I_{Zr}^{+4} 和 I_{Zr}^{+4} 的缺陷状态主要由 O^{2-} 的 2p 轨道充当贡献者。从图 13-6(c)中可以看出，间隙 O 原子的特征是形成了 O—O 键。Bader 电荷分析显示，与间隙原子之间最近的每个 O 原子都增加了 1.16 *e*，而在无缺陷的 $ZrSiO_4$ 晶体中则增加了 1.43 *e*。I_{O}^{2-} 形成了额外的 Si—O 共价键，如图 13-6(f)所示，这是因为 Si-3p 态和间隙 O 原子 2p 态形成了杂化轨道。与中性的 O 间隙缺陷相比，每个最近的 O 原子得到 1.44 *e*，这与完美的 $ZrSiO_4$ 晶体中的电荷转移非常相似。

间隙缺陷与邻近主要原子之间的键长如表 13-6 所示。随着电荷缺陷电子数的减少，Zr^{4+} 和 Si^{4+} 在间隙 Zr 原子周围的位移也略有增加，而邻近的 O^{2-} 则向间隙 Zr 原子处偏移。这可能是因为 Zr 间隙与 O^{2-} 之间的库仑相互作用随着间隙 Zr 缺陷电子数的减少而增强。类似的键长变化模式在 0 到 +4 电荷缺陷状态下都可以观察到。另外，分别计算得到不同电荷态下的 O—O 键长是 1.836 Å、2.172 Å 和 2.292 Å，明显大于 O_2 分子的 O—O 键(1.22 Å)。

表 13-5　$ZrSiO_4$ 中具有不同电荷态的间隙缺陷的形成能　　(单位：eV)

缺陷类型	Kröger - Vink符号	原本间隙缺陷 E^{for} /eV					理论值[53]
		点 *A*	点 *B*	点 *C*	点 *D*	点 *E*	
I_{Zr}^{0}	$Zr_i^{\times}$	16.125	16.594	7.057	4.801	4.801	
I_{Zr}^{1+}	$Zr_i^{\bullet}$	9.236	9.706	0.168	−2.087	−2.087	
I_{Zr}^{2+}	$Zr_i^{\bullet\bullet}$	2.336	2.806	−6.731	−8.987	−8.987	18.00[a], 5.20[b]
I_{Zr}^{3+}	$Zr_i^{\bullet\bullet\bullet}$	−4.041	−3.572	−13.109	−15.365	−15.365	
I_{Zr}^{4+}	$Zr_i^{\bullet\bullet\bullet\bullet}$	−10.202	−9.732	−19.270	−21.526	−21.526	
I_{Si}^{0}	$Si_i^{\times}$	17.458	16.984	7.447	7.447	6.130	
I_{Si}^{1+}	$Si_i^{\bullet}$	10.766	10.297	0.760	0.760	−0.557	
I_{Si}^{2+}	$Si_i^{\bullet\bullet}$	2.844	2.375	−7.162	−7.162	−8.479	17.00[a], 7.00[b]
I_{Si}^{3+}	$Si_i^{\bullet\bullet\bullet}$	−4.173	−4.642	−14.180	−14.180	−15.496	
I_{Si}^{4+}	$Si_i^{\bullet\bullet\bullet\bullet}$	−12.642	−13.111	−22.649	−22.649	−23.966	
I_{O}^{0}	$O_i^{\times}$	2.940	2.940	7.709	8.273	8.602	
I_{O}^{1-}	O_i'	7.320	7.320	12.089	12.653	12.982	1.70[a], 1.70[b]
I_{O}^{2-}	O_i''	11.807	11.807	16.576	17.140	17.469	

注：a-用 DFT-LDA 测量，参考的是与氧气蒸气平衡的阳离子氧化物；b-用 DFT-LDA 测量，引用的是其标准状态中的元素

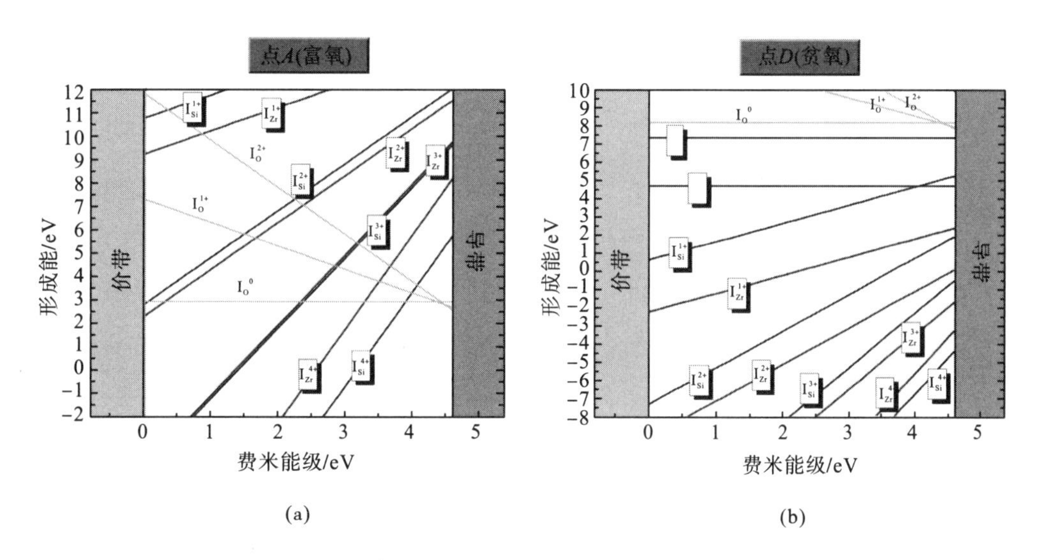

图 13-5　Zr、Si 和 O 间隙缺陷的费米能级 ε_F 函数在平衡阶段点 *A* 和 *D* 的形成能

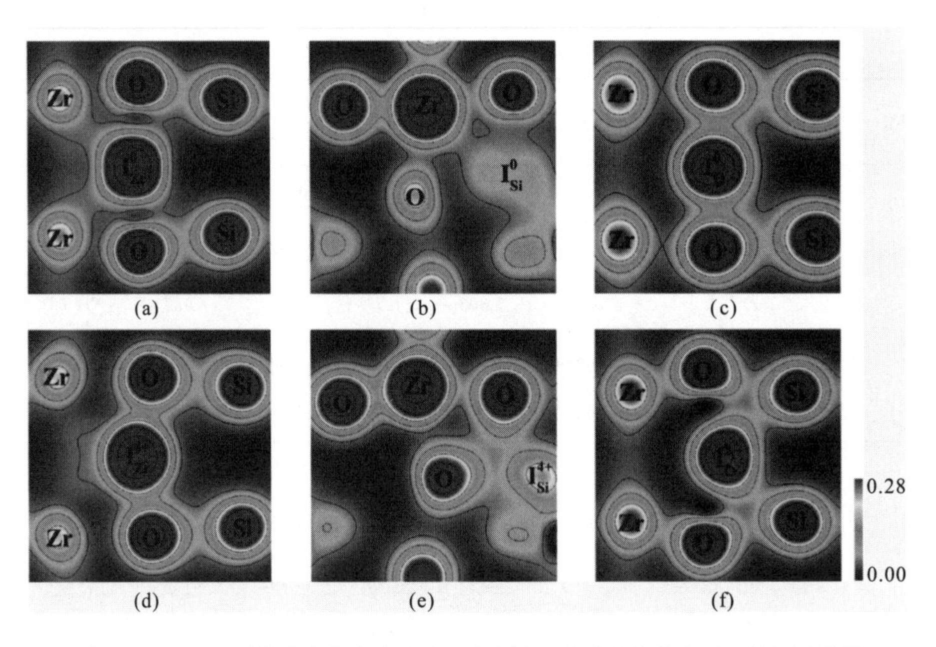

图 13-6 ZrSiO$_4$的差分电荷密度在中性态(上)和电荷态(下)中的三种间隙种类

ZrSiO$_4$结构的［001］平面

表 13-6 计算间隙原子到邻近离子的距离 （单位：Å）

缺陷	$d_{X\text{-}Zr}$	$d_{X\text{-}Si}$	$d_{X\text{-}O}$
I_{Zr}^{0}	3.022	2.586	2.220
I_{Zr}^{1+}	3138	2.597	2.182
I_{Zr}^{2+}	3.239	2.605	2.132
I_{Zr}^{3+}	3.263	2.633	2.121
I_{Zr}^{4+}	3.274	2.647	2.000
I_{Si}^{+}	3.130	2.397	1.992
I_{Si}^{1+}	3.142	2.473	1.944
I_{Si}^{2+}	3.310	2.371	1.850
I_{Si}^{3+}	3.313	2.495	1.742
I_{Si}^{4+}	3.234	2.493	1.732
I_{O}^{0}	2.787	2.107	1.836
I_{O}^{1-}	2.992	1.791	2.172
I_{O}^{2-}	2.920	1.707	2.292

2. 弗伦克尔和肖特基对形成能

因为 $ZrSiO_4$ 的整个系统在反应后保持电荷中性，所以弗伦克尔对和肖特基缺陷的形成能不依赖于费米能级的位置。表 13-7 和表 13-8 分别显示了 Zr、Si 和 O 弗伦克尔对以及肖特基缺陷在不同电荷态下的形成能，与之前的理论值很吻合[53]。从表 13-7 中发现最容易形成的缺陷是 5.947 eV 的 $V_{Si}^{'''}+Si_i^{\cdot\cdot\cdot}$ 和 7.893 eV 的 $V_{Zr}^{'''}+Zr_i^{\cdot\cdot\cdot}$，此后，$V_O^{\cdot\cdot}+O_i^{''}$、$V_O^{\cdot}+O_i^{'}$ 和 $V_O^X+V_i^X$、$V_{Si}^{'''}+Si_i^{\cdot\cdot\cdot}$ 也有可能在 $ZrSiO_4$ 晶体结构中依次形成。最有趣的是，带电荷态的弗伦克尔对的形成能比中性的低，这表明 $ZrSiO_4$ 中的点缺陷倾向于带电。因此，如果选择中性态的弗伦克尔对和肖特基缺陷，那么得到的形成能与真实情况相比将被大大高估，如表 13-7 和表 13-8 所示。遗憾的是，$ZrSiO_4$ 中这类缺陷的形成能的实验值相关研究鲜见报道，因此无法验证。部分 $V_{Si}^{'''}+2V_O^{\cdot\cdot}$ 的肖特基缺陷的形成能比中性的低，并且最低的是 $V_{Si}^{''''}+2V_O^{\cdot\cdot}$。此外，在点 *A* 处，全肖特基缺陷的形成能(23.217 eV)在很大程度上分别低于通过经验电位法和 DFT-LDA 法得到的中性缺陷(61.70 eV、34.10 eV)。与此同时，值得注意的是，虽然电荷态可以大大降低缺陷形成能，但对于带电 Zr 部分、Si 部分和全肖特基缺陷，在室温下，11.362 eV、11.855 eV 和 23.217 eV 的形成能仍然较高。

表 13-7　在 $ZrSiO_4$ 中 Zr、Si 和 O 弗伦克尔对在不同电荷态下的形成能　（单位：eV）

缺陷	Kröger - Vink符号	本书计算值	理论值[53]
Zr	$V_{Zr}^{\times}+Zr_i^{\times}$	24.440	
弗伦克尔对	$V_{Zr}^{'}+Zr_i^{\bullet}$	19.931	36.30^a, 24.00^b
	$V_{Zr}^{''}+Zr_i^{\bullet\bullet}$	15.459	
	$V_{Zr}^{'''}+Zr_i^{\bullet\bullet\bullet}$	11.553	
	$V_{Zr}^{''''}+Zr_i^{\bullet\bullet\bullet\bullet}$	7.893	
Si	$V_{Si}^{\times}+Si_i^{\times}$	23.729	
弗伦克尔对	$V_{Si}^{'}+Si_i^{\bullet}$	19.992	33.30^a, 22.90^b
	$V_{Si}^{''}+Si_i^{\bullet\bullet}$	15.169	
	$V_{Si}^{'''}+Si_i^{\bullet\bullet\bullet}$	11.295	
	$V_{Si}^{''''}+Si_i^{\bullet\bullet\bullet\bullet}$	5.947	
O	$V_O^{\times}+O_i^{\times}$	9.111	14.10^a, 7.30^b
弗伦克尔对	$V_O^{\bullet}+O_i^{'}$	8.755	
	$V_O^{\bullet\bullet}+O_i^{''}$	8.440	

注：a-用波恩-迈尔-哈金斯经验电位测量，5184-原子超胞；b-用 DFT-LDA 测量，48-原子超胞。

表 13-8　在 $ZrSiO_4$ 中不同电荷态下肖基特缺陷的形成能　（单位：eV）

缺陷	Kröger - Vink符号	点 *A*	点 *D*	理论值
Zr	$V_{Zr}^{\times}+2V_{O}^{\times}$	20.657	21.316	
部分肖特基	$V_{Zr}^{''}+2V_{O}^{\bullet}$	15.992	16.650	
	$V_{Zr}^{''''}+2V_{O}^{\bullet\bullet}$	11.362	12.020	
Si	$V_{Si}^{\times}+2V_{O}^{\times}$	18.617	17.958	
部分肖特基	$V_{Si}^{''}+2V_{O}^{\bullet}$	15.194	14.536	
	$V_{Si}^{''''}+2V_{O}^{\bullet\bullet}$	11.855	11.197	
全肖特基	$V_{Zr}^{\times}+V_{Si}^{\times}+4V_{O}^{\times}$	39.274	39.274	
	$V_{Zr}^{''}+V_{Si}^{''}+4V_{O}^{\bullet}$	31.186	31.186	61.70[a], 34.10[b]
	$V_{Zr}^{''''}+V_{Si}^{''''}+4V_{O}^{\bullet\bullet}$	23.217	23.217	

注：a-用波恩-迈尔-哈金斯经验电位测量，5184-原子超胞；b-用 DFT-LDA 测量，48-原子超胞。

考虑到图 13-1 中的相平衡条件，图 13-7 绘制了各条件下中性空位的缺陷形成能。如图所示，形成能随平衡条件的变化而变化。然而，不管平衡条件如何，肖特基反应在三种电荷态下的完全形成能分别为 39.274 eV、31.186 eV 和 23.217 eV。V_{Zr}+2$V_{O}^{\bullet\bullet}$和 $V_{Si}^{''''}$ +2$V_{O}^{\bullet\bullet}$在所有平衡条件下展现出更小的形成能[53]。特别地，Zr 部分肖特基反应在点 *C* 的能量最低，而部分肖特基和全肖特基由于具有相对较高的形成能，在室温下几乎不可能形成。此外，V_{Zr}^{0}、V_{Si}^{0}和 V_{O}^{0}的中性空位形成能也随平衡条件而改变。与其他中性空位相比，V_{Zr}^{0}的形成能略高一些。相反，V_{Si}^{0}的形成能在点 *A* 时接近于 V_{O}^{0}在点 *A* 的形成能。图 13-1 中在点 *A*（$\mu_O=\mu_{O(bulk)}$）条件下 Si 空位相对容易形成。从点 *A* 到点 *E* 的过程中 V_{O}^{0}的形成能减小，特别是在点 *E* 处的形成能最小，这可以从一般情况中反映出来，即在 O-poor 条件下 O 空位比阳离子空位更容易形成。

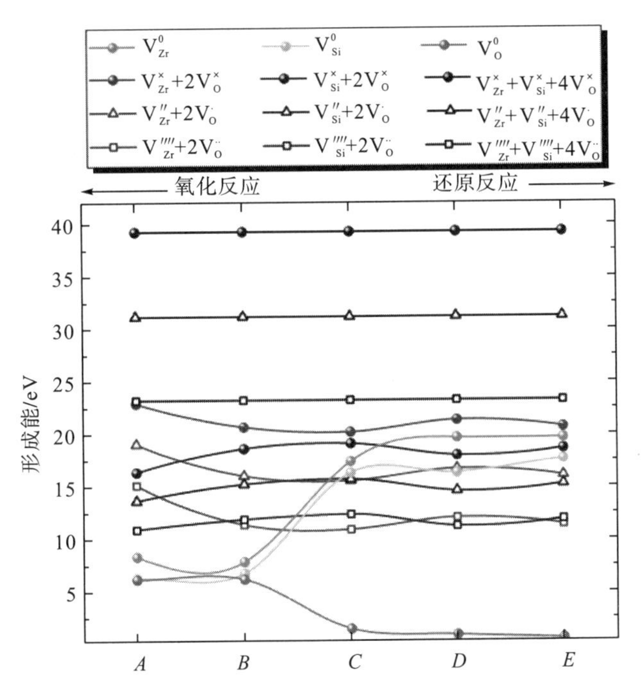

图 13-7　$ZrSiO_4$ 中孤立中性空位在不同条件下的缺陷形成能

13.4　小　　结

为了揭示 $ZrSiO_4$ 中可能形成的缺陷类型，利用第一性原理计算系统地研究了 $ZrSiO_4$ 中各类点缺陷在不同电荷态下的形成能、电子性质和结构变形，发现 V_O^{2+} 空位在五种平衡条件下的形成能最低。然而，在 O-rich 环境下，当 ε_F 位于靠近 CBM 时 V_{Zr}^{4-} 变得比 V_O^{2+} 更容易观察到。差分电荷密度图表明电荷主要集中在阳离子或阴离子空位上。由于库仑相互作用，离阳离子和阴离子空位最近的 O 原子表现出相反的位移行为。对于间隙缺陷，I_{Zr}^{4+} 和 I_{Si}^{4+} 在 O-rich 或者 O-poor 条件都有可能形成，而且电荷主要集中在间隙处，沿着原子键方向扩散。带电荷态的弗伦克尔对和肖特基缺陷的形成能比中性缺陷低。本章的工作将为了解储存状态以及处理多余的武器级 Pu 和高锕系废料的腐蚀行为提供一定的理论解释。

参 考 文 献

[1] Robertson J. Band structures and band offsets of high k dielectrics on Si[J]. Applied Surface Science, 2002, 190: 2-10.

[2] Qi W J, Nieh R, Dharmarajan E, et al. Ultrathin zirconium silicate film with good thermal stability for alternative gate dielectric application[J]. Applied Physics Letters, 2000, 77: 1704-1706.

[3] Ding Y, Jiang Z D, Li Y J, et al. Low temperature and rapid preparation of zirconia/zircon（ZrO_2/$ZrSiO_4$）composite ceramics by a hydrothermal-assisted sol-gel process[J]. Journal of Alloys and Compounds, 2018, 25: 2190-2196.

[4] Muller D A, Wilk G D. Atomic scale measurements of the interfacial electronic structure and chemistry of zirconium silicate gate dielectrics[J]. Applied Physics Letters, 2001, 79: 4195.

[5] Puthenkovilakam R, Carter E A, Chang J P. First-principles exploration of alternative gate dielectrics: Electronic structure of ZrO_2/Si and $ZrSiO_2$/Si interfaces[J]. Physical Review B, 2004, 69: 155329.

[6] Seabright C A, Draker H C. Ceramic stains from zirconium and vanadium oxides[J]. Ceram Bull., 1961, 40: 1-4.

[7] Feng J, Chen D, Ni W, et al. Study of Ir absorbtion properties of fumed silica-opacifier composites[J]. Journal of Non-Crystalline Solids, 2010, 356: 480-483.

[8] Orange G, Fantozzi G, Cambier F, et al. High temperature mechanical properties of reaction-sintered mullite/zirconia and mullite/alumina/zirconia composites[J]. Journal of Materials Science, 1985, 20: 2533-2540.

[9] Burakov B E, Hanchar J M, Zamoryanskaya M V, et al. Synthesis and investigation of Pu-doped single crystal zircon, (Zr,Pu) SiO_4[J]. Radiochimica Acta, 2002, 90: 95-97.

[10] Torrecillas L A, Menendez D S. Interfacial reactions in zircon-high alumina cement composites[J]. Acta Materialia, 1998, 46: 2415-2422.

[11] Gaft M, Panczer G, Reisfeld R, et al. Laser-induced luminescence of rare-earth elements in natural zircon[J]. Journal of Alloys and Compounds, 2000, 300: 367-274.

[12] Cherniak D J, Hanchar J M, Watson E B. Rare-earth diffusion in zircon[J]. Chemical Geology, 1997, 134: 289-301.

[13] Cherniak D J, Lanford W A, Ryerson F J. Lead diffusion in apatite and zircon using ion implantation and Rutherford Backscattering techniques[J]. Geochimica Cosmochimica Acta, 1991, 55: 1663-1673.

[14] Skljajevic L J, Matovic B, Radosavljevic-Mihajlovic A, et al. Preparation of ZrO_2 and ZrO_2/SiC powders by carbothermal reduction of $ZrSiO_4$[J]. Journal of Alloys and Compounds, 2011, 509: 2203-2215.

[15] Tange O S, Katayama Y I, Kikegawa T. Equations of state of $ZrSiO_4$ phases in the upper mantle[J]. American Mineralogist, 2004, 89: 185-188.

[16] Ding Y, Jiang Z D, Li Y J, et al. Effect of alphaparticles irradiation on the phase evolution and chemical stability of Nd doped zircon ceramics[J]. Journal of Alloys and Compounds, 2017, 729: 483-491.

[17] Dutta R, Mandal N. Effects of pressure on the elasticity and stability of zircon ($ZrSiO_4$): First-principle investigations[J]. Computional Material Science, 2012, 54: 157-164.

[18] Kusuba K, Syono Y, Kikuchi M, et al. Shock behavior of zircon: Phase transition to scheelite structure and decomposition[J]. Earth and Planetary Science Letters, 1985, 72: 433-439.

[19] Mursic Z, Vogt T, Boysen H, et al. Single-crystal neutron diffraction study of metamict zircon up to 2000 K[J]. Journal of Applied Crystallography, 1992, 25: 519-523.

[20] Korkin H, Kamisaka H, Yamashita K, et al. Computational study of $ZrSiO_4$ polymorphs[J]. Applied Physics Letters, 2006, 88: 181913.

[21] Zhang J, Zeng Q F, Oganov A R, et al. High throughput exploration of $Zr_xSi_{1-x}O_2$ dielectrics by evolutionary first-principles approaches[J]. Physical Letters A, 2014, 378: 3549-3553.

[22] Bian L, Dong F Q, Song M X, et al. DFT and two-dimensional correlation analysis methods for evaluating the Pu^{3+}- Pu^{4+} electronic transition of plutonium-doped zircon[J]. Journal of Hazardous Materials, 2015, 294: 47-56.

[23] Williford R E, Begg B D, Weber W J, et al. Computer simulation of Pu^{3+} and Pu^{4+} substitutions in zircon[J]. Journal of Nuclear Materials, 2000, 278: 207-211.

[24] Shein I R, Bamburov V G, Ivanovskii A L. Magnetization of zircon induced by 3d impurities: Ab initio calculation[J]. Doklady Physical Chemistry, 2011, 438: 90-93.

[25] Cappelletti G, Ardizzone S, Fermo P, et al. The influence of iron content on the promotion of the zircon structure and the optical properties of pink coral pigments[J]. Journal of European Ceramic Society, 2005, 25: 911-917.

[26] Liu F, Wang Z Y. Hamiltonian systems with positive topological entropy and conjugate points[J]. Journal of Applied Analysis and Computation, 2015, 5: 527-533.

[27] Guenthne W R, Reiner P W, Ketcham R A, et al. Helium diffusion in natural zircon: Radiation damage, anisotropy, and the interpretation of zircon（U-Th）/He thermochronology[J]. American Journal of Science, 2013, 313: 145-198.

[28] Saadoune I, Leeuw N H. A computer simulation study of the accommodation and diffusion of He in uranium- and plutonium-doped zircon（$ZrSiO_4$）[J]. Geochimica Cosmochimica Acta, 2009, 73: 3880-3893.

[29] Yada K, Tanji T, Sunagawa I. Radiation induced lattice defects in natural zircon（$ZrSiO_4$）observed at atomic resolution[J]. Physics and Chemistry of Minerals, 1987, 14: 197-204.

[30] Blochl P E. Projector augmented-wave method[J]. Physical Review B, 1994, 50: 17953.

[31] Kohn W, Sham L J. Self-consistent equations including exchange and correlation effects[J]. Physical Review, 1965, 140: A1133.

[32] Perdew J P, Burke K, Wang Y. Generalized gradient approximation for the exchange-correlation hole of a many-electron system[J]. Physical Review B, 1996, 54: 16533.

[33] Kresse G, Furthmoller J. Efficient iterative schemes for abinitio total-energy calculations using a plane-wave basis set[J]. Physical Review B, 1999, 54: 11169.

[34] Monkhorst H J, Pack J D. Special points for Brillouin-zone integrations[J]. Physical Review B, 1976, 13: 5188.

[35] Baldereschi A, Baroni S, Resta R. Band offsets in lattice-matched heterojunctions: A model and first-principles calculations for GaAs/AlAs[J]. Physical Review Letters, 1988, 61: 734.

[36] Peressi M, Binggeli N, Baldereschi A. Band engineering at interfaces: Theory and numerical experiments[J]. Journal of Physics D, 1988, 31: 1273-1299.

[37] Dong H H, Guo B Y, Yin B S. Generalized fractional supertrace identity for Hamiltonian structure of Hls-Mkdv hierarchy with self-consistent sources[J]. Analysis and Mathematical Physics, 2016, 6: 199-209.

[38]Tanaka T, Matsunaga K, Ikuhara Y, et al. First-principles study on structures and energetics of intrinsic vacancies in $SiTiO_3$[J]. Physical Review B, 2003, 68: 205213.

[39] Li Y X, Dou G. Towards the implementation of memristor: A study of the electric properties of $Ba_{0.77}Sr_{0.23}TiO_3$ material[J]. International Journal of Bifurcation and Chaos, 2013, 23: 1350204.

[40] Herzberg G. Spectra of Diatomic Molecules[M], 2nd ed. Princeton: Van Nostrand, 1950.

[41] Howard C J, Hill R J, Reichert B E. Structure of ZrO_2 polymorphs at room temperature by high-resolution neutron powder diffraction[J]. Acta Crystallograpica B, 1988, 44: 116-120.

[42] Igawa N, Ishii Y, Nagasaki T, et al. Crystal structure of metastable tetragonal zirconia by neutron powder diffraction study[J]. Journal of American Ceramic Society, 1993, 76: 2673-2676.

[43] Samsonov G V. Fiziko-khimicheskie Svoistva Oksidov, Spravochnik, Physicochemical Properties of Oxides[M]. Moscow: Metallurgiya, 1978.

[44] Pettifor D F. Theory of energy bands and related properties of 4d transition metals. I. Band parameters and their volume dependence[J]. Journal of Physics F Metal Physics, 1977, 7: 613-633.

[45] Doi K, Nakamura K, Tachibana A. First-principle theoretical study on the electronic properties of SiO_2 models with hydrogenated impurities and charges[J]. Applied Surface Science, 2003, 216: 463-470.

[46] Robinson K, Gibbs G V, Ribbe P H. The structure of zircon: A comparison with garnet[J]. American Mineralogist, 1971, 56: 782.

[47] Rignanese G M, Gonze X, Pasquarello A. First-principles study of structural, electronic, dynamical, and dielectric properties of zircon[J]. Physical Review B, 2001, 63: 104305.

[48] Pruneda J M, Archer T D, Artacho E. Gauge-invariant green functions of Dirac fermions coupled to gauge fields[J]. Physical Review B, 2004, 65: 235111.

[49] Du J C, Devanathan R, Corrales R, et al. First-principles calculations of the electronic structure, phase transition and properties of $ZrSiO_4$ polymorphs[J]. Journal of Chemical Theory and Compution, 2012, 987: 62-70.

[50] Dutta R, Mandal N. Structure, elasticity and stability of reidite（$ZrSiO_4$）under hydrostatic pressure: a density functional study[J]. Materials Chemistry and Physics, 2012, 135: 322-329.

[51] Crocombette J P, Ghaleb D. Modeling the structure of zircon（$ZrSiO_4$）: Empirical potentials, ab initio electronic structure[J]. Journal of Nuclear Materials, 1998, 257: 282-286.

[52] Crocombette J P. Theoretical study of point defects in crystalline zircon[J]. Physics and Chemistry of Minerals, 1999, 27: 138-143.

[53] Bader R F W. Atoms in Molecules: A Quantum Theory[M]. New York: Oxfords University Press, 1990.

第14章　结论与展望

核能发展、核燃料循环、核技术应用等活动会产生大量包含裂片产物和少量锕系元素的放射性废物，必须要对其进行科学、安全、妥善的处理处置，从而保证人类健康、生态文明与核科技的可持续发展。

高放废物的体积虽然不足核燃料循环所产生的放射性废物体积的1%，但其所含放射性量超过核燃料循环总放射性量的99%。高放废物中含有镎、钚、镅、锝、碘、锶、铯、碘等放射性核素，半衰期长(镎-237、钚-239等超铀核素的半衰期均超过10万年，碘-129半衰期竟长达1570万年)、比活度大(高放废液超过3.7×10^9 Bq/L)、毒性大、发热量高。这些放射性核素一旦进入生物圈，对人类生存、生态环境等危害极大。目前尚不能用普通的物理、化学或生物方法使其降解或消除，只能靠自身的衰变慢慢减轻其危害。高放废物要达到无害化需要数千年、上万年甚至更长的时间。因此，必须对高放废物进行充分、彻底、安全、可靠的永久隔离。

研究普遍认为多屏障地质处置是最安全、负责任的高放废物处置方式，从而使放射性核素被长期固结、固化在性质稳定的固化体之中。玻璃固化体具有废物包容量大、抗辐射性能强、化学和热稳定性好等优点。因此，玻璃固化是国际上对高放废物的主要研究技术方法，美国、英国、法国、日本、德国等以及我国研究机构对玻璃固化开展了大量、卓有成效的应用基础与工程化验证试验(热试验)研究、探索。但是，玻璃是亚稳态的非晶相，存在热力学不稳定、黄相析出、易破碎等先天性的缺陷。因此，一些学者对玻璃固化高放废物的长期地质稳定性持谨慎、存疑的观点。

人工合成矿物或人造岩石(材料学家称为陶瓷)被喻为固化高放废物的又一理想基材。虽然，早在1953年美国学者Hatch就提出矿物岩石(陶瓷)固化放射性核素的概念。但直到1979年，澳大利亚国立大学地质学家Ringwood等[1]在*Nature*上发表了“Immobilization of high level nuclear reactor wastes in SYNROC”文章后才引起科学家足够的重视。相比较玻璃固化研究，人造岩石固化研究目前仅有美国、法国、澳大利亚等以及中国原子能科学研究院、西南科技大学、上海交通大学、兰州大学等部分科研院所、高校从事人工合成矿物(陶瓷)固化高放废物研究，绝大部分研究成果还仅限于实验室的应用基础研究阶段。

14.1　结　　论

西南科技大学早在20世纪90年代就开展了人工合成矿物固化高放废物的研究工作，

本课题组自 2010 年起开始相关研究工作。近 10 年来，本课题组在国家自然科学基金项目等的支持下，重点开展了矿物固化体的遴选、矿物快速合成方法、锆石与石榴石等矿物固化模拟核素(三价、四价、混合价态等)、矿物固化体结构、化学稳定性、矿物固化体辐照稳定性与计算模拟等方面的研究工作，取得了一些阶段性进展。

(1)锆石矿物是固化超铀核素的理想介质材料。通过矿物学与类比矿物等方面的研究，我们认为锆石等是自然界最稳定的矿物相之一，天然锆石最多可含 5%的 UO_2、15%的 ThO_2。锆石结构矿物的锆位可晶格固化 Hf、U、Th、Pa、Np、Pu、Am 等核素。

(2)工程化前景、快速高效合成锆石方法值得研究。传统高温固相法人工合成锆石比较困难：需在较高烧结温度(1500～1700 ℃)及较长保温时间(48～72 h)条件下才可获得较高的相纯度；存在合成温度高、耗时、能耗高等不足，难以满足今后的工程化应用。我们探索了微波烧结、熔盐烧结、等离子体烧结等快速、低温烧结锆石固化体的新方法，取得较好的效果：采用微波烧结方法在较低烧结温度(1500 ℃)和较短保温时间(12 h)条件下获得的锆石固化体具有高的合成率及良好的综合性能。

(3)人工合成锆石对三价、四价模拟核素具有较好的固溶能力。以 Nd^{3+}和 Ce^{4+}分别作为三价和四价模拟锕系核素物质，成功获得三价［$Zr_{1-x}Nd_xSiO_{4-x/2}(0 \leqslant x \leqslant 1)$］、四价［$Zr_{1-x}Ce_xSiO_4(0 \leqslant x \leqslant 1)$］以及多价态［$Zr_{1-x-y}(Nd_xCe_y)SiO_{4-x/2}(0 \leqslant x, y \leqslant 0.1)$］锆石结构固化体，$Nd^{3+}$和 Ce^{4+}进入并替代锆石晶体结构中 Zr 位。

研究结果表明，Nd^{3+}和 Ce^{4+}的固溶量对锆石结构固化体的物相及结构具有较大影响。当 Nd^{3+}和 Ce^{4+}的固溶量达到一定值时，固化体中出现第二相，即固化体为两相共存。锆石固化体具有良好的化学稳定性，被固化的模拟核素归一化浸出率约 10^{-5} g/(m^2·d)。

(4)人工合成的锆石固化体具有良好的抗 α 辐照能力。借助粒子加速辐照方法，以 0.5 MeV 的 α 粒子对锆石基系列固化体的辐照稳定性进行了研究。采用 XRD、GIXRD、SEM/EDX 及拉曼光谱等手段对辐照前后固化体的物相、结构及微观形貌进行了比较研究。研究发现，较高 α 辐照剂量(1×10^{17} ions/cm^2)作用下锆石结构固化体的物相结构未发生明显变化，仍保持良好的结构与化学稳定性。

(5)数值模拟可有效支持锆石结构固化体的稳定性评价。首次采用第一性原理计算方法对锆石体系中的各类价态缺陷结构的形成能进行系统计算和对比研究。结果显示，在费米能级不受外部环境的影响下，氧相关缺陷的形成能要远低于锆、硅相关缺陷，表明辐照损伤过程中更容易形成氧相关的缺陷。

考虑不同价态氧缺陷的形成能，发现考虑价态后，氧相关缺陷的形成能均有所下降。相比中性硅原子，Si^{4+}间隙离子最易在 $ZrSiO_4$ 中形成间隙点缺陷，形成能为−12.642 eV，其次是 Zr^{4+}间隙离子，形成能为−10.202 eV。

采用 DFT、VCA 和 2D-cA 计算方法对 $Zr_{1-x}Pu_xSiO_4$ 物相结构变化进行了研究。结果表明，当 Pu 固溶量<2.8%(摩尔分数)时，低角动量 Pu-f_{xy} 壳层电子激发内壳 O-2s^2 轨道产生氧缺陷(V_o-s)，这种氧缺陷然后捕获低角动量 Zr-5$p^6$5s^2 电子形成 sp 杂化，形成稳定的相结构。当 Pu 固溶量>2.8%(摩尔分数)时，每个缺陷积累 $V_{O\text{-}p}$ 捕捉高角动量 Zr-4d_z 电子和两个 Si-p_z 电子产生 $Si^{4+} \rightarrow Si^{2+}$电荷歧化。因此，我们认为最优 Pu 固溶量不能超过 7.5%(摩尔分数)。

14.2 展　　望

虽然，我们在锆石、石榴子石等矿物固化模拟核素研究方面取得了阶段性进展，但是还有大量的工作需要研究。

(1) 复合矿物相或许有望弥补单一矿物相固化介质基材包容量低等问题。前面我们在合成锆石时总是希望获得单一的 $ZrSiO_4$ 矿物相，这对合成条件提出了苛刻的要求。Mesbah 等[2]报道了 $Th_{1-x}Er_x(SiO_4)_{1-x}(PO_4)_x$ 钍石矿-磷钇矿的固相共溶体，见图 14-1。已有研究表明 ZrO (斜锆石) 也是固化模拟锕系核素的候选矿物。我们预测 ZrO-$ZrSiO_4$ 斜锆石-锆石组合矿物相也是一种很好的固化介质基材，或许有望弥补单一矿物包容量低等问题。

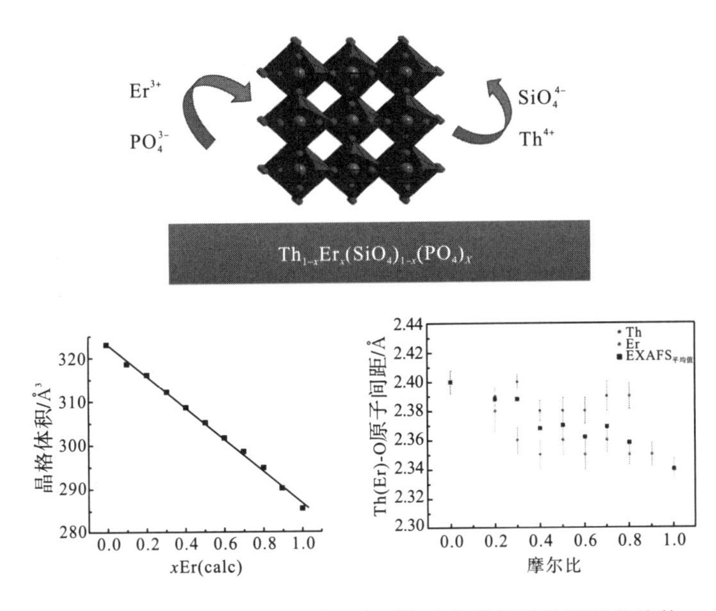

图 14-1　$Th_{1-x}Er_x(SiO_4)_{1-x}(PO_4)_x$ 钍石矿-磷钇矿的固相共溶体

(2) 努力探索具有工程化前景、快速高效制备锆石等矿物固化体的新方法。我们首次将微波烧结技术成功应用到锆石合成[3]，有望解决今后工程化应用问题。近期部分学者研究表明，等离子体辅助烧结[4]、自蔓延反应烧结[5]、熔盐烧结[6] (图 14-2) 等新技术在降低固化体烧结温度、缩短保温时间、提高制备效率等方面具有潜在优势，但是相关研究还有待系统深入。

(3) 科学认识核素在矿物晶体结构中优先占位、赋存状态。这是理解矿物晶格固化核素机理的重要科学问题。一方面，我们可借助传统的类质同象理论加以理解。V. M. Goldschmidt 和 H. G. Grimm 指出，若相互取代的两种质点 (原子、离子或分子) 价态相同，两种质点半径差值不超过较小质点半径的 15% [$(r_1-r_2)/r_2<15\%$] 时就可以在晶体结构中发生相互代替。B. C. СобоЛев 指出，当 $(r_1-r_2)/r_2<15\%$时，一般形成完全类质同象；当 $10\%<(r_1-r_2)/r_2<20\%\sim25\%$时，在高温环境下形成完全类质同象，温度下降时固溶体发生

离溶；当$(r_1-r_2)/r_2$>25%时，即使在高温下也只能形成不完全的类质同象，而在低温下不能形成类质同象。

另一方面，对于核素在矿物晶体结构(如经典 ABO_4、$A_2B_2O_7$ 构型)优先占位、赋存状态，还可以借助 DFT 等计算手段。计算缺陷形成能(图 14-3)[7]、优先占位的 DOS[8]等，可帮助我们深入理解候选矿物固化不同含量的不同核素结构、物相、稳定性之间的关系。

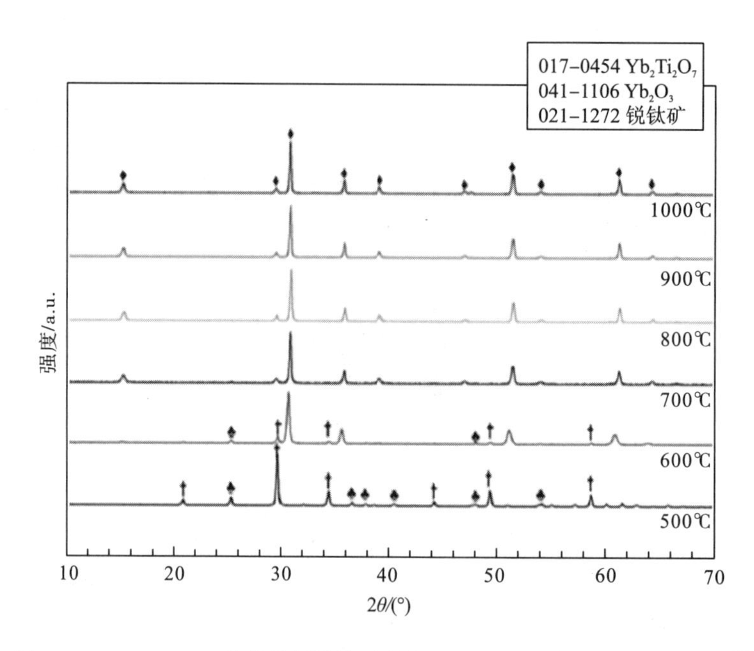

图 14-2 $CaCl_2$:NaCl 熔盐法低温快速制备 $Yb_2Ti_2O_7$ 固化体(650 ℃, 2 h)[6]

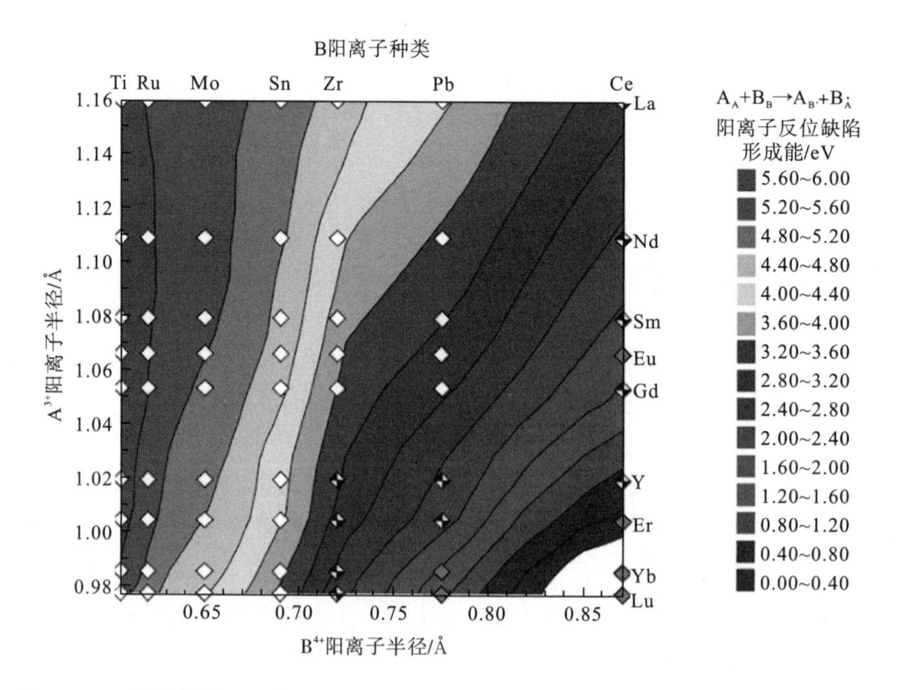

图 14-3 理论计算的不同离子半径的核素在 $A_2B_2O_7$ 结构矿物晶格中占位的缺陷形成能

(4) 人造岩石固化不能忽视子体效应[9]。特别值得注意的是，部分放射性核素衰变子体的性质相对于母体有很大变化，没有引起足够的重视。根据其衰变纲图，^{241}Am 衰变子体有 11 种，其中 Pa、Ra、Ac 等核素半衰期仅有约 20 d，而 ^{237}Np、^{233}U、^{229}Th 核素半衰期都在 1000 a 以上，远长于 ^{241}Am(432a)；低放射性 ^{238}U 的 α 衰变子体 ^{222}Rn 及 ^{218}Po、^{214}Pb、^{214}Bi 和 ^{214}Po 对人体健康有很大的危害；^{232}U 衰变子体的高能 γ 辐射给钍/铀燃料后处理和 ^{233}U 燃料制造造成了很大的困难；裂片元素 ^{90}Sr(28.8a) 和 ^{137}Cs(30.2a) 半衰期虽然不长，但衰变子体离子半径发生显著变化——从 Sr^{2+}衰变到 Y^{3+}，然后衰变到 Zr^{4+}，最终离子半径减小了 29%；Cs^{+}衰变到 Ba^{2+}，离子半径减小了 20%。图 14-4 为 ^{137}Cs 衰变到 ^{137}Ba、^{90}Sr 衰变到 ^{90}Zr 的离子半径、热稳定性等方面的变化[9]。这种衰变子体在半衰期、离子价态、半径、毒性等方面同母体间化学性质的差异将影响固化体的结构及稳定性。这要求在评价人造岩石(陶瓷)固化这类中等寿命核素长期稳定性时，除考虑衰变产生的高能粒子对固化体的辐照损伤外，还应重点关注其衰变子体离子价态、半径等显著变化及衰变释放的高能粒子共同作用对固化体结构和稳定的影响。遗憾的是，目前人造岩石固化高放废物研究主要集中在母体核素的固化及母体核素衰变释放的高能粒子的辐照效应(几乎很少考虑衰变子体或子体与高能粒子共同作用对固化体结构和稳定性的影响)。

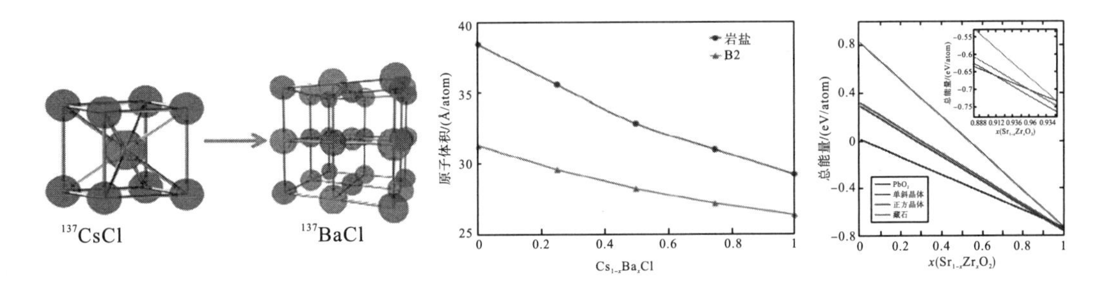

图 14-4　^{137}Cs 衰变到 ^{137}Ba、^{90}Sr 衰变到 ^{90}Zr 的离子半径、热稳定性等方面的变化

(5) 高度重视长期地质处置过程中，矿物固化体与地下水、界面之间相互作用等科学问题的研究。

如前所述，国际上普遍采用“深层地质处置”高放废物。目前采用由工程屏障和天然屏障组成的“多重屏障系统”设计思路。该“多重屏障系统”由内向外依次为：废物固化体(乏燃料或玻璃固化体)→ 贮存固化体的废物罐 → 包裹在罐体外部的缓冲材料 → 围岩(花岗岩、凝灰岩、岩盐或黏土岩等天然地质体)。将废物固化体、废物罐和缓冲材料称为工程屏障，把最外层的地质体称为天然屏障。其中，天然屏障用于确保工程屏障功能的长期稳定性，而工程屏障用于弥补天然屏障功能的不足，对外部地质事件发生起到缓冲作用，将其对处置库的影响降到最低，使其不至于失去屏障功能，延长高放废物与人类生存环境的隔离时间。

无论是玻璃固化还是人造岩石固化，承载包容一定量的锕系、次锕系以及 α 废物的固化体，在 10^4～10^5 a 时间尺度内都要经过辐射场、温度场、渗流场、化学场、应力场等多场耦合作用。前期国内外研究发现核废物中的放射性核素可能会越过屏障，向近场(废物体本身和废物周围的工程构件)、远场(废物处置的围岩及周围地质单元)迁移，对环境造成不可逆的破坏性影响。如图 14-5 所示[10]，我们要重视矿物固化体与地下水、界面之间相互作用等科学与工程技术问题的研究；要重点考虑模拟地质处置库环境下，多场(热-水-力-化学)耦合作用下陶瓷固化体中被固化核素的溶解、浸出行为及固化体性能响应机制等相关研究。

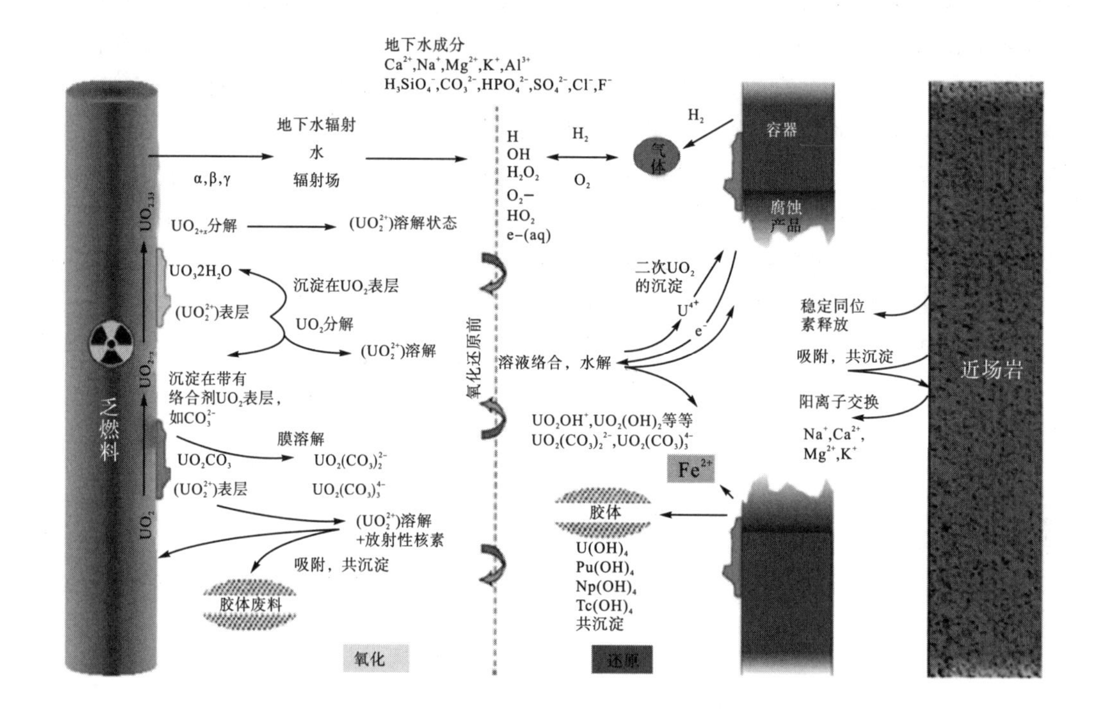

图 14-5 乏燃料与地下水作用发生复杂的氧化、还原等复杂的化学反应过程[10]

(6)人工矿物固化体的长期稳定性综合评价方法、测试表征手段应予以重视。

固化体的安全性要求其在长时间内具有良好的稳定性，因此需采用合理的评价技术及方法在短期内对固化体的长期稳定性进行推演。基于此，人工矿物固化体的长期化学稳定性研究是高放废物处理处置领域的热点和难点问题之一。

目前，人工矿物固化体的长期稳定性评价主要从机械稳定性、热稳定性、化学稳定性、辐照稳定性等方面进行研究。国内外对于高放废物人工矿物固化体稳定性方面的研究主要集中于机械与化学稳定性方面，而对固化体耐射线(重离子、α、β 及 γ 等)辐照稳定性方面的研究很少涉及或不系统。高放废物固化体在地质储存过程中往往要经受自身反冲核及外部射线(α、β 及 γ)的辐照作用，难以对固化体的长期稳定性做出全面及科学的评价。因此，需要加强固化体射线辐照效应研究。这对于加深理解射线与固化体作用机制及全面客观评价固化体的长期稳定性具有重要意义。

(7)等级固化是人工矿物固化研究的新兴领域。

近年来，部分学者[11]提出部分纳米颗粒、多孔骨架、含盐化合物等级结构材料可以作为核废物固化基材。Morrison 等[12]就含盐化合物生长困难问题提出了一种增强通量生长法用以合成含盐化合物，证明了其通用性，并且成功采用这种增强型助熔剂生长方法生长了 4 种新型含盐化合物铀酰硅酸盐$[Cs_3F][(UO_2)(Si_4O_{10})]$、$[Cs_2Cs_5F][(UO_2)_2(Si_6O_{17})]$、$[Cs_9Cs_6Cl][(UO_2)_7(Si_4O_{12})]$和$[Cs_2Cs_5F][(UO_2)_3(Si_2O_7)_2]$单晶。图 14-6 为盐包体铀酰硅酸盐形成及结构示意图。在前期研究人工合成锆石、石榴子石等固化核素的基础上，我们注意到部分具有离子型骨架的硅酸盐矿物是一种很好的等级结构晶体：一方面它具有较好的离子交换性能；另一方面它在地质学上比较稳定(如云南个旧霞石矿物中伴生了大量的放射性核素 ^{210}Pb、$^{238,235}U$、^{232}Th、^{226}Ra、^{40}K、^{137}Cs 等)。

学习借鉴等级结构材料的天然孔道拓扑结构及组装，开发人工合成离子型骨架硅酸盐矿物晶体新方法，分析其对关键核素(U、Th、Sr、Cs、Tc 等)的离子交换性能，探索捕获目标核素后矿物晶体在高温、高压烧结后的结构变化、结构稳定性化学浸出行为、抗辐照稳定性)，科学评价其作为新型放射性废物固化基材的安全可靠性，建立起基于离子型骨架硅酸盐矿物原位捕获关键核素、高温固相烧结等级结构固化核素的新方法)，为实现该类人工合成矿物(陶瓷)材料在高放废物分离-固化处理处置工程化应用提供方法学与技术基础。

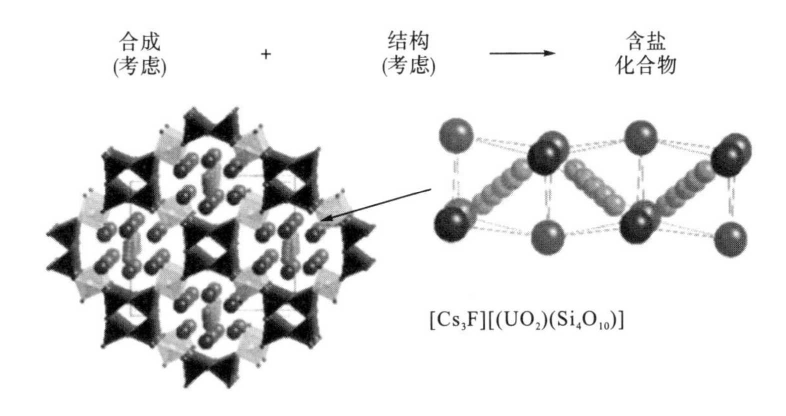

图 14-6　盐包体铀酰硅酸盐形成及结构示意图

参考文献

[1] Ringwood A, Kesson S, Ware N, et al. Immobilisation of high level nuclear reactor wastes in SYNROC[J]. Nature, 1979, 278(5701): 219-223.

[2] Mesbah A, Clavier N, Lozano-Rodriguez M J, et al. Incorporation of thorium in the zircon structure type through the $Th_{1-x}Er_x(SiO_4)_{1-x}(PO_4)_x$ thorite–xenotime solid solution[J]. Inorganic Chemistry, 2016, 55(21): 11273-11282.

[3] Tu H, Duan T, Ding Y, et al. Preparation of zircon-matrix material for dealing with high-level radioactive waste with microwave[J]. Materials Letters, 2014, 131: 171-173.

[4] Wang L, Shu X, Yi F, et al. Rapid fabrication and phase transition of Nd and Ce co-doped $Gd_2Zr_2O_7$ ceramics by SPS[J]. Journal

of the European Ceramic Society, 2018, 38(7): 2863-2870.

[5] Barinova T V, Podbolotov K B, Borovinskaya I P, et al. Self-propagating high-temperature synthesis of ceramic matrices for immobilization of actinide-containing wastes[J]. Radiochemistry, 2014, 56(5): 554-559.

[6] Gilbert M R. Molten salt synthesis of titanate pyrochlore waste-forms[J]. Ceramics International, 2016, 42(4): 5263-5270.

[7] Sickafus K E, Minervini L, Grimes R W, et al. Radiation tolerance of complex oxides[J]. Science, 2000, 289(5480): 748-751.

[8] Rak Z, Ewing R C, Becker U. Ferric garnet matrices for immobilization of actinides[J]. Journal of Nuclear Materials, 2013, 436(1-3): 1-7.

[9] Jiang C, Uberuaga B P, Sickafus K E, et al. Using "radioparagenesis" to design robust nuclear waste forms[J]. Energy & Environmental Science, 2010, 3(1): 130-135.

[10] Ewing R C. Long-term storage of spent nuclear fuel[J]. Nature Materials, 2015, 14(3): 252-257.

[11] Zur Loye H C, Besmann T, Amoroso J, et al. Hierarchical materials as tailored nuclear waste forms: a perspective[J]. Chemistry of Materials, 2018, 30(14): 4475-4488.

[12] Morrison G, Smith M D, zur Loye H C. Understanding the formation of salt-inclusion phases: An enhanced flux growth method for the targeted synthesis of salt-inclusion cesium halide uranyl silicates[J]. Journal of the American Chemical Society, 2016, 138(22): 7121-7129.

附：发表的相关论文

[1] Ding Y, Dan H, Li J J, et al. Structure evolution and aqueous durability of the Nd_2O_3-CeO_2-ZrO_2-SiO_2 system synthesized by hydrothermal-assisted sol-gel route: A potential route for preparing ceramics waste forms[J]. Journal of Nuclear Materials, 2019, 519: 217-228.

[2] Li S Y, Liu J, Yang X Y, et al. Effect of phase evolution and acidity on the chemical stability of $Zr_{1-x}Nd_xSiO_{4-x/2}$ ceramics[J]. Ceramics International, 2019, 45(3): 3052-3058.

[3] Li S Y, Yang X Y, Liu J, et al. First-principles calculations and experiments for Ce^{4+} effects on structure and chemical stabilities of $Zr_{1-x}Ce_xSiO_4$[J]. Journal of Nuclear Materials, 2019, 514: 276-283.

[3] Ding Y, Li Y J, Jiang Z D, et al. Phase evolution and chemical stability of the Nd_2O_3-ZrO_2-SiO_2 system synthesized by a novel hydrothermal-assisted sol-gel process[J]. Journal of Nuclear Materials, 2018, 510: 10-18.

[4] Ding Y, Long X G, Peng S M, et al. Phase evolution and chemical durability of $Zr_{1-x}Ce_xO_2$ （$0 \leqslant x \leqslant 1$） ceramics[J]. International Journal of Applied Ceramic Technology, 2018, 15(3): 783-791.

[5] Ding Y, Jiang Z D, Li Y G, et al. Low temperature and rapid preparation of zirconia/zircon （$ZrO_2/ZrSiO_4$） composite ceramics by a hydrothermal-assisted sol-gel process[J]. Journal of Alloys and Compounds, 2018, 735: 2190-2196.

[6] Yang X Y, Wang S A, Lu Y, et al. Structures and energetics of point defects with charge states in zircon: A first-principles study[J]. Journal of Alloys and Compounds, 2018, 759: 60-69.

[7] Ding Y, Jiang Z D, Li Y J, et al. Effect of alpha-particles irradiation on the phase evolution and chemical stability of Nd-doped zircon ceramics[J]. Journal of Alloys and Compounds, 2017, 729: 483-491.

[8] Ding Y, Long X G, Peng S M, et al. Phase evolution and aqueous durability of $Zr_{1-x-y}Ce_xNd_yO_{2-y/2}$ ceramics designed to immobilize actinides with multi-valences[J]. Journal of Nuclear Materials, 2017, 487: 297-304.

[9] Ding Y, Dan H, Lu X R, et al. Phase evolution and chemical durability of $Zr_{1-x}Nd_xO_{2-x/2}$ （$0 \leqslant x \leqslant 1$） ceramics[J]. Journal of the European Ceramic Society, 2017, 37(7): 2673-2678.

[10] Ding Y, Lu X R, Tu H, et al. Phase evolution and microstructure studies on Nd^{3+} and Ce^{4+} co-doped zircon ceramics[J]. Journal of the European Ceramic Society, 2015, 35(7): 2153-2161.

[11] Ding Y, Lu X R, Dan H, et al. Phase evolution and chemical durability of Nd-doped zircon ceramics designed to immobilize trivalent actinides[J]. Ceramics International, 2015, 41(8): 10044-10050.

[12] Bian L, Dong F Q, Song M X, et al. DFT and two-dimensional correlation analysis methods for evaluating the Pu^{3+}–Pu^{4+} electronic transition of plutonium-doped zircon[J]. Journal of Hazardous Materials, 2015, 294:47-56.

[13] Tu H, Duan T, Ding Y, et al. Phase and microstructural evolutions of the CeO_2-ZrO_2-SiO_2 system synthesized by the sol-gel process[J]. Ceramics International, 2015, 41(6): 8046-8050.

[14] Tu H, Duan T, Ding Y, et al. Preparation of zircon-matrix material for dealing with high-level radioactive waste with microwave[J]. Materials Letters, 2014, 131: 171-173.

[15] 丁艺, 卢喜瑞, 旦辉, 等. Nd^{3+}固溶量对锆石基固化体的物相及结构的影响[J]. 武汉理工大学学报, 2015, 37(1): 27-30.

[16] 丁艺, 王子琳, 洪志浩, 等. ZrO_2-$ZrSiO_4$复合陶瓷制备与表征[J]. 武汉理工大学学报, 2016 (2): 36-39.